Richard Preston
SUPERPOX

RICHARD PRESTON

SUPERPOX

Tödliche Viren aus den Geheimlabors

Ein Tatsachen-Thriller

Aus dem Amerikanischen von
Birgit Brandau
und Hartmut Schickert

Econ

Die Originalausgabe erschien 2002 unter dem Titel
The Demon in the Freezer: A True Story
Bei Random House / New York.

Econ Verlag
Econ ist ein Verlag des Verlagshauses
Ullstein Heyne List GmbH & Co. KG, München

1. Auflage 2003

ISBN 3-430-17562-3

Copyright der deutschsprachigen Ausgabe © 2003
by Ullstein Heyne List GmbH & Co. KG, München
Alle Rechte vorbehalten. Printed in Germany
Herstellung: Helga Schörnig
Gesetzt aus 12/15,2 Punkt Bembo in XPress
Satz: Gramma GmbH, Germering
Druck und Bindung: Clausen & Bosse, Leck
Gedruckt auf chlor- und säurefreiem Papier

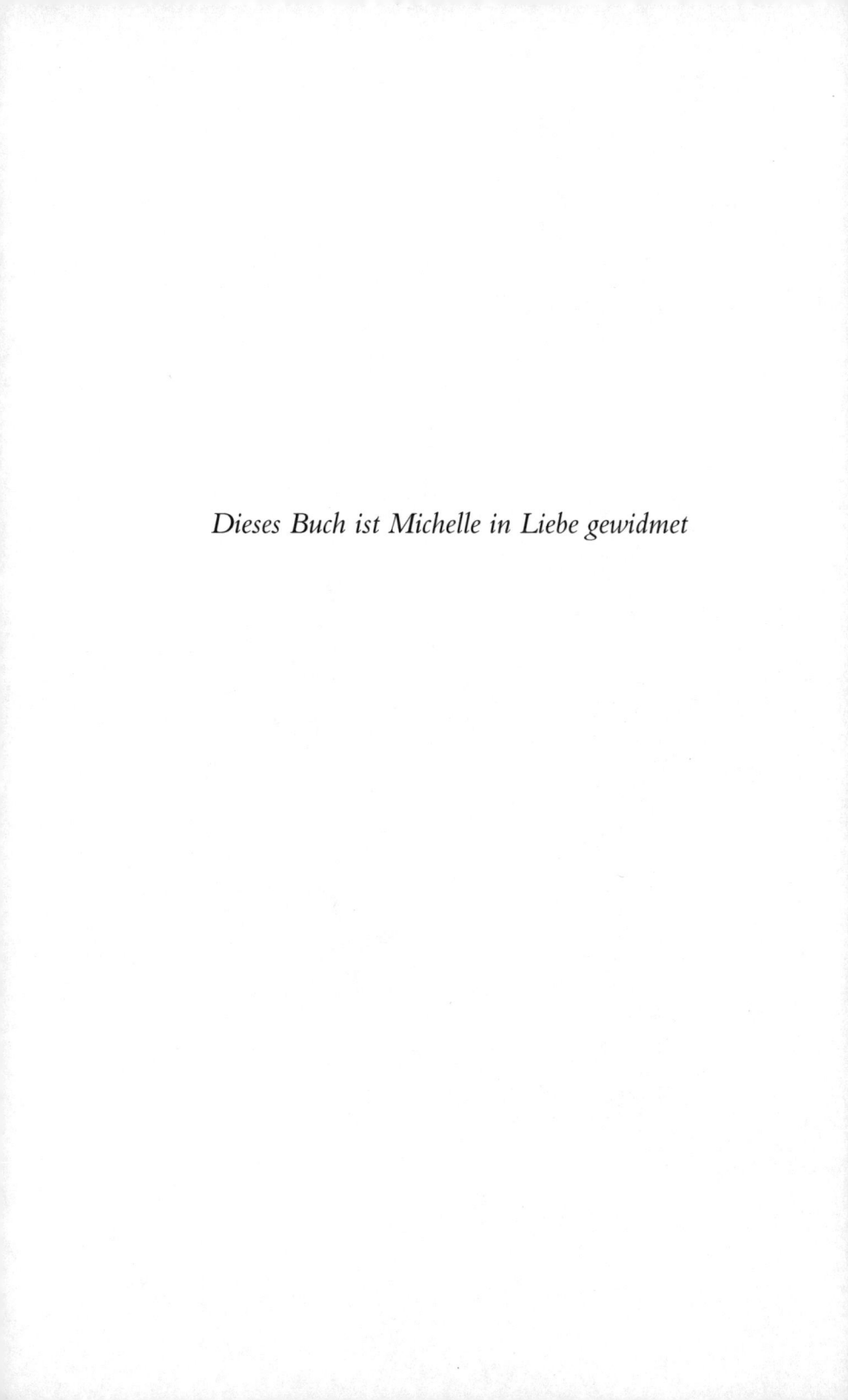

Dieses Buch ist Michelle in Liebe gewidmet

Das Glück begünstigt den gewappneten Geist.

LOUIS PASTEUR

INHALT

Etwas
in der Luft

Reise ins Innere

2.–6. Oktober 2001

Anfang der siebziger Jahre trat ein britischer Fotoretuscheur namens Robert Stevens im südlichen Florida im Palm Beach County einen neuen Job beim *National Enquirer* an. Damals arbeiteten die Fotoretuscheure der Regenbogenpresse noch mit dem Airbrush (heute mit dem Computer), um Sensationsfotos zu türken, auf denen weltbekannte Politiker Außerirdischen die Hand schütteln oder sechs Monate alte Babys zu sehen sind, die 300 Pfund wiegen. Stevens stand in dem Ruf, in diesem Geschäft einer der Besten zu sein. Der *Enquirer* wollte weg von Geschichten wie »Ich aß den Kopf meiner Schwiegermutter«, und die Herausgeber hatten ihn eingestellt, um ein bisschen Niveau in das Blatt zu bringen. Sie zahlten ihm wesentlich mehr als die Boulevardblätter Großbritanniens.

Stevens war Anfang dreißig, als er nach Florida zog. Er kaufte sich einen roten Chevy-Pick-up, baute ein CB-Funkgerät ein, beklebte die Heckscheibe mit einem Abziehbild der amerikanischen Flagge und montierte daneben einen Gewehrhalter. Dabei besaß er gar keines: Der Halter war für seine Angelruten bestimmt. Stevens verbrachte viel Zeit an den Seen und Kanälen im südlichen Florida, wo er Barsche und andere wohlschmeckende Fische angelte. Auf dem Weg zur Arbeit oder nach Hause hielt er oft an und warf kurz mal die Angel aus. Durch und durch wurde er zu einem Amerikaner. Oft trank er mit seinen Freunden in einer Bar ein paar Guinness und erklärte ihnen dabei die amerikanische Verfassung. »Bobby war der einzige englische Südstaatler, den ich je kennen gelernt habe«, sagte mir Tom Wilbur, einer seiner engsten Freunde.

Mit seinen besten Arbeiten handelte Stevens dem *Enquirer* Klagen ein. Als sich der Fernsehstar Freddie Prinze erschoss, fügte Stevens zwei Fotos zu einem nahtlosen Bild, das Prinze und Raquel Welch zusammen auf einer Party zeigte. Das unterstellte, die beiden seien ein Paar gewesen, und hatte einen Prozess zur Folge. Er türkte ein Foto einer Frau mit einem überlangen Hals: die »Giraffen-Frau«. Die Giraffen-Frau klagte. Seine berühmteste Retusche war ein Foto des toten Elvis im Sarg, das die Titelseite des *Enquirer* zierte: Elvis' aufgedunsenes Gesicht sah in Stevens' Version erheblich besser aus als nach allen kunstfertigen Bemühungen des Leichenbestatters.

Robert Stevens war ein gutherziger Mann. Er feilte die Widerhaken von seinen Angelhaken ab, um viele der gefangenen Fische wieder freilassen zu können, und er kümmerte sich um ausgesetzte und verwilderte Katzen, die in den Sümpfen in der Nähe seines Hauses lebten. Er hatte stets etwas Jungenhaftes an sich. Als er bereits über sechzig war, klopften noch immer die Kinder aus der Nachbarschaft an die Tür und fragten seine Frau Maureen: »Kann Bobby rauskommen und mit uns spielen?« Kurz vor seinem Tod begann er für *The Sun* zu arbeiten, ein anderes Boulevardblatt von American Media, denen auch der *National Enquirer* gehört. Die Redaktionen der beiden Zeitungen teilten sich Räume in einem Bürogebäude in Boca Raton.

AM DONNERSTAG, den 27. September, fuhren Robert Stevens und seine Frau nach Charlotte in North Carolina, um ihre Tochter Casey zu besuchen. Sie wanderten im Chimney Rock Park, wo man jeden Herbst das großartige Schauspiel von 500 oder mehr Wanderfalken erleben kann, die sich gleichzeitig in die Luft erheben; Maureen fotografierte ihren Mann; die Berge im Hintergrund. Am Sonntag ging es Stevens nicht sonderlich gut. Sonntagnacht machten sie sich auf den Rückweg nach Florida, und während der Fahrt wurde ihm speiübel. Am Montag bekam er hohes Fieber und konnte nicht mehr klar denken. Dienstag früh um zwei Uhr brachte Maureen ihn in die Notaufnahme des John F. Kennedy Medical Center in Palm Beach County. Dort meinte ein Arzt, es könne sich um Meningitis handeln. Fünf Stunden später bekam Stevens Krämpfe.

Die Ärzte nahmen eine Rückenmarkpunktion vor; die entnommene Flüssigkeit war milchig. Doktor Larry Bush, ein Spezialist für Infektionskrankheiten, sah sich die Proben an und entdeckte, dass sie voller stäbchenförmiger Bakterien mit abgeflachten Enden waren − wie kleine, dünne Makkaroni. Aufgrund der Gramfärbung schimmerten sie blauviolett: Sie waren grampositiv. »Anthrax«, dachte Doktor Bush. *Bacillus anthracis*, der Anthrax- oder Milzbranderreger, ist ein einzelliger bakterieller Mikroorganismus, der Sporen bildet und sich in Lymphe und Blut explosiv vermehrt. Am Donnerstag, dem 4. Oktober, hatte ein staatliches Labor den Befund bestätigt. Stevens' Symptome entsprachen denen des Lungenmilzbrands, der dadurch hervorgerufen wird, dass jemand die Sporen einatmet. Die Krankheit ist äußerst selten. In den vergangenen hundert Jahren hatte es in den Vereinigten Staaten nur 18 Fälle von Lungenmilzbrand gegeben, und der letzte lag 23 Jahre zurück. Dass Doktor Bush überhaupt auf Anthrax gekommen war, hing in erheblichem Maß damit zusammen, dass es in jüngster Zeit Nachrichten gab, die Attentäter vom 11. September hätten sich auf Flughäfen im südlichen Florida nach Schädlingsbekämpfungsflugzeugen erkundigt. Mit entsprechenden Maschinen könnte man in der Tat Anthraxsporen großflächig verstreuen.

Stevens fiel ins Koma, und am Freitag, dem 5. Oktober, kam es gegen vier Uhr nachmittags zum Tod durch Atemstillstand. Minuten später rief einer der Ärzte die Federal Centers for Disease Control and Prevention (CDC)* in Atlanta an und sprach mit Dr. Sherif Zaki, dem Chef der Pathologie, spezialisiert auf Infektionskrankheiten.

Sherif Zaki haust in einem winzigen Büro im ersten Stock von Gebäude 1 der CDC. Die Wände des Flurs bestehen aus geweißelten Hohlblocksteinen, und auf dem Boden liegt Linoleum. Die CDC-Gebäude stehen eng gedrängt, sind verbunden mit Plattenwegen auf einem winzigen Campus in einer grünen Hügellandschaft im Nordosten von Atlanta. Gebäude 1 ist ein länglicher Backsteinbau mit Aluminiumrahmenfenstern. Errichtet wurde er in den fünfziger Jahren des vergangenen Jahrhunderts, und die Fenster sehen aus, als seien sie seither nicht mehr geputzt worden.

Sherif Zaki ist ein zurückhaltender, stiller Mann von Ende vierzig mit guten Manieren, leicht gebeugter Körperhaltung, rundem Gesicht und blassgrünen Augen, deren markante Pupillen ihm einen durchdringenden Blick verleihen. Er spricht leise; präzise wählt er seine Worte.

Zaki ging hinaus auf den Gang, wo sich seine Mitarbeiter immer versammeln, um laufende Fälle zu diskutieren. »Mister Stevens ist verstorben«, sagte er. »Wer macht die Post?«,

---

* Amerikanische Institutionen und deren Abkürzungen werden im Glossar erklärt.

fragte jemand. »Post« ist das Kürzel für Post-mortem-Untersuchung, eine Autopsie.

Zaki und sein Team würden die »Post« machen.

AM FRÜHEN SONNTAGMORGEN, dem 6. Oktober, landeten Sherif Zaki und seine CDC-Pathologen mit einem gecharterten Jet in West Palm Beach; ein Van brachte sie zur Gerichtsmedizin von Palm Beach County, die in zwei modernen, einstöckigen Gebäuden unter Palmen in einem Industriegebiet nahe des Flughafens untergebracht ist. Mit Taschen voller Instrumente und Geräte ging die Gruppe geradewegs in den Autopsiesaal. Das ist ein großer, offener Raum in der Mitte des einen Gebäudes. Zwei Autopsien wurden gerade vorgenommen: Palm-Beach-Pathologen beugten sich über die geöffneten Körper auf den Untersuchungstischen; der Geruch von Fäkalien lag in der Luft, was zu den normalen Begleitumständen einer Autopsie gehört. Die Ärzte unterbrachen ihre Arbeit, als die Kollegen der CDC eintraten.

»Wir sind hier, um Ihnen zu helfen«, sagte Zaki auf seine besonnene Art.

Die Gerichtsmediziner waren höflich und zuvorkommend, stellten aber keinen Blickkontakt her, und Zaki spürte, dass sie Angst hatten. Stevens' Körper enthielt Milzbrandbazillen. Allerdings war er noch nicht lange genug tot; die Bazillen hatten noch keine Unmengen von Sporen produzieren können. Ohnehin waren die Sporen in diesem toten Körper nass, und in diesem Zustand waren sie nicht annähernd so gefährlich wie trockene Sporen, die wie Löwenzahnsamen durch die Luft schweben, bis sie fruchtbaren Boden finden.

Die CDC-Ärzte öffneten eine Tür der Kühlanlage des Leichenschauhauses und zogen eine Lade heraus. Stevens' Körper steckte in einem mit Reißverschluss gesicherten Tyvek-Leichensack. Ohne ihn zu öffnen, hoben sie den Körper an Schultern und Füßen an, legten ihn auf eine blanke, fahrbare Metallbahre, schoben sie in einen Nebenraum und verschlossen die Tür. Sie wollten die Autopsie direkt auf der Bahre in einem geschlossenen Raum vornehmen, damit die Autopsietische nicht mit Sporen kontaminiert würden.

Die oberste Leichenbeschauerin des Palm Beach County, Dr. Lisa Flannagan, sollte die eigentliche Leichenöffnung vornehmen, während Zaki und seine Mitarbeiter die Organe untersuchen wollten. Dr. Flannagan ist eine schlanke, selbstsichere Frau mit dem Ruf einer erstklassigen Pathologin. Alle legten Schutzanzüge und N-100-Bio-Schutzmasken, Gesichtsschutz aus durchsichtigem Kunststoff, Kopfhauben und drei Lagen Handschuhe an. Die mittleren Handschuhe waren mit Kevlar verstärkt. Dann zogen sie den Reißverschluss auf.

Das CDC-Team ergriff den Körper unterhalb der Schultern und an den Beinen, hob ihn hoch und jemand zog den Sack darunter weg. Den Körper legten sie auf die blanke Metallplatte zurück. Stevens war ein gut aussehender Mann mit freundlichen Zügen gewesen. Jetzt war er von bläulicher Farbe, seine Augen standen halb offen.

Heraklit hat gesagt, wenn ein Mann stirbt, vergeht eine Welt. Der erschreckend menschliche Ausdruck im Gesicht des Verstorbenen irritierte Sherif Zaki. Es fiel schwer, sich diesen Mann im vollen Leben vorzustellen und dann dieses Bild mit dem Körper auf der Metallbahre in Einklang zu bringen. Dieser Moment ist immer der härteste für einen Pathologen, und man gewöhnt sich nie so ganz daran. Zaki wollte angesichts des Leichnams nicht an den lebenden

Mann denken. Das musste er beiseite schieben, daran durfte er nicht denken. Seine Aufgabe bestand jetzt darin, ganz genau die Krankheit herauszufinden, an der Stevens gestorben war, zu erfahren, ob er Sporen inhaliert oder sich auf andere Weise infiziert hatte. Das könnte helfen, andere Leben zu retten. Doch einen unversehrten Körper aufzuschneiden, fällt nicht leicht, und nach einer schwierigen Post-mortem-Untersuchung ist Sherif Zaki mitunter eine Woche lang nicht ganz er selbst. »Das ist nicht gerade ein erhebender Vorgang«, erklärte Zaki mir.

Das Team drehte Stevens auf die Seite und untersuchte unter den grellen Lampen den Rücken auf Anzeichen nach äußerem Anthrax, dem Hautmilzbrand. Sie fanden keine und drehten ihn zurück.

Dr. Flannagan nahm ein Skalpell und drückte die Spitze der Klinge direkt unter der Schulter gegen die obere linke Hälfte der Brust. Dann schnitt sie in einem großen Bogen unterhalb der Warzen quer über die Brust und wieder zur anderen Schulter hoch. Als Nächstes fuhr sie mit dem Skalpell von der Spitze des Brustbeins in gerader Linie bis zum Solarplexus hinunter. Das ergab einen Einschnitt in Form eines Y, allerdings mit halbrundem Oberteil. Mit einem kurzen Schnitt quer über den Solarplexus schloss sie diesen Teil der Arbeit ab, sodass das primäre Schnittmuster nun dem Profil eines Weinglases entsprach.

Dr. Flannagan ergriff die Brusthaut und schälte sie nach oben ziehend ab. Die Hautlappen drapierte sie um den Hals. Auch die Haut von den Flanken der Brust zog sie ab, sodass Rippen und Brustbein frei lagen. Mit einer Art Gartenschere durchtrennte sie in einem großen Kreis um das Brustbein herum eine Rippe nach der anderen, um die Brustplatte, also die Vorderseite des Rippenkäfigs, abzulösen. Nachdem sie alle Rippen durchgekniffen hatte, schob sie die Finger darunter und hob die Brustplatte ab, als nehme sie den Deckel von einer Kiste.

Als Dr. Flannagan die Brustplatte anhob, kam unter den Rippen ein Schwall blutiger Flüssigkeit hervor und ergoss sich über den Körper und die Bahre auf den Fußboden.

Die gesamte Brusthöhle war mit diesem blutigen Liquor angefüllt. Keiner der Anwesenden hatte je einen Menschen seziert, der an Milzbrand gestorben war. Zaki hatte Fotos von Autopsien studiert, die an Anthraxopfern im Frühjahr 1979 in der Sowjetunion vorgenommen worden waren, nachdem eine Wolke fein gemahlenen Anthraxstaubs aus einer Biowaffenfabrik in Swerdlowsk (Jekaterinburg) entwichen war und mindestens 66 Menschen umgebracht hatte, doch jene Aufnahmen hatten ihn nicht auf den Anblick des Schwalls vorbereitet, der aus der Brust dieses Mannes quoll. Es würde einige Zeit dauern, den Raum wieder sauber zu bekommen. Die blutige Flüssigkeit war mit Milzbrandbazillen gesättigt, und sie würden sich sehr schnell in Sporen verwandeln, wenn sie an die Luft gelangten.

Dr. Flannagan trat einen Schritt zurück, jetzt war das CDC-Team an der Reihe.

Die Ärzte von den CDC wollten sich die Lymphknoten in der Mitte der Brust anschauen. Vorsichtig mit den Fingerspitzen arbeitend trennte Zaki die Lungenflügel und zog sie zur Seite, bis das Herz frei lag. Lungen wie Herz waren in rotem Liquor ertränkt. Er konnte nichts sehen. Jemand holte eine Kelle, und sie begannen den Brustraum leer zu schöpfen. Die Flüssigkeit löffelten sie in Behälter, und schließlich hatten sie fast vier Liter beisammen.

Langsam arbeitete sich Zaki in die Brust hinunter vor. Mit einem Skalpell entfernte er Herz und Teile der Lunge, bis die

Brustlymphknoten direkt unterhalb der Gabelung der großen Bronchien frei lagen. Bei den Lymphdrüsen eines gesunden Menschen handelt es sich um blasse Knötchen von etwa Erbsengröße. Stevens' Lymphknoten waren so groß wie Pflaumen, und sie sahen auch genau wie Pflaumen aus: groß, glänzend, von einem dunklen Violett, das ins Schwarze spielte. Zaki setzte das Skalpell an, um eine dieser Pflaumen aufzuschneiden. Sie zerfiel bei der ersten Berührung mit der Klinge, sodass das blutige, hämorrhagisch gesättigte Innere zu sehen war. Dies bewies, dass die Sporen, die Stevens umgebracht hatten, mit der Luft in seine Lungen gelangt waren.

Als die Pathologen mit der Autopsie fertig waren, sammelten sie ihre Geräte ein und deponierten sie im Inneren der Körperhöhlung. Skalpelle, Scheren, Messer, die Schöpfkelle – alle Sektionsinstrumente waren jetzt mit Milzbrand kontaminiert. Am sichersten war es, meinte das Team, sie zu vernichten. Um die Instrumente herum stopften sie in die Körperhöhle Verbandwatte, dann legten sie den Körper in einen frischen doppelten Leichensack. Anschließend verbrachten sie Stunden damit, den Raum, die Säcke, die Bahre, den Boden – alles, was mit Flüssigkeiten von der Autopsie in Berührung gekommen war – mit Sprühpumpenflaschen voller Chemikalien zu reinigen. Robert Stevens wurde verbrannt. Als Sherif Zaki den roten Liquor aus Stevens' Brust gelöffelt hatte, so erinnerte er sich später, war ihm das Wort »Mord« noch nicht in den Sinn gekommen.

Am Tag vor Robert Stevens' Tod war ein Untersuchungsteam der CDC unter Leitung von Dr. Bradley Perkins nach Boca Raton gekommen, um nachzuvollziehen, wo sich Stevens in den Wochen zuvor überall aufgehalten hatte. Sie wollten herausfinden, wo er den Anthraxsporen ausgesetzt gewesen war. Sie waren davon überzeugt, dass es sich um eine bestimmte Quelle in seinem Umfeld handeln musste, weil Milzbrand sich nicht von Mensch zu Mensch überträgt. Das Team teilte sich in drei Gruppen auf. Die eine flog nach North Carolina und besuchte den Chimney Rock Park, die anderen beiden durchkämmten Boca Raton. Alle dachten an Terrorismus, doch Perkins wollte sicherstellen, dass sie nicht eine tote Kuh mit Anthrax übersahen, die möglicherweise in der Nähe eines von Stevens' Angelplätzen herumlag.

Per Telefon durchforsteten sie Notaufnahmestationen und Labors, fragten nach irgendwelchen Berichten über unerklärliche Atemwegserkrankungen oder medizinischen Proben mit Mikroorganismen, bei denen es sich möglicherweise um Milzbranderreger handeln konnte. Sie spürten einen dreiundsiebzigjährigen Mann namens Ernesto Blanco auf. Blanco lag mit Atembeschwerden im Cedars Medical Center in Miami – und er leitete die Poststelle im American-Media-Gebäude, wo Robert Stevens gearbeitet hatte. Die Ärzte nahmen bei Blanco einen Nasenabstrich vor, und in der Petrischale produzierte der Abstrich Anthraxerreger. Blanco und Stevens hatten sonst keinen Umgang miteinander. Die einzige Stelle, an der sich ihre Wege kreuzten, waren die Büros von American Media.

Schlagartig konnte der Bereich der möglichen Ansteckungsquelle scharf eingegrenzt werden, und das CDC-Team betrat mit Abstrich-Kits das American-Media-Gebäude. (Ein Abstrich-Kit besteht aus einem Plastik-Reagenzglas mit einem sterilen Wattebausch an einem dünnen Holzspatel, ähnlich wie ein Q-Tip. Damit streicht man über eine verdächtige Fläche, dann steckt man den Wattebausch in das Röhrchen zurück, bricht den Spatel ab, verschließt das Röhrchen und etikettiert es. Später wird mit der Watte über den Nährboden einer Petrischale gestrichen und eventuell eingefangene Mikroorganismen beginnen sich dort zu vermehren und fleckenförmige Kolonien zu bilden.) Als ihnen schon die Kits auszugehen drohten, beschlossen Perkins und seine Leute, das Postfach für die Bildredaktion der *Sun* zu testen.

Die Probe aus dem Postfach erwies sich als voll mit Milzbrandsporen. Man strich sie über eine Petrischale mit Blutagar – Schafsblut in Gelee –, und am späten Nachmittag des Tages, an dem auch die Autopsie stattfand, wucherten auf dem Nährboden ganze Kolonien von Milzbranderregern. Die Flecken waren von blassem Grau und sie funkelten wie pulverisiertes Glas: der klassische, glitzernde Anblick von Anthrax. Irgendetwas voller Sporen musste in der Post gewesen sein. Das bedeutete, dass der Ausbruch keine natürliche Ursache hatte. Sonntagnacht, am 6. Oktober, rief Brad Perkins Dr. Jeffrey Koplan an, den CDC-Direktor. »Wir haben Beweise, dass der Tod von Robert Stevens vorsätzlich herbeigeführt wurde«, sagte er zu Koplan. »Das FBI muss sich mit allen zur Verfügung stehenden Mitteln in diesen Fall einschalten.«

Kommuniqué aus dem Nichts

15. Oktober 2001

An einem warmen Herbstmorgen öffnete in Washington, D. C., eine Frau – ihr Name gelangte nicht an die Öffentlichkeit – im Senatsgebäude an der Delaware Avenue die Post. Sie war im Büro von Senator Tom Daschle beschäftigt, dem Mehrheitsführer des Senats, und arbeitete den Posteingang des vergangenen Freitags ab. Die Frau schlitzte einen handbeschrifteten Umschlag auf, auf dem als Absender die vierte Klasse der Greendale School in Franklin Park, New Jersey, angegeben war. Er war sorgfältig mit klaren Klebestreifen verschlossen worden. Sie entnahm ein Blatt Papier: Ein Puder von der Farbe gebleichter Knochen fiel heraus und landete auf dem Teppich. Ein Staubwölkchen stieg von dem Papier empor. Wie das Rauchfähnchen einer ausgepusteten Kerze verzweigte es sich zu kleinen Wirbeln, dann löste es sich auf.

Mittlerweile waren in New York Briefe mit gräulichen, krümeligen, feinkörnigen Anthraxerregern in den Büros von NBC – adressiert an Tom Brokaw – sowie bei CBS, ABC und der *New York Post* aufgetaucht. Mehrere Menschen hatten sich mit Hautmilzbrand infiziert. Über den Tod von Robert Stevens, der zehn Tage zuvor an Lungenmilzbrand gestorben war, hatten die Medien weit und breit berichtet. Die Frau warf den Brief in einen Papierkorb und rief die Kapitolspolizei.

Geruchlos und unsichtbar in der Luft schwebend, wurden die Partikel aus dem Brief von der Hochleistungs-Klimaanlage des Gebäudes angesaugt. Vierzig Minuten lang verteilten Ventilatoren die Luft im gesamten Hart Senate Office Building, bis endlich jemand daran dachte, sie abzuschalten. Zu guter Letzt wurde das Gebäude für sechs Monate evakuiert, die Reinigung kostete 26 Millionen Dollar.

DIE HAZARDOUS MATERIALS RESPONSE UNIT des FBI (HMRU) residiert in zwei Gebäuden der FBI-Academy in Quantico, Virginia. Wann immer es ernst zu nehmende oder glaubwürdige Hinweise auf bioterroristische Attacken gibt, wird ein HMRU-Team hingeschickt, um die Gefahrenlage einzuschätzen, möglicherweise gefährliche Materialien einzusammeln und sie zur Untersuchung in ein Labor zu bringen.

Kurz nach dem Anruf der Mitarbeiterin aus Senator Daschles Büro bei der Kapitolspolizei machte sich in Quantico ein Team von HMRU-Agenten auf den Weg. Die Kapitolspolizei hatte das Büro des Senators versiegelt. Das HMRU-Team legte Tyvek-Schutzanzüge, Masken und Atemgeräte an, fischte den Brief aus dem Papierkorb und machte einen Schnelltest auf Milzbrand: Sie rührten ein bisschen von dem Puder in ein Reagenzglas. Die Reaktion war positiv; allerdings ist dieser Schnelltest nicht sonderlich zuverlässig. Da es sich hier um die Spurensicherung an einem Tatort handelte, gingen die Teammitglieder mit forensischer Systematik vor. Sie wickelten Umschlag und Brief in Lagen von Alufolie, steckten sie in Ziplocbeutel und etikettierten sie als Beweismittel. Mit einem Mehrzweckmesser schnitten sie ein Stück Teppich heraus. All die Beweisstücke kamen in weiße Plastikbehälter. Jeder wurde mit dem Symbol für biologische Gefahrstoffe beklebt und mit roten Klebestreifen versiegelt, die ebenfalls den Inhalt als Beweismittel deklarierten. Am frühen Nachmittag luden zwei Spezialagenten der HMRU die Behälter in den Kofferraum eines zivilen FBI-Wagens, fuhren damit von Washington nach Norden den Beltway entlang und bogen schließlich Richtung Nordwesten auf den Interstate 270 mit Ziel Fort Detrick bei Frederick, Maryland, ab.

Auf dem Interstate 270 herrscht immer reger Verkehr, aber die HMRU-Agenten widerstanden der Versuchung, sich zwischen den Autos hindurchzuschlängeln, sondern ließen sich mit dem Strom treiben. Es war heiß und gewittrig, zu warm für Oktober. Der Interstate 270 zieht sich durch eine sanfte Hügellandschaft. Die Route ist auch als »Maryland Biotechnology Corridor« bekannt, sie wird von Dutzenden von Biotechnologie-Unternehmen und naturwissenschaftlichen Forschungsinstituten gesäumt. Die Biotechnologie-Firmen residieren meist in Gebäuden von bescheidenen Ausmaßen, oft mit schwarzen oder verspiegelten Fenstern, dazwischen stehen Bürokomplexe.

Hinter Gaithersburg wurden die Bürogebäude spärlicher, wichen Äckern und Weiden, die von Gruppen brauner Hickorybäume und gelber Eschen unterbrochen wurden. Weiße Farmhäuser blitzten zwischen Feldern voller Mais, der am Stängel trocknete. Am Horizont tauchte rostrot und gold gestreift der Catoctin Mountain auf, ein niedriger Ausläufer der Appalachen. Der Wagen hielt am Haupttor von Fort Detrick, neben dem ein Abrams-Panzer stand, der seine

Kanone auf das Zentrum von Frederick gerichtet hatte. Gut einen Monat nach dem 11. September galt in Fort Detrick noch immer die Alarmstufe Delta, die höchste Sicherheitsstufe, solange kein Angriff im Gang ist. Es gab mehr Wachen als gewöhnlich, sie waren auffällig mit M-16-Gewehren bewaffnet und durchsuchten alle Fahrzeuge, nur der HMRU-Wagen konnte ungehindert passieren.

Die Agenten fuhren am Exerzierplatz vorbei und parkten gegenüber dem United States Army Medical Research Institute of Infectious Diseases, kurz USAMRIID, dem führenden US-Forschungslabor für biologische Kampfstoffe. Manche kürzen es einfach weiter zu »Rid« ab, oder sie nennen es nur »das Institut«. Die Aufgabe des USAMRIID besteht darin, Abwehrmaßnahmen gegen biologische Waffen zu entwickeln, sowohl medizinische als auch methodische, und beim Schutz der Bevölkerung vor Terrorangriffen mit Biowaffen zu helfen. Manchmal arbeitet das USAMRIID auch für »Klienten« von außen – soll heißen, für andere Einrichtungen der US-Regierung. Bis 1969 war Fort Detrick das Zentrum für die Erforschung und Entwicklung bakterieller Kampfstoffe der US-Armee, dann beendete Präsident Richard Nixon alle amerikanischen Bio-Offensivwaffen-Programme. Drei Jahre später unterzeichneten die Vereinigten Staaten die Biological Weapons and Toxin Convention (BWC), die die Entwicklung, den Besitz oder die Anwendung von biologischen Waffen verbietet und inzwischen von über 140 Staaten unterzeichnet wurde, von denen viele sich daran halten, andere aber nicht.

Das Hauptgebäude des USAMRIID ist ein mausgrauer, zweistöckiger Monolith, der wie ein Lagerhaus aussieht. Er hat so gut wie keine Fenster, röhrenförmige Schornsteine ragen aus dem Dach empor. Allein seine Grundfläche misst über zweieinhalb Hektar. Nahe der Mitte des Gebäudes gibt es mehrere Gruppen von biologisch abgeschotteten Hochsicherheitslabors, in denen ein niedrigerer Luftdruck herrscht als außerhalb, damit nichts Ansteckendes herausdringen kann. Die Räumlichkeiten sind nach unterschiedlichen Biosicherheitsstufen klassifiziert, von der Laborsicherheitsstufe 2 über 3 bis schließlich zur Stufe 4, der höchsten Kategorie, in der Wissenschaftler in unter Überdruck stehenden Bioschutzanzügen mit »heißem« Material arbeiten: tödlichen Viren, gegen die es kein Gegenmittel gibt. (Diese Bioschutzanzüge hüllen wie ein Raumanzug den gesamten Körper ein, sind aus schwerem Kunststoff, haben einen Helm aus weichem, biegsamem Plastik mit einem Klarsichtfenster; sie werden von außen über einen Schlauch und einen Regler mit steriler Luft versorgt.) Die aus den Biosicherheitszonen abgepumpte Luft wird feinst filtriert und ultrahoch erhitzt, also sterilisiert, bevor sie über die Schornsteine des Gebäudes ins Freie gelangt. Das Gebäude des USAMRIID ist mittlerweile mit Beton-Panzersperren gesichert, damit niemand mit einer Lastwagenbombe ein Sicherheitslabor der Stufe 4 knacken und heißes Material freisetzen kann.

Die HMRU-Agenten öffneten den Kofferraum ihres Wagens, nahmen die Behälter für Biogefahrstoffe heraus und trugen sie über den Parkplatz ins USAMRIID. In der kleinen Empfangshalle wurden die Agenten von einem zivilen Mikrobiologen namens John Ezzell erwartet. Ezzell ist ein großer, schlaksiger, beeindruckender Mann mit grau gelocktem Haar und Vollbart. FBI-Mitarbeiter, die ihn kennen, betonen gern, dass er eine Harley-Davidson fährt – genau das ist sein Stil. Seit der Gründung der Hazardous Materials Response Unit des FBI im Jahr 1996 ist John Ezzell deren Anthraxspezialist. Im Lauf der Jahre hat er

Hunderte vom HMRU gesammelte, des Milzbrands verdächtige Proben analysiert. Immer hatte es sich dabei um üble Scherze oder stümperhafte Versuche, Anthraxsporen herzustellen, gehandelt: Schmutz, Babypuder, Staub, was auch immer. Wenn Ezzell für das HMRU Proben analysiert, schläft er oft im USAMRIID-Gebäude auf einem Feldbett in der Nähe seines Labors. Die Agenten hatten ihm bislang schon Unmengen von Proben gebracht: Auch in der Vergangenheit hatte es viele Milzbranddrohungen gegeben. Das FBI war zu einem wichtigen Kunden des USAMRIID geworden.

Sie passierten ein paar gesicherte Türen, bogen in einen Flur mit grünen Hohlblocksteinwänden ab und blieben vor der Eingangstür zum Trakt AA3 stehen, einer Gruppe von Labors der Biosicherheitsstufe 3, wo Ezzell arbeitete. Formell übergaben die Agenten die Behälter an das USAMRIID, und Ezzell bekam einen Stapel Formulare, die so genannten »grünen Zettel«, auf denen für den Fall, dass die Materialien in einem Prozess als Beweismittel gebraucht würden, genau festgehalten wurde, wann und wo und wer sie in seiner Obhut gehabt hatte.

Ezzell trug die Behälter in einen kleinen Umkleideraum am Eingang zum Labortrakt. Er zog sich splitternackt aus und legte grüne Chirurgenkleidung an, allerdings verzichtete er auf Unterwäsche. Dann folgten Gummihandschuhe, Socken und weiche Stiefel, schließlich zog er sich einen Schutzanzug über und befestigte vor Nase und Mund einen Atemschutz. Ezzell ist gegen Milzbrand immun – alle Mitarbeiter der USAMRIID-Labors bekommen einmal jährlich eine Anthrax-Auffrischung. Er trug die Behälter in ein Gewirr von Labors im Innern des Trakts AA3 und stellte sie unter einen Sicherheitsabzug – einen vorne offenen Glaskasten, in dem die Luft ständig nach oben und damit von den Proben weg abgezogen wird, um Kontaminierungen zu verhindern.

Ezzell zerriss die roten Klebestreifen, öffnete die Behälter, dann die Plastikbeutel und entfaltete vorsichtig die Aluminiumfolie. Ein seidiges, blassgelbes Pulver löste sich von der Folie, schwebte in der Luft und verschwand in der Abzugshaube. Der Umschlag in einem der Folienpakete enthielt rund zwei Gramm dieses Puders – etwa so viel wie ein oder zwei Zuckertütchen. Abgestempelt war der Umschlag in Trenton, New Jersey, am 9. Oktober.

Er öffnete das andere Folienpäckchen, das den Brief enthielt, welcher in dem Umschlag gesteckt hatte. Darauf stand in großen Druckbuchstaben:

11. 09. 01
IHR KÖNNT UNS NICHT AUFHALTEN.
WIR BESITZEN ANTHRAX.
IHR STERBT JETZT.
HABT IHR ANGST?
TOD DEN AMERIKANERN.
TOD DEN ISRAELI.
ALLAH IST GROSS.

John Ezzell nahm einen Metallspatel und schob ihn ganz langsam in den Umschlag. Er schaufelte eine kleine Menge des Pulvers auf die Spitze des Spatels, zog ihn wieder heraus und hielt ihn im Innern des Abzugs vor sich. Er wollte das Pulver in ein Reagenzglas bugsieren, doch es flog von der Spitze des Spatels davon: Mitgerissen vom Luftstrom des Abzugs schwebten die Partikel auf und davon. Das Pulver war von einem blassen, gleichförmigen Hellgelb. Der Milzbrand-

Schnelltest vor Ort war positiv ausgefallen. Und das Pulver sah ganz nach einem biologischen Kampfstoff aus. »Oh, mein Gott«, sagte Ezzell laut und starrte dem Staub nach, der von seinem Spatel wegflog.

NATIONALE SICHERHEIT

16. OKTOBER 2001

AM TAG NACHDEM der mit Milzbrandsporen verseuchte Brief in Tom Daschles Büro geöffnet worden war, wurde Peter Jahrling, Chefwissenschaftler am USAMRIID, in den frühen Morgenstunden vom Piepsen seines Pagers geweckt. Jahrling lebt in einem kleinen Haus mit versetzten Wohnebenen in einem äußeren Vorort Washingtons. Das Haus ist gelb gestrichen, um das Grundstück zieht sich ein Lattenzaun. Seine Frau Daria schlief neben ihm, die Kinder in ihren Zimmern: zwei Töchter, Kira und Bria, sowie ein Sohn namens Jordan, den Peter »Karate Kid« nennt, denn er hat den schwarzen Gürtel geschafft. Ihr ältestes Kind, die Tochter Jara, war seit dem Frühherbst an einem entfernt gelegenen College.

Jahrling sah auf seine Uhr: vier Uhr früh. Er setzte die Brille auf und ging, nur mit Jockey-Shorts bekleidet, einen kurzen Gang entlang in die Küche, wo sein Pager auf dem Schrank lag. Er zeigte an, dass jemand von der Kommandozentrale des USAMRIID angerufen hatte: Colonel Edward M. Eitzen jr.

Jahrling rief ihn zurück: »Hallo, Ed, hier ist Peter, was ist los?«

Eitzen war die ganze Nacht lang aufgeblieben. »Ich brauche dich jetzt auf der Stelle hier im Büro.« Ein paar Probleme gäbe es da, sagte er, mit einer Probe. Sie könnte im Zusammenhang mit den vergangenen Geschichten stehen. Er blieb sehr vage. »Es gibt jedenfalls ein sehr weit oben angesiedeltes Interesse an dieser Probe.«

Jahrling begriff, dass es sich bei der fraglichen Probe um den Milzbrandbrief handeln musste, den das FBI am vergangenen Nachmittag beim USAMRIID abgeliefert hatte. Eitzen, so überlegte er, wollte wohl andeuten, dass das Weiße Haus sich eingeschaltet hatte, dies aber auf einer ungeschützten Telefonleitung nicht so offen sagen wollte. Es hörte sich an, als hätte der Nationale Sicherheitsrat des Weißen Hauses Notfallpläne in Gang gesetzt.

Jahrling ging ins Schlafzimmer zurück und zog sich rasch an: einen hellgrauen Anzug, der aussah, als sei er von Sears, ein blauweißgestreiftes Hemd und einen schwarzweißen Schlips mit Popartmustern. Den sicherte er mit einer silbernen Krawattennadel, dann zog er braune Schuhe an und hing sich die Kette mit dem Ausweis der Bundesbehörde um den Hals.

Peter Jahrling hat ein markant zerfurchtes Gesicht und trägt eine Photogray-Brille mit Metallfassung. Sein Haar war einst gelblich-blond, jetzt ist es größtenteils grau. Als er jünger war, hieß er bei einigen Kollegen am Institut »der Goldjunge des USAMRIID« wegen der blonden Haare und weil ihm das Glück zuteil wurde, ein paar interessante Entdeckungen hinsichtlich tödlicher Viren zu machen. Arme und Beine bewegt er ziemlich eckig, er hat etwas Bäurisches an sich und deshalb halten ihn viele für einen Fachidioten. Doch er sieht schon so aus, seit er ein Junge war. Er wuchs als Einzelkind auf und bereits in jungen Jahren faszinierten ihn Biologie und Mikroskope. Er hält sich selbst für schüchtern und ist in Gesellschaft unbeholfen; andere meinen, er nähme kein Blatt vor den Mund, sei ziemlich raubeinig, gelegentlich schroff.

Jahrling stieg in sein Auto: einen roten Mustang mit dem Nummernschild LASSA 3. Sein wissenschaftliches Interesse gilt Viren, die Menschen verbluten lassen – die ein hämorrhagisches Fieber auslösen –, und zu diesen zählt das Lassa-Virus aus Westafrika, das Jahrling im Verlauf seiner Karriere erforscht hat. (Für Langstreckenfahrten nimmt er LASSA 1, einen verbeulten, rostigen Pontiac mit einem sich in Streifen ablösenden Vinyldach, den er wegen der weichen Sitze und des dampferartigen Dahingleitens schätzt; Daria fährt LASSA 2, einen Jeep.) Er stieß aus der Einfahrt zurück und raste auf Vorortstraßen durch eine herrliche Nacht. Der Mond stand tief am Himmel, die Luft roch nach Sommer, obwohl der Orion, ein Sternbild des Winters, schon im Süden strahlte. Um fünf Uhr morgens war er im Institut. Um diese Stunde war es gewöhnlich ausgestorben, doch der Brief an den Kongress mit dem Pulver darin hatte die Leute über Nacht im Gebäude festgehalten. Er ging in Colonel Eitzens Büro und setzte sich an den Besprechungstisch. Ed Eitzen ist Mediziner, hat schütter werdendes braunes Haar und ein quadratisches Gesicht, er braucht eine Brille und zeichnet sich durch eine gradlinige, aber zurückhaltende Art aus. Er trug ein blassgrünes Hemd mit silbernen Eichenblättern auf den Schulterklappen – und er wirkte angespannt. Auf dem Feld der biologisch-medizinischen Verteidigung ist er ein anerkannter Experte. Auf Konferenzen hat er Vorträge darüber gehalten, wie man sich auf Bioterrorismus vorbereiten kann; jetzt hatte die Realität ihn eingeholt.

Im FBI-Hauptquartier im J. Edgar Hoover Building an der Pennsylvania Avenue in Washington war die Notfall-Einsatzzentrale des FBI, das SIOC (Strategic Information Operations Center), in vollem Betrieb. Das SIOC ist in einem keilförmigen Komplex von Räumen im vierten Stock des Hauptquartiers untergebracht; sie sind mit Kupferblechen ausgeschlagen, um sie funkabhörsicher zu machen. Schreibtische stehen vor einer riesigen Wand von Monitoren, die in Echtzeit auf dem neuesten Stand gehalten werden. Das FBI hatte am 11. September begonnen, das SIOC rund um die Uhr arbeiten zu lassen, und jetzt waren ein paar Schreibtische dieses Zentrums den Anthraxattacken zugeteilt. Agenten der Weapons of Mass Destruction Operations Unit, einer Spezialeinheit zur Bekämpfung von Massenvernichtungswaffen, waren zum SIOC abgestellt worden. Sie hatten eine Videokonferenzschaltung mit den Krisenstäben beim Nationalen Sicherheitsrat (National Security Council, NSC) aufgebaut. Der Krisenstab des NSC residiert im Old Executive Office Building auf der anderen Straßenseite vom Weißen Haus. Eine NSC-Beamtin namens Lisa Gordon-Hagarty koordinierte dort alles. Die Bundesregierung war live dabei.

Colonel Eitzen hatte die ganze Nacht mit dem SIOC und dem NSC-Krisenstab in Verbindung gestanden, während John Ezzell telefonisch ständig die Ergebnisse seiner Tests mit den Milzbrandproben durchgab. Seit seinem »Oh, mein Gott« hatte Ezzell ununterbrochen gearbeitet und versucht, sich eine Vorstellung zu machen, um was für eine Art von Waffe es sich dabei handelte. Während dieses Terrorangriffs würde er nicht auf seinem Feldbett schlafen; eine ganze Weile lang würde er überhaupt keinen Schlaf bekommen. Währenddessen grübelten die Leute im Weißen Haus über dem Wort »Waffe«. Sie wollten wissen, was genau die Wissenschaftler vom USAMRIID mit den Ausdrücken »Waffe« und »waffentauglich« meinten, und sie wollten bald eine Antwort. Was bedeutete »waffentaugliches Anthraxpulver«? War der Senat mit einer Waffe getroffen worden?

Jahrling und Eitzen diskutierten, was das USAMRIID sagen sollte. Das Weiße Haus war der wichtigste Kunde des USAMRIID. Eitzen meinte, das Institut solle vom Gebrauch der Begriffe »Waffe« oder »waffentauglich« absehen, bis man mehr über das Pulver wisse. Jahrling stimmte ihm zu, und gemeinsam legten sie die Begriffe »professionell« und »höchst aktiv« fest, um es zu beschreiben. Sie beschlossen den Ausdruck »Waffe« zurückzunehmen, der die Menschen zu nervös machte.

Eitzen rief die Leute vom Nationalen Sicherheitsrat an, um diese Neuausrichtung ihrer Überlegungen zu diskutieren. Er bediente sich eines verschlüsselten Telefons, einer STU (von »secure telephonic unit«). Mit einer STU klingt man wie Donald Duck mit dem Mund voll Sushi. Eitzen sagte: »Ich schalte mich sicher.« Dann berichtete er, langsam sprechend, den Leuten vom Nationalen Sicherheitsrat und dem FBI, was John Ezzell über das Anthraxpulver in Erfahrung gebracht hatte.

UM SECHS UHR morgens ging Peter Jahrling in sein Büro, um seine E-Mails durchzusehen. Jahrlings Büro ist klein und fensterlos und abgesehen von Papierstapeln ist es mit Erinnerungsstücken von seinen Reisen gepflastert: ein Nummernschild aus Guatemala, wo er einst Viren jagte, eine aus Holz geschnitzte Katze, eine Karte Afrikas mit den Vegetationstypen des Kontinents, ein Metalltelefon mit Sprechtrichter, das aus dem Vector stammt, dem staatlichen russischen Forschungszentrum für Virologie und Biotechnologie in Sibirien. In den achtziger und frühen neunziger Jahren hatten die Sowjets im Vector streng geheim mit allen möglichen Viruswaffen experimentiert. Das Metalltelefon stand einmal in einem geheimen Biolabor der Sicherheitsstufe 4; auch wenn man einen Schutzanzug trug, konnte man noch immer in den Trichter brüllen – um beispielsweise nach Hilfe zu rufen, wenn es mit einem militärischen Pockenstamm einen Unfall gab. Jahrling war viele Male Gast des Vectors gewesen. Er arbeitete bei einem Kooperationsprogramm zur Reduzierung von Biogefahren (Cooperative Threat Reduction Program) mit, in dessen Rahmen ehemaligen sowjetischen Biowaffenentwicklern Geld gegeben wurde, weil man hoffte, sie so zu friedlicher Forschung zu ermutigen und um zu verhindern, dass sie ihr Wissen an Länder wie den Iran oder den Irak weiter verkauften.

Jahrling setzte sich an seinen Schreibtisch und seufzte. Die Oberfläche lag unter einer Lawine von Papieren verborgen; die meisten hatten Pocken zum Thema, und das war entmutigend. Oben auf dem Stapel lag ein großes rotes Buch mit einem silbern gedruckten Titel: »Die Pocken und ihre Ausrottung«. Pockenvirenexperten nennen es das Große Rote Buch, und angeblich war es das Neueste zum Thema Pocken oder *Variola major*, wie die Krankheit wissenschaftlich heißt. Die Autoren hatten das Pocken-Eradikationsprogramm der Weltgesundheitsorganisation (WHO) geleitet, das das Ziel verfolgte, die Variolaviren weltweit auszurotten, und am 9. Dezember 1979 wurde der erfolgreiche Abschluss des Programms verkündet. Die Seuche gab es in der Natur nicht mehr. Mediziner halten die Pocken im Allgemeinen für die schlimmste Seuche der Menschheit. Man glaubt, dass an ih-

nen mehr Menschen starben als an allen anderen Infektionskrankheiten zusammen, einschließlich der Pest des Mittelal-
ters. Epidemiologen schätzen, dass im Verlauf der letzten
hundert Jahre, als die Variolaviren noch aktiv waren, rund
eine Milliarde Menschen daran starben.

Jahrling legte das Große Rote Buch immer oben auf
seinem Stapel mit Pockenliteratur, um es stets zur Hand
zu haben. Praktisch täglich griff er danach. Seit zwei Jahren
leitete er ein Programm, bei dem versucht wurde, neue
Arzneimittel und Impfstoffe zu entwickeln, mit denen man
Pocken heilen beziehungsweise verhindern könnte. Wissenschaftlich hatte er sich intensiver mit Pocken beschäftigt als
irgendjemand sonst auf der Welt. Er hält die Pocken für die
größte biologische Gefahr für die Menschheit. Offiziell gab
es Pockenviren nur noch an zwei Stellen auf der Welt: in
Gefriergeräten in einem Gebäude namens Corpus 6 im
Vector in Sibirien sowie in einem Gefriergerät in einem
Gebäude namens Maximum Containment Laboratory in
den Centers for Disease Control in Atlanta. Doch Peter
Jahrling sagte oft: »Wenn Sie glauben, es gäbe nur noch
zwei Kühlschränke mit Pocken auf der Welt, dann muss ich
Ihnen sagen, und das können Sie mir glauben: Der Geist ist
aus der Flasche.«

Was die nationale Sicherheit angeht, rangiert Peter Jahrling auf einer hohen Ebene; er hat eine so genannte Code-
wort- oder SCI-Freigabe, was für Sensitive Compartmentalized Information steht. Der Zugang zu SCI, manchmal
auch als ORCON-Information bezeichnet (»originator
controlled«), erfolgt mittels eines Codeworts. Wenn man im
Besitz des entsprechenden ORCON-Codeworts ist, kann
man die Information einsehen. Sie steht auf einem Dokument mit rot gestreiften Kanten. Man liest sie in einem ge-

sicherten Raum, und diesen kann man mit nichts anderem verlassen als dem, was vom Gelesenen im Gedächtnis geblieben ist.

Nicht weit von Jahrlings Büro entfernt gibt es einen solchen Sicherheitsraum, der stets verschlossen ist. Darin befinden sich ein STU-Fernsprecher, ein gesichertes Faxgerät und mehrere Safes mit Kombinationsschlössern. In diesen Safes lagern, in Aktenmappen gebündelt, Papiere mit Formeln für biologische Waffen. Einige davon sind sowjetischen Ursprungs, ein paar möglicherweise irakischen und eine ganze Reihe von Formeln ist amerikanischer Herkunft; sie wurden in den sechziger Jahren, ehe die offensive Biowaffenforschung in den Vereinigten Staaten eingestellt wurde, in Fort Detrick entwickelt. Auf dem Höhepunkt des alten Biowaffenprogramms leitete ein Armeewissenschaftler namens William C. Patrick III. ein Team, das eine sehr effiziente Version von waffentauglichem Anthraxpulver entwickelte. Patrick besitzt jedenfalls mehrere Geheimpatente auf Biowaffen.

In einem gesicherten Safe des USAMRIID gibt es vermutlich – mit Sicherheit kann ich das nicht sagen – auch eine Liste der Nationen und Gruppierungen, die nach Ansicht der CIA entweder geheime Vorräte von Pockenviren besitzen oder aktiv versuchen, an sie heranzukommen. An der Spitze dieser Liste müsste die Russische Föderation stehen, die anscheinend über militärische Geheimlabors verfügt, die auch heute noch an Pockenwaffen arbeiten. Auf der Liste finden sich wahrscheinlich auch Indien, Pakistan, China, Israel (das die Biological Weapons and Toxin Convention nie unterzeichnet hat), Irak, Nordkorea, Iran, das frühere Jugoslawien, vielleicht Kuba, vielleicht Taiwan und eventuell Frankreich. In einigen dieser Länder werden Pockenviren möglicherweise genmanipuliert. Auf der Liste stehen wohl auch Al-Qaida und Aum Shinrikyo, die japanische Sekte, die das Nervengas Sarin in der U-Bahn von Tokio freisetzte. Höchstwahrscheinlich gibt es auf der Welt eine ganze Menge nicht gesicherter Pockenviren. Das Problem ist, dass niemand weiß, wo sie sich befinden oder was genau die Leute damit vorhaben.

Peter Jahrling, der sich seit Jahren professionell in diese Materie vertieft hatte, konnte einfach den Gedanken nicht verdrängen, was passieren würde, wenn tatsächlich eine freie Prise getrockneter Variolaviren in den Brief an Senator Daschle gelangt war. »Wir wissen nicht genau, *was* in diesem Pulver ist«, sagte er zu sich selbst. »Was, wenn es ein Trojanisches Pferd ist?« Milzbrand breitet sich nicht durch Ansteckung aus – man kann sich Anthrax nicht bei jemandem holen, der daran erkrankt ist, selbst wenn er einem ins Gesicht hustet –, doch die Pocken würden sich wie ein Buschfeuer über den Kontinent verbreiten. Jahrling wollte, dass sich jemand das Pulver genau ansah, und zwar so schnell wie möglich. Er griff zum Telefon und wählte die Nummer des Mikroskopexperten Tom Geisbert, der im ersten Stock arbeitete. Es antwortete niemand.

TOM GEISBERT war zu dieser Stunde auf dem Weg von zu Hause, von Shepherdstown in West Virginia, zum USAM-RIID-Parkplatz, wo er gegen sieben Uhr eintraf. Er fuhr einen schäbigen Kombi mit verbeulten Türen, verrosteter Karosserie und einem Motor, der sich allmählich wie ein Außenborder anhörte. Er besaß einen neuen Pick-up mit V-8-Motor, nahm aber immer die alte Rostlaube, um Benzin zu sparen. Geisbert, damals 39 Jahre alt, war in der Gegend von Fort Detrick aufgewachsen. Sein Vater, William Geisbert, war der leitende Bauingenieur des USAMRIID gewesen und hatte sich auf die Sicherung biologischer Gefahrstoffe spezialisiert. Tom wurde Elektronenmikroskopist und Schutzanzugexperte. Geisbert ist ein lockerer Typ mit schütterem, hellbraunem Haar, braunen Augen, ziemlich großen Ohren und athletischem Körperbau. Er geht gern jagen und angeln. In der Regel trägt er Bluejeans und Cowboystiefel aus Schlangenleder; wenn es kalt wird, bevorzugt er einen Pullover mit Zopfmuster.

Geisbert stieg die schäbige Treppe zu seinem Büro im ersten Stock des USAMRIID hoch. Sein Büro ist klein, aber gemütlich, und im Gegensatz zu vielen anderen Räumen des Gebäudes hat es ein Fenster, aus dem Geisbert über ein Dach hinweg auf die Hänge des Catoctin Mountain blicken kann. Er setzte sich an den Schreibtisch und begann seine Gedanken für den Tag zu sortieren. Er dachte gerade an eine Tasse Kaffee und dazu vielleicht einen Doughnut mit Schokoladenguss, als Peter Jahrling aufgeregt hereinplatzte und die Tür hinter sich schloss. »Wo um Himmels willen bist du gewesen, Tom?«

Geisbert hatte noch nichts von dem Milzbrandbrief gehört. Jahrling erklärte ihm alles und sagte, Geisbert solle sich das Pulver unter dem Elektronenmikroskop anschauen, und zwar sofort. »Achte auf alles Ungewöhnliche. Ich mache mir Sorgen, dass dieses Pulver mit Pocken versetzt ist. Vielleicht achtest du auch auf Ebola-Viruspartikel. Wenn da wirklich Pocken drin sind und alle herausposaunen, ›He, das ist Anthrax‹, dann haben wir zehn Tage später in Washington eine Pockenepidemie.«

Geisbert vergaß den Kaffee und den Doughnut. Er ging hinunter zu den Fenstern, durch die man in den Trakt AA3 blicken kann, wo John Ezzell noch immer an dem Daschle-Brief arbeitete. Geisbert klopfte an die Scheibe, bis er aufblickte. Durch eine Membrane im Glas sprechend, fragte er, ob er etwas Pulver untersuchen könne.

DER
SCHLAFENDE
DÄMON

Der Mann in Zimmer 151

ANFANG 1970

Am letzten Dezembertag des Jahres 1969 kam auf dem Flughafen Düsseldorf ein Mann, den ich Peter Los nennen werde, mit einem Flug aus Pakistan an. Er hatte mit Hepatitis im Städtischen Krankenhaus von Karatschi gelegen und war entlassen worden, fühlte sich aber gar nicht gut. Zuvor hatte er in einem Slum von Karatschi in einem schäbigen Loch von Hotel gewohnt, und jetzt war er fix und fertig. Bruder und Vater holten ihn am Flughafen ab – sein Vater war Aufseher in einem Schlachthof nahe der Kleinstadt Meschede im Sauerland, Nordrhein-Westfalen.

Peter Los war zwanzig Jahre alt, gelernter Elektriker und arbeitslos; er war Träumen nachgereist, die in immer größere Fernen rückten, je weiter er kam. Er war groß und sah gut aus – wenn auch jetzt abgemagert –, hatte ein kantiges, fein geschnittenes Gesicht und dunkle, ruhelose, ziemlich wachsame Augen hinter schwarzen Wimpern. Sein Haar war kurz gelockt, er trug ausgewaschene Jeans. Er reiste mit einem Rucksack, in dem Pinsel, Stifte, Papier und ein Wasserfarbenkasten steckten, und trug eine zusammenklappbare Staffelei bei sich.

Peter Los lebt heute noch in Deutschland. Die Details zu seiner Person haben die Experten vergessen, doch sein Fall und das, was darauf folgte, erschrecken sie noch immer wie die Ruinen noch einer Feuersbrunst.

Los hatte als Elektrolehrling in Bochum in einer Wohngemeinschaft gelebt, deren Mitglieder sich ideologisch gespalten hatten. Einige verfolgten das Ziel eines disziplinierten Kommunardenlebens, während andere, einschließlich Peter, den Hippie-Idealen der Sechziger nachhingen. Im August 1969 – dem Monat des Woodstock-Festivals – bestiegen acht Mitglieder der Bochumer Kommune, darunter Peter, einen VW-Bus und begaben sich in Richtung Asien auf einen Orienttrip. Sechs Männer und zwei Frauen waren es, und anscheinend hofften sie in den Klöstern des Himalaja einen Guru zu finden, dort zu meditieren und ein höheres Bewusstsein zu erlangen, und vielleicht auch gutes Haschisch zu finden. Sie fuhren mit dem Bus über Jugoslawien nach Istanbul, dann quer durch die Türkei, durch den Irak und den Iran, wobei sie im Freien kampierten oder sich die billigsten Unterkünfte suchten. In Afghanistan wurden sie von den schlimmsten Straßen der Welt durchgeschüttelt, aber der VW-Bus schaffte es über den Khaiber-Pass. Sie hingen in Pakistan herum, doch die Dinge entwickelten sich nicht, wie sie gehofft hatten – sie lernten keinen Guru kennen. Die beiden Frauen verloren das Interesse an dem Trip und machten sich auf den Rückweg nach Deutschland. Als der Dezember nahte, fuhren drei Männer aus der Gruppe mit dem VW-Bus nach Indien und die Küste hinunter nach Goa zum Hippie-Festival »Christmas Paradise«. Peter war in Karatschi zurückgeblieben und schließlich, schwer von Hepatitis gezeichnet, im Städtischen Krankenhaus gelandet.

Mit dem Zug fuhren Peter, sein Vater und sein Bruder von Düsseldorf Richtung Osten durch das Zentrum der deutschen Schwerindustrie, an endlosen Lagerhallen und Fabriken aus roten Backsteinen vorbei. Es ist unwahrscheinlich, dass Peter und sein Vater sich in diesem Moment viel zu sagen hatten. Vermutlich steckte er sich eine Zigarette an und sah aus dem Fenster. Der Zug erreichte die Ruhr und folgte dem Verlauf des Flusses unter graublauem Himmel stromauf hinein in die dicht bewaldeten Berge des Sauerlands, bis er Meschede erreichte.

Meschede ist ein gemütliches Städtchen, wo die Leute einander kennen. Neben einem kleinen See schmiegt es sich an die Talhänge des Oberlaufs der Ruhr. Es hatte schon geschneit, die Nadelwälder auf den Hügeln und Bergen um die Stadt herum waren weiß bepudert. Es war Silvester. Peter und seine Familie feierten den Anbruch des neuen Jahrzehnts, er traf alte Freunde wieder und erholte sich langsam von seiner Krankheit.

Der Himmel hing voll dunkler Wolken, doch in der zweiten Januarwoche lösten sie sich von den Bergen, und frische Luft strömte von Norden herein, brachte trockene Kälte und blauen Himmel mit sich. Gleichzeitig brach in der Stadt die Grippe aus, viele Menschen lagen hustend und fiebernd darnieder. Am Freitag, den 9. Januar, begann Peter sich seltsam zu fühlen.

Er war müde, aber unruhig, hatte Schmerzen und gegen Ende des Tages erhöhte Temperatur. Am Samstag schoss sein Fieber in die Höhe, in der folgenden Nacht fühlte er sich sterbenskrank. Sonntagmorgen rief seine Familie den Notarzt und man brachte ihn ins St.-Walburga-Krankenhaus, das größte der Stadt. Seine Malutensilien und seine Zigaretten nahm er mit.

Dr. Dieter Enste untersuchte Peter. Seine Hepatitis hatte sich gebessert, aber möglicherweise war er an Unterleibstyphus erkrankt – eine Infektion, die er sich in einem Hospital in Pakistan zugezogen haben konnte. Sie brachten ihn in die Quarantänestation, Zimmer 151, und verabreichten ihm Tetracycline.

Im St.-Walburga-Krankenhaus arbeiteten Barmherzige Schwestern als Krankenpflegerinnen. Es war eine einfache, saubere Klinik, mit freundlichen Mitarbeitern. Die Quarantänestation nahm das gesamte Erdgeschoss des Südflügels ein, eines dreistöckigen Anbaus mit braunem Putz und dem Treppenhaus genau in der Mitte. Die Nonnen trugen Peter auf, seine Tür geschlossen zu halten und auf keinen Fall sein Zimmer zu verlassen.

Noch am Sonntag begann er sich besser zu fühlen, und sein Fieber ging fast zurück. Dennoch verboten ihm die Nonnen weiterhin, den Raum zu verlassen, noch nicht einmal das Bad durfte er benutzen, obwohl es direkt jenseits des Gangs lag. Er musste eine Bettpfanne benutzen, die sie für ihn leerten, und sich am Waschbecken in seinem Zimmer reinigen. Der Heizkörper unter dem Fenster zischte und knackte, und Peter empfand das Zimmer als stickig. Er wollte eine Zigarette rauchen. Er öffnete einen Fensterflügel nur einen Spaltbreit, holte seine Zigaretten und steckte sich eine an. Die Nonnen waren darüber ganz und gar nicht erfreut und befahlen ihm mit strenger Miene, sein Fenster geschlossen zu lassen.

Im Verlauf dieses Sonntags machte Benediktinerpater Vater Kunibert seine Runde durch die Klinik und bot den Kranken die heilige Kommunion an. Er war ein älterer Mann, nicht mehr gut zu Fuß, also arbeitete er sich von oben nach unten vor, damit er keine Treppen steigen musste. Im Erdgeschoss steckte er am Ende des Korridors seinen Kopf in Zimmer 151 und fragte den Patienten, ob er die Kommunion wünsche. Der junge Mann war nicht interessiert. Der Kran-

kenakte kann man entnehmen, dass er »die Kommunion verweigerte« und dass »dem Priester ... mitgeteilt [wurde], dass
seine Dienste nicht erwünscht waren«.

Wenn die Nonnen anderweitig beschäftigt waren, rauchte
Peter trotzdem am spaltbreit geöffneten Fenster. Kalte Luft
strömte herein und erfüllte den Raum mit dem Geruch der
Natur und dem Zwitschern von Spatzen.

Weil die Tetracycline nicht wirkten, versuchten es die
Ärzte mit Chloramphenicol. Nach und nach fühlte Peter
sich immer unwohler, Angst beschlich ihn, dass etwas nicht
in Ordnung war, dass die Arzneimittel nichts gegen seinen
Typhus ausrichteten. Er war nervös, fand nicht zur Ruhe,
kramte Farben und Pinsel heraus und begann zu malen. Als
er dessen müde wurde, zeichnete er mit dem Bleistift. Aus
seinem Fenster gab es nicht viel zu sehen: eine Krankenschwester in weißer Tracht, die einen Fußweg entlangeilte,
ein paar Flecken Schnee, Zweige nackter Birken, die sich vor
kobaltblauem Himmel kreuzten.

DER MONTAG VERGING und auch der Dienstag. Ab und
zu schaute eine Nonne herein und nahm Peters Bettpfanne
mit. Sein Hals war gerötet, er hatte Husten, der sich ver-
schlimmerte. Die Rückseite seiner Kehle fühlte sich wie
rohes Fleisch an. Peter zeichnete und malte. Nachts litt er
unter schrecklichen Alpträumen.

Die entzündete Stelle in seinem Hals war nicht größer als
eine Briefmarke, aber in biologischer Hinsicht heißer als die
Sonnenoberfläche. Die nässenden Flecken in seinem Ra-
chen setzten Pockenviren frei, die sich mit seinem Speichel
mischten. Wenn er sprach oder hustete, entströmten seinem
Mund mikroskopisch kleine infektiöse Tröpfchen, die in der

Luft um ihn herum eine unsichtbare Wolke bildeten. Viren sind die kleinsten Lebensformen. Es sind Parasiten, die sich in den Zellen ihrer Wirte vermehren; auf andere Weise ist ihnen dies nicht möglich. Genau genommen ist ein Virus für sich allein nicht lebendig, aber es ist auch nicht tot. Es gilt durchaus als eine Lebensform. Und jetzt hing da im Zimmer 151 eine mit Viren gesättigte Wolke, und sie zog durch das Krankenhaus. Am Mittwoch, den 14. Januar, begannen sich Peters Gesicht und Unterarme zu röten.

Die Haut vom Körper

15. Januar 1970

Die Rötungen breiteten sich fleckig auf Peter Los' Gesicht und Unterarmen aus, und binnen Stunden verwandelten sich diese Flecken in ein Meer winziger Pusteln. Sie fühlten sich stechend an, juckten aber nicht, und als die Nacht hereinbrach, bedeckten sie sein Gesicht, seine Arme, Hände und Füße. Pusteln wuchsen ihm an den Fußsohlen und den Handflächen, auf der Kopfhaut und auch im Mund. Im Verlauf der Nacht bildeten die Pusteln winzige bläschenartige Spitzen aus, und die wurden ständig größer. Überall auf seinem Körper sprossen sie, gleichzeitig, wie ein Gerstenfeld nach einem Regenguss. Sie begannen fürchterlich wehzutun und wuchsen sich zu Beulen aus. Sie waren hart, sahen wächsern aus und wirkten wie etwas Unreifes. Das Fieber schoss wieder in die Höhe und begann zu wüten. Die Berührung des Schlafanzugs auf seiner Haut brannte wie Grillfeuer. Er war bei vollem Bewusstsein und hatte schreckliche Angst. Die Ärzte wussten nicht, was mit ihm los war.

Bei Tagesanbruch am Donnerstag, dem 15. Januar, hatte sich sein Körper in eine Masse buckliger Blasen verwandelt. Sie waren überall, nichts blieb verschont, auch nicht

51

seine Genitalien. Am dichtesten gedrängt saßen sie im Gesicht und an den Extremitäten. Experten sprechen von der zentrifugalen Ausbreitung des Pockenausschlags: Es sieht aus, als treibe eine unbekannte Kraft die Pusteln von der Körpermitte nach außen in Richtung Gesicht, Hände und Füße. Doch auch innen im Mund, in den Gehörgängen und den Nebenhöhlen wuchsen die Pusteln, vielleicht auch auf der Innenhaut des Rektums, wie es in schweren Fällen passiert. Und doch war Peter im Kopf völlig klar. Wenn er hustete oder sich zu bewegen versuchte, fühlte es sich an, als würde ihm die Haut vom Körper gerissen, als wolle sie reißen oder platzen. Die Beulen waren hart und trocken, sie nässten nicht. Sie fühlten sich an, als hätte man seiner Haut das Innere von Kugellagern eingepflanzt. Jede Pustel zeigte in der Mitte eine kleine Delle. Drückte man sie, trat eine opaleszierende, eitrige Flüssigkeit aus. Es war furchtbar.

Die Pusteln wuchsen, bis sie einander berührten, und schließlich verschmolzen sie zu zusammenhängenden Stellen, die seinen Körper wie Kopfsteinpflaster bedeckten. Großflächig wurde die Haut von ihren Unterschichten abgerissen, und die Pusteln in seinem Gesicht verbanden sich zu einer blasenförmigen Masse, bis seine Gesichtshaut, gleichfalls von ihrem Unterbau gelöst, wie eine mit Flüssigkeit gefüllte Tüte um das restliche Gewebe seines Kopfes hing. Zunge und Gaumen waren mit Pusteln übersät, und doch war sein Mund trocken; er konnte kaum schlucken. Außen wie innen hatten die Viren ihm die Haut vom Körper gerissen, und die Schmerzen überstiegen nahezu alles, was ein einzelner Mensch auszuhalten vermag.

Wenn die Barmherzigen Schwestern die Tür zu seinem Zimmer öffneten, entströmte ihm ein süßlicher, krankhafter, widerlicher Geruch und verbreitete sich im Gang. Etwas

Vergleichbares war den medizinischen Mitarbeitern der Klinik noch nie zuvor begegnet. Es war kein Fäulnisgestank, denn die Hautoberfläche des Patienten war geschlossen. Doch die eitrige Flüssigkeit unter der Haut setzte Gase frei, die aus dem Körper diffundierten. »Pockenfötor« nannte man das einst. Heute sprechen die Mediziner vom Gestank des Zytokinensturms.

Zytokine sind Botenmoleküle, die im Blutstrom treiben. Mit ihrer Hilfe kommunizieren die Zellen des Immunsystems untereinander, wenn es eine Reaktion auf Eindringlingsattacken vorbereitet. Bei einem Zytokinensturm gerät die Signalübertragung völlig durcheinander, das Immunsystem läuft aus dem Ruder und bricht schließlich wie ein überlastetes Computernetzwerk zusammen. Der Zytokinensturm wird chaotisch, am Ende kommt es zu einem Absacken des Blutdrucks, zu einem Herzanfall oder Atemstillstand, und das alles begleitet von diesem durch die Haut dringenden Gestank, als hätte man etwas Unaussprechliches in einer Papiertüte verwahrt. Niemand weiß genau, was beim Pocken-Zytokinensturm passiert. Die Viren geben unbekannte Proteine ab, die das Immunsystem wie ein Störradar blockieren und den Zytokinensturm auslösen, sodass die Viren sich ungehindert vermehren können.

Im Jahr 1875 tat Dr. William Osler auf der Pockenstation des General Hospital in Montreal Dienst. Er gab dem Wirkstoff, der den süßlichen Gestank der Pocken verursacht, den Namen »Virus«, was das lateinische Wort für »Gift« ist. In Oslers Tagen wusste niemand, was Viren sind, aber den Geruch dieser Sorte kannte er sehr gut. Wenn die Haut eines Patienten nur wenige oder noch gar keine Pusteln aufwies, schnupperte er einfach an Stirn und Handgelenken, wo er den Fötor des Virus ausmachen und damit die Diagnose absichern konnte.

Gegen Mittag des 15. Januar, fünf Tage nach Peter Los' Einlieferung, kam den Ärzten der Verdacht, dass er die Blattern haben könnte – Pocken. Es gibt mehrere Arten von Pockenerkrankungen, die sich unterschiedlich im menschlichen Körper manifestieren. Peter hatte die klassische Form: *Variola major.*

Der wissenschaftliche Name für die Pocken – Variola – ist ein Wort aus dem mittelalterlichen Latein und steht für »gefleckte Pusteln«. Diesen Namen bekam die Krankheit um das Jahr 580 n. Chr. von Bischof Marius von Avenches im heutigen Schweizer Kanton Waadt. 1240 beschrieb der englische Arzt Gilbertus Anglicus die Grundformen der Pockenerkrankung. Variolaviren sind ausschließlich auf Menschen spezialisierte Parasiten, von Natur aus können sie nur die Spezies Homo sapiens infizieren. Es gibt zwei natürliche Unterarten: *Variola minor* und *Variola major. V. minor,* erstmals 1863 von Ärzten auf Jamaika identifiziert, ruft die Weißen Pocken hervor; diese Krankheit ist auch unter dem Namen Alastrim bekannt. Die Erkrankten entwickeln ebenfalls die typischen Pusteln, doch die Krankheit verläuft milder und führt kaum zum Tod. *V. major* hingegen tötet zwischen 20 und 40 Prozent aller infizierten Menschen, die nicht dagegen immunisiert sind; die Rate hängt von den Umständen des Krankheitsausbruchs und der Virulenz ab – anders gesagt: wie »heiß« der Virenstamm ist. Als Faustregel gilt unter Medizinern, dass die Pocken einen von drei Erkrankten umbringen.

Die infektiösen Viruspartikel nennt man auch Virionen. Die Virionen der Pocken sind sehr klein: 1000 von ihnen zusammen genommen wären etwa so dick wie ein menschliches Haar. Es kann gut sein, dass man sich schon durch das Einatmen von drei bis fünf Virionen Pocken holt. Niemand weiß, wie groß die infektiöse Dosis bei Pocken ist, doch Experten glauben, dass eine geringe Menge genügt.

Dieter Enste und die anderen Ärzte hatten zunächst eine Pockenerkrankung nicht in Erwägung gezogen, weil Peter Los tagelang nicht den typischen Ausschlag aufwies und weil er geimpft worden war, kurz bevor er Deutschland verlassen hatte. Eine zweite Impfung hatte er in der Türkei bekommen, doch beide waren ein Fehlschlag: Er bekam nicht die typische Pustel am Oberarm, was bedeutete, dass er nicht immunisiert war.

Die Ärzte von St. Walburga nahmen ein Skalpell, schnitten eine Pustel auf seiner Haut auf und tropften ein wenig von der eitrigen Flüssigkeit auf einen Tupfer. Den steckten sie in ein fest verschlossenes Röhrchen, mit dem ein Beamter in einen Mercedes stieg, mit 160 Stundenkilometern über die Autobahn nach Düsseldorf jagte und den Eiter in einem Labor des Gesundheitsministeriums ablieferte.

Unter dem Mikroskop

16. JANUAR 1970

KARL HEINZ RICHTER war der Pockenexperte des Düsseldorfer Gesundheitsministeriums – ein Mediziner mit freundlichem Gesicht und seitlicher Haartolle. Er trug eine schicke Metallbrille und unter dem Jackett einen grauen Pullover, was ihm ein saloppes, aber nicht unmodisches Aussehen verlieh. Zusammen mit einem Team von Ärzten und Technikern untersuchte Dr. Richter den Eiter, den man Peter Los' Pustel entnommen hatte. Sie legten eine kleine, getrocknete Eiterprobe in ein Elektronenmikroskop – ein fast zwei Meter hohes, röhrenförmiges Gerät, das ein Bild bis zu fünfundzwanzigtausendfach vergrößern konnte. Dann schauten sie abwechselnd durch den Einblick auf den Leuchtschirm – sie wollten die Diagnose gemeinsam stellen.

Dr. Richter sah lange Reihen zerstörter menschlicher Hautzellen. Zwischen dem Zellmüll gab es Tausende kleiner, runder Körper, die an Bierfässer erinnerten. Einige Experten beschreiben sie auch als quaderförmig. Aufgrund der fünfundzwanzigtausendfachen Vergrößerung des Mikroskops wirkte das kleine Eiterflöckchen fast so groß wie ein Fußballfeld, und die kleinen Quader zwischen den dicken Brocken hatten im Vergleich dazu die Größe von Rosinen.

Hunderttausende von ihnen gab es in der Probe. Es waren Virionen des Pockenvirus. Die Diagnose wurde einstimmig gefällt: Es handelte sich um Pocken.

Die Pockenvirionen hatten eine zerfurchte, knubbelige Oberfläche, ähnlich wie die einer Handgranate – Fachleute sprechen auch von der Pocken-Maulbeere. (Eine Maulbeere ist eine etwa daumennagelgroße, einer Brombeere ähnelnde Frucht.) Die Familie der Pockenviren, *Poxviridae*, umfasst zahlreiche Unterfamilien und Gattungen; die Variolaviren zählen dabei zu den Orthopoxviren, den Pockenviren der Tiere. Die *Poxviridae* gehören zu den größten und kompliziertesten Viren der Natur. Ein Pockenpartikel besteht aus rund 200 verschiedenen Proteinen, und viele davon sind wie bei einem chinesischen Puzzle ineinander verschränkt. Wissenschaftler analysieren Stück für Stück den Aufbau der Pocken-Maulbeere, aber bis jetzt hat noch niemand den Gesamtbauplan herausgefunden. Fachleute sehen in Pockenvirionen einen nahezu mathematischen Aufbau und empfinden sie fast als atemberaubend schön. Im Zentrum der Maulbeere gibt es ein merkwürdiges Etwas, das wie eine Hantel aussieht, weshalb Wissenschaftler vom »Hantelkern« oder »Hundeknochen« des Pockenvirus sprechen. Im Inneren dieser Hantel – oder des Hundeknochens – ruht ein Klümpchen DNS in Form eines langen, in sich gedrehten, leiterähnlichen Moleküls: das Genom der Pocken, der komplette Bauplan und die Betriebssoftware für Variola. Bei den Stufen der DNS-Leiter handelt es sich um die Buchstaben des genetischen Codes. Das Pockengenom hat rund 187 000 Buchstaben und zählt damit zu den längsten Genomen aller Viren. Ein gut Teil des Codes brauchen die Pockenviren, um das Immunsystem ihres menschlichen Wirts zu überrumpeln. Der Code umfasst rund 200 Gene (die 200 Proteine im

Virionenkern). Im Vergleich dazu hat das Aids-Virus, HIV, nur zehn Gene. Wollte man die Leistung der Natur würdigen, könnte man sagen, HIV ist eine simple Konstruktion, die bestens funktioniert. HIV ist ein Fahrrad, die Pocken hingegen sind ein Cadillac samt allen Extras, die in der Aufpreisliste standen.

Pockenviren zählen zu den wenigen Virenarten, die gerade groß genug sind, dass man sie mit den besten Lichtmikroskopen noch erkennt (unter denen sie wie feine Pfefferkörnchen aussehen). Die unendlichen Paläste der Biologie erstrecken sich weit ins Unsichtbare. Es fällt dem Geist schwer, sich eine Vorstellung davon zu machen, wie klein etwas Kleines im mikroskopischen Universum der Natur wirklich ist; doch man kann sich eine Eselsbrücke etwa auf der Basis des Woodstocks-Festivals bauen, das in einem natürlichen Amphitheater auf der Farm von Max Yasgur in Bethel, New York, stattfand. Rund eine halbe Million Menschen waren da versammelt. Aus einer Umlaufbahn um die Erde betrachtet, hätte die Menschenmenge auf Yasgurs Farm vielleicht ungefähr so ausgesehen:

●

Wenn man die Zelle eines menschlichen Körpers – in natürlicher Größe – auf diese Ausdehnung des Woodstock-Festivals legte, wäre sie ein Objekt ungefähr in der Größe eines VW-Busses, der am Rand des realen Festivals parkte. Bakterienzellen sind kleiner als tierische Zellen. Wenn man eine einzelne Zelle von *E. Coli* (den häufigsten Bakterien im menschlichen Gedärm) nach Woodstock verpflanzte, hätte sie ungefähr die Größe einer kleinen Wassermelone, die vielleicht neben dem VW-Bus im Gras liegt. Eine Anthraxspore wäre eine Orange. Im selben Maßstab wäre ein Pockenviruspartikel eine Maulbeere. (Die Virenpartikel der gemeinen Erkältung sind die kleinsten, die in der Natur vorkommen: Ein Schnupfenvirus wäre ein Marihuanasamen unter dem Sitz des VW-Busses beim Woodstock-Festival.) Drei bis fünf Pocken-Maulbeeren, die von diesem Punkt aus in die Luft von Woodstock davonfliegen, wären unsichtbar und auch mit allen anderen Sinnen nicht zu bemerken, und doch könnten sie eine globale Pocken-Pandemie auslösen.

ALS DR. RICHTER über das nachdachte, was er im Mikroskop gesehen hatte, war er nicht unvorbereitet darauf, dass dies einen nationalen Notstand bedeutete. Drei Jahre zuvor hatte er einen Plan ausgearbeitet, was zu tun wäre, wenn in seinem Zuständigkeitsbereich die Pocken ausbrächen. Nun war es passiert. Er tat sich mit einem älteren Pockenfachmann zusammen, Dr. Josef Posch, und noch ein weiterer Kollege, Prof. Helmut Ippen, schloss sich ihnen an. Gemeinsam organisierten sie die Quarantäne im Krankenhaus, stellten Impfserum bereit und schafften die Bioschutzausrüstung herbei, die Richter schon früher eingelagert hatte. Auch rief er das Büro des Pocken-Eradikationsprogramms der Weltgesundheitsorganisation in Genf an und bat um Hilfe.

Die WHO residiert auf einer Anhöhe über Genf in einem Gebäude aus den fünfziger Jahren. Die Nationalfahnen der Welt umwehen es. 1970 war das Pocken-Eradikationsprogramm (SEP von Smallpox Eradication Program) noch ein relativ junges Unternehmen der WHO − erst 1966 war es ins Leben gerufen worden. Gemanagt wurde das Programm aus einer Ansammlung winziger Büros im fünften Stock heraus − gerade einmal 1,20 Meter breit, aber mit einem groß-

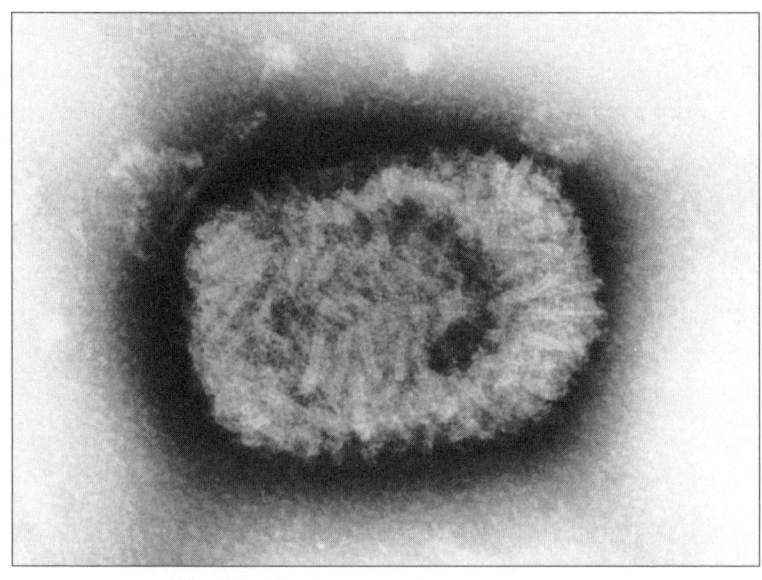

Ein einzelnes Variolaviruspartikel (Virion) von einer menschlichen Hautpustel. Die Negativ-Kontrast-Elektronenmikroskopie in ungefähr einhundertfünfzigtausendfacher Vergrößerung zeigt die »Maulbeer«-Struktur der Proteine auf der Oberfläche des Partikels. Das Foto wurde 1966 von Frederick A. Murphy aufgenommen, den man als Ansel Adams der Elektronenmikroskopie bezeichnen könnte.

artigen Ausblick über den Genfer See nach Südosten zum Montblanc. Obwohl die Räumlichkeiten des Pockenprogramms so klein und verschachtelt waren, wirkte die Abteilung oft wie verlassen, weil stets mehr als die Hälfte der Mitarbeiter unterwegs war und sich in den unterschiedlichsten Weltgegenden um die Pocken kümmerte.

Dr. Richter telefonierte mit Paul F. Wehrle, einem amerikanischen Arzt dieser Abteilung, der etwas Deutsch sprach. Dr. Wehrle war ein großer, schlanker, höflicher Epidemiologe mit braunem Haar und grünen Augen, der stets Jackett, weißes Hemd und Krawatte trug, wenn er irgendwohin ausrückte, weil er der Überzeugung war, dass ein gut gekleide-

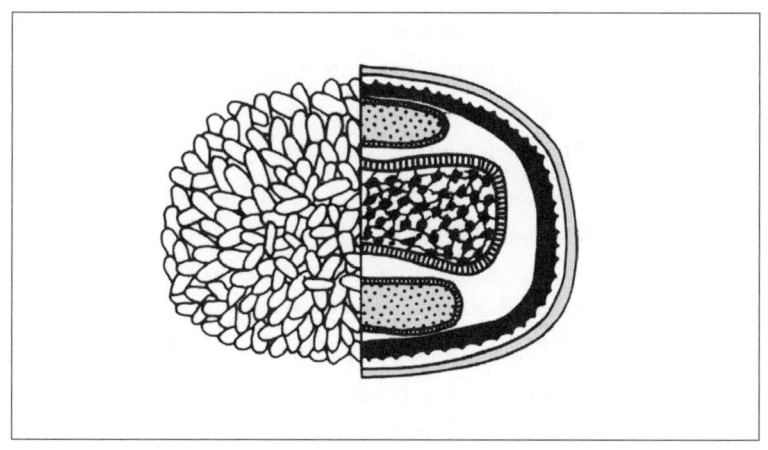

Diagramm eines Variolaviruspartikels, das sowohl die Oberfläche als auch die interne Struktur zeigt. Der hantelförmige Kern (der »Hundeknochen«) enthält das Genom des Virus, das aus rund 187 000 DNS-Buchstaben – Nukleotiden – besteht. (Beide Bilder m. frdl. Gen. von Frederick A. Murphy, School of Veterinary Medicine, University of California in Davis.)

ter Arzt inmitten des nackten Terrors eines Pockenausbruchs Vertrauen und Zuversicht wecken könne. Wehrle führt heute mit seiner Frau das ruhige Leben eines Rentners in Pasadena. »Unglücklicherweise bin ich schon achtzig geworden«, bemerkte er mir gegenüber, »aber glücklicherweise habe ich noch alle Haare, die Mehrzahl meiner Zähne und zumindest noch ein bisschen Hirn.«

Als Dr. Richter ihm erzählte, was in Meschede vor sich ging, verstand Dr. Wehrle nur zu gut, was das bedeutete. Eine Grundregel der WHO lautete, Pockenpatienten aus Kliniken *herauszuhalten*, weil sich dort die Viren allzu leicht ausbreiten konnten – Hospitäler sind wahre Variola-Brutstätten. Die Pocken können ein ganzes Krankenhaus erobern, Ärzte, Schwestern und Patienten infizieren, und von dort breiten sich die Viren über die Stadt aus und weiter hinaus ins Land. Die WHO empfahl, Pockenkranke zu Hause unter der Obhut geimpfter Verwandter zu lassen. Weil es ohnehin nichts gab, was ein Arzt für einen Patienten tun konnte, der bereits an Pocken litt, konnte genauso gut der Patient von den Medizinern fern gehalten werden.

Wehrle ging den Gang entlang zu einem doppelt so großen, aber immer noch winzigen Büro, das einem hühenhaften, selbstbewussten Arzt namens Donald Ainslie Henderson gehörte. Henderson wurde von allen nur »D. A.« gerufen, auch von seiner Frau und seinen Kindern. D. A. Henderson war der Leiter des Pocken-Eradikationsprogramms. Er maß fast 1,90 Meter, hatte einen Quadratschädel mit markanten, zerfurchten Gesichtszügen, glattes, braunes, zur Seite gebürstetes Haar, breite Schultern, kräftige Hände und seine Stimme war so rau, als gurgelte er mit Kieseln. Wehrle und Henderson diskutierten die Strategie, Henderson telefonierte zwischendurch ein paar Mal. Der junge Mann im Krankenhaus von Meschede konnte eine Epidemie auslösen, die sich möglicherweise über ganz Europa ausbreiten würde. Henderson sagte Wehrle, er solle nach Deutschland fahren. Wehrle nahm ein Taxi zum Flughafen, und noch am selben Nachmittag flog er nach Düsseldorf. Währenddessen sorgte Henderson dafür, dass 100 000 Dosen Pockenimpfstoff von Genf nach Deutschland verfrachtet wurden.

WÄHREND PAUL WEHRLE nach Meschede unterwegs war, holten Dr. Richter und die deutschen Gesundheitsbehörden Peter Los aus dem St.-Walburga-Krankenhaus –, und zwar auf dem schnellsten Weg. Die Polizei sperrte die Klinik ab, ein paar Beamte in Bioschutzanzügen aus Plastik mit Masken vor dem Gesicht rannten hinein und wickelten Los in eine biosichere Plastikhülle mit Atemlöchern. Höllenqualen litt er in diesem Sack. Das Evakuierungsteam brachte ihn in aller Eile auf einer Bahre aus dem Gebäude und lud ihn samt Sack in einen biogesicherten Krankenwagen. Dann ging es mit Blaulicht und Sirene knapp 50 Kilometer weit über kurvige Straßen zum Herz-Maria-Krankenhaus in der Kleinstadt Wimbern. Die Klinik hatte eine neugebaute Isolierstation, die für extrem ansteckende Patienten geeignet war. Sie war in einem einstöckigen Gebäude mit Flachdach untergebracht, das mitten im Wald stand. Dort bettete man Los auf eine seidenglatte Kunststoffunterlage, wie man sie für Opfer mit schweren Verbrennungen verwendet. Er rang mit dem Tod. Bauarbeiter begannen, einen Zaun um die Klinik zu errichten.

Noch am selben Tag organisierten Dr. Richter und Dr. Posch Impfungen für alle Patienten und Mitarbeiter des St.-Walburga-Krankenhauses. Man behandelte sie mit einem speziellen deutschen Pockenimpfstoff, der mit einem kleinen Messer, einer so genannten Impflanzette, mittels Schnitten in die Haut des Oberarms eingebracht wurde. Anschließend führten die Mediziner und ihre Kollegen Befragungen durch, um herauszufinden, wer mit Peter Los in Kontakt gekommen war. Von allen, die Los ins Gesicht geblickt hatten, nahmen sie an, dass sie Pockenpartikel eingeatmet hatten. Zweiundzwanzig Menschen kamen im Krankenhaus von Wimbern in Quarantäne. Alle, die sich im Südflügel von St. Walburga aufgehalten, aber Los selbst nicht gesehen hatten, wurden innerhalb dieser Klinik unter Quarantäne gestellt, und man befahl ihnen, dort achtzehn Tage zu bleiben. Feldbetten wurden herbeigeschafft und in den Waschräumen aufgestellt, dort schliefen die medizinischen Mitarbeiter; dennoch war nicht genug Platz für alle. Also belegten die Behörden eine nahe gelegene Jugendherberge und mehrere kleinere Hotels in den Bergen für die Betroffenen. Nachdem ein Arbeiter der Klinik aus der Quarantäne geflohen und nach Hause zu seiner Familie gegangen war, ließen die Behörden die Türen von St. Walburga mit Brettern vernageln und stationierten einen Polizeikordon um die Klinik.

Paul Wehrle kam mit dem Zug aus Düsseldorf am Abend des 16. Januar in Meschede an. Richter und Posch holten ihn am Bahnhof ab. (Richter fuhr den Wagen, denn Posch hatte im Zweiten Weltkrieg einen Arm verloren.) Sie brachten Wehrle in ein Hotel, dann planten sie fast die ganze Nacht hindurch die Quarantäne- und Impfkampagne. Die Deutschen wollten ihre Leute weiterhin mit dem speziellen deutschen Vakzin impfen, aber Wehrle vertraute dem nicht. Es war ein Impfstoff mit abgetöteten Erregern, den die deutsche Regierung seit vielen Jahren verwendete, aber die WHO war der Ansicht, dass er die Menschen nicht sonderlich immunisierte. »Das deutsche Vakzin hatte ein kleines Problem. Es funktionierte nicht«, behauptet Wehrle später. »Es war so wertlos wie ein Impfstoff nur sein kann, ich konnte das den Deutschen nur nicht ins Gesicht sagen, weil sie ihr Vakzin in Schutz nahmen.« Er mochte und respektierte die deutschen Experten und wollte sie nicht vor den Kopf stoßen, aber er bedrängte sie sanft, jedem im Krankenhaus eine zweite Impfung mit dem WHO-Vakzin zu geben. Es konnte nicht schaden, vielleicht sogar nützen, zwei Impfungen zu bekommen, sagte er. Er konnte die Kollegen auch überreden, für die umfassendere Impfkampagne in der Stadt Meschede ebenfalls das WHO-Vakzin zu nehmen.

Die WHO lagerte Millionen Dosen Pockenvakzin tiefgekühlt in einem Gebäude im Zentrum von Genf, das sie »Gare Frigorifique« nannten – den Tiefkühlbahnhof. Ein großer Teil des dort eingelagerten Impfstoffs war dem Pocken-Eradikationsprogramm von der Sowjetunion gespendet worden. Traditionell besteht der Impfstoff aus lebenden Viren, den Vakzineviren, die aus Kuhpockenviren gewonnen werden, die mit den Humanpocken eng verwandt sind. Die Geimpften werden also mit Kuhpocken infiziert, erkranken aber nicht sonderlich schwer daran; doch einige wenige Menschen reagieren heftiger darauf, und bei einem winzigen Bruchteil kann es zu einem schweren Krankheitsverlauf und möglicherweise sogar zum Tod kommen.

Ein Mitarbeiter der Gare Frigorifique fuhr ein paar Kartons voller Glasampullen mit dem russischen Vakzin zum Genfer Flughafen – 100 000 Dosen brauchen nicht viel Platz. Tiefgekühlt musste der Impfstoff nicht werden: Nach dem Auftauen bleibt er wochenlang wirksam. Zugleich wurden Tausende von Pockenimpfnadeln nach Deutschland verfrachtet. Es handelt sich dabei um einen speziellen, gegabelten Nadeltyp mit zwei Spitzen.

So schnell wie möglich organisierten die deutschen Gesundheitsbehörden in der Gegend von Meschede eine Massenimpfung. »Einschließung durch Ringimpfung« lautete der Fachausdruck dafür. Die Mediziner wollten Peter Los und alle seine Kontaktpersonen mit einer Brandmauer immunisierter Menschen einkreisen, sodass das kleine Variolafeuer in der Mitte keinen menschlichen Zunder mehr finden und keine Feuerwalze in seiner Wirtspezies auslösen konnte.

In Meschede kam das Leben zum Stillstand. Die Menschen verließen ihre Häuser und Arbeitsplätze und standen – mit ihren Kindern – vor den Schulen Schlange, um sich impfen zu lassen. Die »Pockenangst« jagte schneller durch Deutschland als es die Viren selbst hätten tun können. Wer ein Meschede-Nummernschild am Auto hatte, wurde noch nicht einmal mehr an Tankstellen bedient, ganz zu schweigen in Restaurants. Meschede war zur »Pockenstadt« geworden.

Schwestern und Ärzte brachten das Vakzin unter die Leute. Wer Impfungen vornahm, stand vor einer langen Reihe von Menschen und hielt in der einen Hand eine Glasampulle mit dem Impfstoff sowie einen kleinen Plastikbehälter mit gegabelten Nadeln. Er brach den Hals der Ampulle ab und nahm eine Nadel. Die Nadel wurde in das Vakzin getaucht und dann etwa fünfzehnmal in den Oberarm der zu impfenden Person gepiekst, was blutende Stiche verursachte. Bei korrekt durchgeführter Impfung konnte einem durchaus das Blut den Arm hinunterlaufen, denn die gegabelte Nadel sollte die Haut gründlich verletzen. Jede Ampulle reichte für mindestens zwanzig Impfungen. Während die Schlange der Menschen vorüberzog, konnte ein Arzt oder eine Schwester Hunderte von Impfungen in einer Stunde vornehmen. Nach jeder geimpften Person wurde die Nadel in einen Behälter geworfen und eine frische genommen. Am Ende des Tages wurden alle Nadeln ausgekocht und sterilisiert, um am nächsten Tag erneut Verwendung zu finden.

Wer erfolgreich geimpft wurde, war mit Vakzineviren infiziert. An der Impfstelle auf dem Oberarm bildete sich eine vereinzelte Pustel, die sich zu einer Blase auswuchs, aus der Eiter sickerte, dann schrumpfte und verkrustete sie; ein paar Tage lang fühlten sich viele Geimpfte leicht benebelt und ein wenig fiebrig, weil sich in ihrer Haut Vakzineviren vermehrten, keine sonderlich angenehmen Gesellen. Unterdessen schrillten im Immunsystem der Geimpften die Alarmglocken. Vakzine- und Pockenviren sind sich so ähnlich, dass unser Immunsystem Schwierigkeiten hat, sie auseinander zu halten. Binnen Tagen steigt die Widerstandskraft der Geimpften gegen die eigentlichen Pocken. Viele Erwachsene über dreißig haben heutzutage eine Narbe am Oberarm, die von der Pockenpustel einer erfolgreichen Impfung in der Kindheit herrührt; einige Erwachsene können sich auch noch daran erinnern, dass die Pustel ziemlich wehtat. Unglücklicherweise verblasst die »Erinnerung« des Immunsystems an die Vakzineviren, sodass der Impfschutz nach rund fünf Jahren abzunehmen beginnt. Heute haben fast alle, die einst als Kinder gegen Pocken geimpft wurden, ihre Immunität mehr oder weniger eingebüßt.

Der traditionelle Pockenimpfstoff soll auch noch Schutz bieten, wenn er bis zu vier Tagen nach Ansteckung einer Person verabreicht wird. Das ist wie bei der Tollwut: Wird man von einem tollwütigen Hund gebissen, kann man sich eine Tollwutimpfung holen, und wahrscheinlich wird man alles schadlos überstehen. Genauso hat man, wenn man einem Pockenkranken zu nahe gekommen ist und sich umgehend impfen lässt, eine größere Chance, einer Infektion zu entgehen oder, wenn man sich tatsächlich die Pocken eingefangen hat, eine größere Überlebenschance. Doch die Impfung ist zwecklos, wenn sie später als vier bis fünf Tage nach der Infektion verabreicht wird, denn bis dahin haben sich die Pockenviren im Körper schon zu sehr vermehrt, als dass das Immunsystem sie noch schnell ausschalten könnte. Im St.-Walburga-Krankenhaus hatten die Mediziner die Menschen erst fünf und sechs Tage nach Peter Los' Einweisung geimpft. Sie machten die Stalltür zu, als das Pferd schon davongelaufen war.

Die Inkubationszeit der Pocken beträgt elf bis vierzehn Tage und variiert von Mensch zu Mensch kaum. Wenn sich Variolaviren eines Menschen bemächtigen, folgen sie einem strikten Zeitplan.

Die Schwesternschülerin

22. JANUAR 1970

ELF TAGE NACH Peter Los' Einlieferung ins St.-Walburga-Krankenhaus erwachte eine junge Frau, die auf einem Feldbett in einem der Waschräume geschlafen hatte, mit Rückenschmerzen. Sie war Schwesternschülerin, siebzehn Jahre alt. Ich werde sie Barbara Birke nennen. Sie war groß, schlank und dunkelhaarig, hatte eine blasse Haut und zarte Gesichtszüge. Das stille Mädchen kannte noch niemand so richtig, denn sie war erst seit zwei Wochen an der Klinik; während ihrer Ausbildung wohnte sie in der Schwesternschule. Im Jahr zuvor hatte Barbara als Küchenhelferin in einem katholischen Krankenhaus in Duisburg gearbeitet, wo sie, aus einer protestantischen Familie stammend, zum katholischen Glauben übertrat und sich entschloss, Krankenschwester zu werden. Die Weihnachtsfeiertage hatte sie bei ihrer Familie verbracht, und dort eröffnete sie auch ihren Eltern, dass sie Nonne zu werden gedachte, aber erst die Schwesternausbildung beenden wolle, bevor sie sich endgültig entschied. Die Barmherzigen Schwestern hatten ihr im Kloster bereits einen Platz zugesichert.

Barbara Birke hatte Los nie direkt gesehen. Sie arbeitete die ganze Zeit im zweiten Stock der Klinik, wo sie sich um einen älteren Kranken kümmerte, der im Zimmer 352 nahe dem Treppenhaus lag, das sich in der Mitte des Gebäudes befand. Ein paar Tage zuvor hatte sie sowohl den deutschen Impfstoff als auch den der WHO bekommen.

Barbara Birke erzählte den Ärzten, dass sie sich nicht wohl fühle, und sie stellten fest, dass sie leicht erhöhte Temperatur hatte. Sofort gaben sie ihr intravenös eine Dosis Blutserum, das von einer Person stammte, die gegen Pocken immun war. Serum besteht aus Blut, aber ohne die roten Blutkörperchen – eine goldgelbe Flüssigkeit –, und dieses war voller Antikörper zur Bekämpfung des Virus. Sie verpackten die junge Frau in einen Plastiksack, und darin lag sie die ganze Zeit, während ein Krankenwagen die kurvenreiche Straße nach Wimbern fuhr und sie in die Quarantänestation hinter dem Zaun brachte.

Barbara Birke wirkte besorgt und verängstigt, als eine Hautrötung sich über ihr Gesicht, ihre Schultern, Arme und Beine auszubreiten begann. Ihr Fieber stieg, die Rückenschmerzen wurden schlimmer. Ihre Haut war noch glatt, sie wies keine Pusteln auf, auch wenn das Rot sich vertiefte. Sobald die Ärzte mit dem Finger auf die Haut drückten, wurde die Stelle darunter weiß, doch kaum zogen sie den Finger weg, schoss das Blut in das Gewebe unter der Haut zurück. Die Ärzte kannten dieses Zeichen, und es war das schlimmste.

ICH WEISS NICHT, wie viel die Ärzte Barbara Birke von dem erzählten, was jetzt, passieren würde. Ihr Gesicht rötete sich immer mehr, bis sie aussah, als hätte sie einen schweren Sonnenbrand, und dann breitete sich die Rötung nach unten über den Körper aus: eine umgekehrte zentrifugale Bewegung, die an den Extremitäten begonnen hatte. Sie bekam ein paar verstreute weiche, rote Flecken von der Größe von Sommersprossen im Gesicht und auf den Armen. Dann wurden es zur Mitte hin immer mehr. Sie folgten eindeutig der Bewegung der Rötung.

Barbara Birke durfte keinerlei Besuch empfangen, und im Krankenhaus von Wimbern gab es für die Patienten keine Telefone. Sie konnte nicht mit ihrer Familie sprechen. Die roten Flecke wurden größer, und sie wurden immer zahlreicher. Sie begannen miteinander zu verschmelzen wie Regentropfen, die auf einen trockenen Gehweg fallen und die Pflasterung immer mehr verdunkeln: Barbaras Haut wurde von Blut unterspült.

Ihr Rücken tat weh, die Hautveränderungen bereiteten ihr jedoch keine Schmerzen; sie betete und versuchte zuversichtlich zu bleiben. Ihre Haut wurde dunkler und weich, sie war leicht aufgedunsen. Zugleich bekam sie die Falten eines älteren Menschen.

Die roten Flecke verbanden sich, bis ihre Körperoberfläche größtenteils dunkelrot und ihr Gesicht purpurschwarz geworden war. Ihre Haut fühlte sich seidig an, zugleich sah sie runzlig aus: Kreppgummi-Haut nennen die Fachleute so etwas. Im Weiß ihrer Augen bildeten sich rote Flecken, ihr dunkler werdendes Gesicht schwoll immer stärker an, und Blut begann ihr aus der Nase zu tropfen. Es war Pockenblut: dick und schwarz. Die Nonnen, die sie pflegten – sie trugen Atemschutzmasken und Latexhandschuhe –, tupften ihr ganz sanft die Nase mit Papiertaschentüchern ab und beteten mit ihr.

Pockenviren interagieren mit den Immunsystemen ihrer Opfer auf unterschiedliche Weise, daher fällt das körperliche Krankheitsbild verschieden aus. Es gibt eine leichte Verlaufsform der Pocken, die man Variolois nennt. Dann gibt es die klassischen, gewöhnlichen Pocken, von denen es zwei Grundformen gibt: *Variola discreta* und *Variola confluens*. Im ersten Fall bilden sich einzeln stehende, separate Pockenpusteln, und der Erkrankte hat eine bessere Überlebenschance. Beim zweiten Typ, unter dem Los litt, verschmelzen die Pusteln großflächig, und dieser schwere Verlauf führt in der Mehrzahl der Fälle zum Tod. Schließlich gibt es noch die hämorrhagischen Pocken, die zu schweren Haut- und Schleimhautblutungen führen. Bei diesem Typ beträgt die Sterblichkeit nahezu 100 Prozent. Die extremste Form sind die primär hämorrhagischen Pocken, bei denen die Haut keine Blasen wirft, sondern glatt bleibt. Sie wird immer dunkler, kann wie verkohlt aussehen und sich in Fetzen vom Körper lösen. Das sind die so genannten schwarzen Blattern. In drei bis 25 Prozent aller durch Pocken verursachten Todesfälle, je nachdem wie virulent oder »heiß« der Virenstamm ist, sind hämorrhagische Pocken dafür verantwortlich. Aus irgendeinem Grund traten die schwarzen Blattern bei jungen Menschen häufiger auf als im Durchschnitt.

Die Ränder von Barbara Birkes Augenlidern waren nass von Blut, das Weiß ihrer Augen war rubinrot geworden und zu Ringen um die Hornhaut geschwollen. Dr. William Osler, der 1875 Fälle von schwarzen Blattern am Montreal General Hospital studiert hatte, merkte dazu an: »Die Corneae wirken wie in dunkelroten Gruben versunken, was den Patienten ein erschreckendes Aussehen gibt.« Das Blut in den Augen von Pockenkranken zersetzt sich mit der Zeit, und wenn der Patient lang genug lebt, verwandelt sich das Weiß seiner Augen in tiefes Schwarz.

Bei primär hämorrhagischen Pocken erleidet das Immunsystem einen Schock und kann keinen Eiter produzieren, während sich die Viren mit unglaublicher Geschwindigkeit vermehren und anscheinend alle wichtigen Organe des Körpers überfluten. Barbara Birke litt schließlich an einer so genannten disseminierten intravaskulären Koagulation, was heißt, im Innern kleiner Gefäße beginnt das Blut zu gerinnen und gleichzeitig brechen diese Gefäße auf und bluten aus. Als das junge Mädchen in diesen Zustand fiel, lösten sich die Membranen im Innern seines Mundes auf. Vermutlich versuchten die Schwestern, ihm das Blut mit kleinen Schlucken Wasser herauszuspülen.

Bei hämorrhagischen Pocken kommt es in der Regel auch zu schweren Blutungen aus Rektum und Vagina. In seiner Studie berichtet Dr. Osler: »In einer großen Zahl der Fälle kam es zu Blutungen aus dem Harntrakt, die oft sehr heftig waren, und das Blut gerann im Nachttopf.« Doch nur selten fand sich Blut in Erbrochenem, und zu seiner Überraschung bemerkte Osler, dass einige an hämorrhagischen Pocken Erkrankte nicht ihren Appetit verloren und bis zu ihrem letzten Lebenstag weiter aßen. Bei einer Reihe von Opfern der primären hämorrhagischen Pocken nahm er eine Autopsie vor und stellte fest, dass in einigen Fällen die Innenwände von Magen und oberem Darmtrakt zwar mit Blutblasen von Bohnengröße übersät, die Blasen aber nicht aufgeplatzt waren.

Auf der Isolierstation von Wimbern vollzog sich der Zerfall des Opfers hinter dem Sicherheitszaun in einem Zimmer, das den Blicken aller entzogen war. Dr. Paul Wehrle hat das junge Mädchen vielleicht besucht (er glaubt aber, dass er das nicht tat). Ohnehin hätte es nichts gegeben, was ihm sagen oder was ihm hätte helfen können, es gab nichts, was irgendein Arzt für es hätte tun können. Hunderte von Menschen hatte er an hämorrhagischen Pocken sterben sehen, und er glaubte nicht mehr, dass man bei den schwarzen Blattern irgendwie medizinisch noch zwischen Typen und Subtypen unterscheiden konnte, sondern dass das alles nur Versuche von Medizinern waren, etwas einem Ordnungsschema zu unterwerfen, das Zerfall schlechthin war. Als ich mich mit ihm unterhielt, waren die Erinnerungen an die Fälle bereits miteinander verschmolzen, und er glaubte, dass alle dasselbe unerbittliche Schicksal erlitten, wenn es zum Schock kam und die Blutungen einsetzten. »Es war der absolute Horror«, sagte er.

Fast bis zu ihrem Ende vier Tage nach den ersten Anzeichen eines Ausschlags blieb Barbara Birke bei vollem Bewusstsein. Aus irgendeinem Grund lassen die Blattern ihre Opfer nicht einschlafen. Sie sehen und fühlen alles, was passiert. In den letzten 24 Stunden zeigt sich bei Menschen mit hämorrhagischen Pocken ein Muster von flachen, fast unmerklichen Atemzügen, denen ein tiefes Ein- und Ausatmen und dann wieder flache, schwache Atemzüge folgen. Diese so genannte Cheyne-Stokes-Atmung deutet auf Blutungen im Gehirn hin. Barbara Birke betete, und die Nonnen blieben bei ihr. Vater Kunibert, der Benediktinerpater, der Peter Los die Kommunion angeboten hatte, war ebenfalls mit Pocken, wenn auch einer milden Form, nach Wimbern gebracht worden. Vielleicht hat er ihr die letzte Ölung gegeben. Wenn das Ende naht, kann ein Pockenkranker immer noch in einer Art »eingefrorenem Bewusstsein« geistesanwesend sein: »Ein merkwürdiger Zustand des Wahrnehmens und der mentalen Reaktionsbereitschaft, der angeblich keiner Manifestation irgendeiner anderen Krankheit gleicht«, wie das im Großen Roten Buch formuliert ist. Wenn der Zytokinensturm dann ins Chaos übergeht, hört das Opfer, vielleicht mit einem letzten Seufzer, auf zu atmen. Die genaue Todesursache bei letalem Pockenverlauf kennen die Wissenschaftler nicht.

AN POCKEN ERKRANKTE sehen oft sehr verängstigt aus, was als »Pocken-Angstgesicht« bekannt ist. Ein fünfjähriges Mädchen namens Rialitsa Liapsis aus einer in Meschede lebenden griechischen Familie zeigte in der Quarantäne von Wimbern genau diesen Gesichtsausdruck, und auf seiner Haut bildeten sich große Pusteln. Im St.-Walburga-Krankenhaus hatte es mit Meningitis in einem Zimmer schräg gegenüber von Peter Los gelegen, allerdings hatte Los das Mädchen selbst niemals gesehen. Acht Wochen musste Rialitsa in Wimbern verbringen, bis sie von den Pocken genesen war, und jeden Tag weinte sie und rief nach ihren Eltern, die sie nicht besuchen durften. Das kleine Mädchen teilte sich das Zimmer mit Magdalena Geise, einer Schwesternschülerin, die im ersten Stock gearbeitet und ebenfalls Los nie gesehen hatte, aber schwere, klassische Pocken bekam. Einen Tag nach Barbara Birkes Tod verlor Magdalena Geise vollständig die Erinnerung und blieb drei Wochen lang verwirrt. Als schließlich der Schorf abfiel und ihr Verstand zurückkehrte, versuchte sie ihr Bestes, das verschreckte kleine Mädchen zu beruhigen, das im Bett am anderen Ende des Zimmers schrie. Was sie konnte, tat sie für Rialitsa Liapsis. Magdalena blieb zwölf Wochen in Wimbern, länger als alle anderen, und als man sie entließ, hatte sie eine Glatze und ihr Gesicht, ihre Kopfhaut und der ganze Körper waren übersät mit Pockennarben. Sie nahm ihre Arbeit als Schwesternschülerin in der Klinik wieder auf, wobei sie eine Perücke trug. Doch die Patienten schraken vor ihrem Anblick zurück, sodass sie ihren Dienst nicht mehr verrichten konnte.

Ein Jahr später begann Magdalena Geises Haar wieder zu wachsen, doch sie brauchte Jahre, um die Schamgefühle wegen ihres Aussehens zu überwinden. Ihr Glaube half ihr dabei. Schließlich heiratete sie, bekam Kinder und Enkel, fand ihr Glück und ihre Erfüllung. Heute sieht sie wie eine ganz normale ältere Dame ohne jede Entstellung aus. Rialitsa Liapsis wurde erwachsen und bekam ebenfalls Kinder, die beiden Frauen sind bis auf den heutigen Tag befreundet.

Barbara Birke hatte in der Klinik eine Freundin, die Schwesternschülerin Sabina Kunze, eine große, kantige junge Frau mit blondem Haar. Barbaras Tod bedeutete eine Lücke für das Kloster, und Sabina entschloss sich an die Stelle ihrer Freundin zu treten. Sie legte das Gelübde ab und widmete ihr Leben der Tätigkeit, für die sich ihrer Meinung nach ihre Freundin aufgeopfert hätte, wäre sie am Leben geblieben. Die Geschichten von Rialitsa, Magdalena und Sabina zeigen uns, dass die Menschlichkeit stärker ist als Variolaviren.

Die meisten Menschen, bei denen die Pocken ausbrachen, waren Patienten und Mitarbeiter vom ersten und zweiten Stock des St.-Walburga-Krankenhauses, und so gut wie niemand von ihnen hatte Peter Los von Angesicht zu Angesicht gegenüber gestanden. Richter und Posch versuchten zusammen mit Wehrle die Spur der Viren nachzuvollziehen und kamen zu dem Schluss, dass siebzehn der Erkrankten sich die Infektion unmittelbar von Los geholt haben mussten. Zwei weitere Opfer bekamen sie von Menschen, die sich bei Los angesteckt hatten. Zu denen, die direkt von Los infiziert worden waren, zählte eine Nonne aus einem Zimmer im geschlossenen, für Ordensschwestern reservierten Trakt auf der zweiten Etage. Sie überlebte, doch eine weitere Nonne, die nach ihr in dasselbe Zimmer gelegt wurde, erkrankte danach an Pocken, und zwar an der konfluenten Verlaufsform, und starb.

Eines Tages war ein Mann namens Fritz Funke in die Klinik gekommen, um seine kranke Schwiegermutter zu besuchen, die zur selben Zeit auf der Isolierstation lag wie Los. Funke wartete ein paar Minuten in einem Vorraum, dann steckte er den Kopf durch eine Tür, die einen Spaltbreit offen stand. Sie führte auf den Korridor der Isolierstation. Durch den Spalt hindurch bat Funke einen Arzt, ihn hineinzulassen, doch der verweigerte ihm das. Während der kurzen Zeitspanne von vielleicht einer Minute, die Fritz Funke den Kopf durch die Tür steckte, atmete er ein paar Variolapartikel ein. 1946, schon als Erwachsener, war er geimpft worden, hatte jedoch die Immunität verloren, und zwei Wochen später brachte man Funke in einem Plastiksack eilends nach Wimbern. Er überlebte einen schweren Pockenverlauf. Bei den Fachleuten, die heute die Bio-Notfallpläne ausarbeiten, ist Fritz Funke als »der Besucher« bekannt. Noch immer grübeln sie über seinen Fall, den sie als ein beunruhigendes Beispiel für die Fähigkeit der Variolaviren betrachten, sich mit Leichtigkeit durch die Luft eines Krankenhauses auszubreiten und einen geimpften Besucher zu befallen, der kaum den Kopf zur Tür hereingesteckt hatte.

Alles in allem gab es nach Los noch neunzehn Pockenfälle, vier davon verliefen tödlich.

Peter Los erreichte das Stadium der Verschorfung, in dem in den blasigen Pusteln der Druck sinkt. Viele reißen auf, Flüssigkeit sickert heraus, und sie entwickeln sich zu Grinden, die den ganzen Körper bedecken. Während dieser Phase ist die Bettwäsche der Opfer von Eiter durchtränkt und extrem ekelerregend. Zugleich ist das der heikelste Punkt des Krankheitsverlaufs, denn zu Beginn des Verschorfungsprozesses, gerade wenn der Patient es geschafft zu haben scheint, kommt es oft zum Tod. Los aber hielt durch, und schließlich wurde der Tag seiner Entlassung festgesetzt. Die »Tagesschau« des Deutschen Fernsehens fand das Datum heraus und wollte ihn interviewen, doch er hatte keine Lust, sich von Millionen Menschen anstarren zu lassen. Zwei Tage bevor er entlassen werden sollte, kletterte er über den Zaun – oder jemand ließ ihn hindurch – und ging nach Hause zu seiner Familie. Schließlich verließ er Meschede und zog nach West-Berlin, wo er als Gelegenheitsarbeiter jobbte. Man erzählt sich, er sei nach Spanien gegangen, wo er zeitweilig auf einem Hausboot gelebt haben soll.

An einem kalten, trockenen Apriltag des Jahres 1970, drei Monate nach Peter Los' Einlieferung in die Klinik, traf ein Aerosol-Experte aus West-Berlin mit einer Nebelmaschine im St.-Walburga-Krankenhaus ein. Die Doktoren Wehrle, Posch und Richter wollten ganz genau herausfinden, wie sich das Virus in der Klinik ausgebreitet hatte. Der Experte stellte seine Maschine mitten in das Zimmer, in dem Los gelegen hatte, und füllte eine Dose schwarzen Ruß ein. Die Ärzte öffneten das Fenster ein paar Zentimeter weit, um den Zustand herzustellen, als Los das Rauchverbot der Nonnen missachtete. Auch ließen sie die Tür zum Vorraum einen Spalt offen, wie es während des Pockenausbruchs gewesen war, als Fritz Funke seinen Kopf hindurchgesteckt und sich infiziert hatte.

Der Experte schaltete die Maschine ein, sie gab ein jaulendes Geräusch von sich, und aus einem Rohrstutzen kam eine schwarze Qualmwolke, die durch Los' Tür und dann weiter den Gang der Isolierstation entlangzog. Paul Wehrle lief nebenher. Der Qualm drang durch die einen Spaltbreit geöffnete Tür und ergoss sich in dem Vorraum, von dort stieg er das Treppenhaus in den ersten und dann weiter in den zweiten Stock empor. Auch in den oberen Gängen breitete er sich aus. Selbst durch die geschlossenen Türen des abgesonderten Trakts im zweiten Stock drang er und sprenkelte eine Anzahl kranker Nonnen mit schwarzen Flecken.

»Die Patienten haben mehr an Behandlung bekommen, als sie sich bei der Einlieferung ausgerechnet haben«, sagte Wehrle zu mir. »Jeder von ihnen bekam eine persönliche Dosis feinsten Kohlenstaubs.«

Dank des Rußes kamen die Barmherzigen Schwestern rasch auf die Beine – als hätte man in ein Hornissennest gestochen. Sie rannten die Treppen hoch und runter und riefen: »Stoppt diesen Idioten aus Berlin! Schaltet seine Maschine ab!«

Der Idiot ignorierte sie.

Inzwischen waren Richter und Posch nach draußen gegangen und standen auf dem Rasen vor dem Haus. Wehrle hörte sie rufen, er öffnete ein Fenster und sah hinaus.

Der Qualm drang durch den Fensterspalt ins Freie und züngelte in fächerförmigen Schwaden die Außenwand der Klinik empor. Wehrle rannte los und öffnete ein wenig die Fenster in den oberen Etagen. Zu seiner Überraschung drang der Qualm von außen, nachdem er die Wände hochgekrochen war, in die höher gelegenen Räume. »Das war eine ziemlich gute Lektion, wie Physik funktioniert, und sie zeigte uns, wie die Menschen sich angesteckt hatten«, erinnerte sich Wehrle.

Der Aerosol-Experte war ganz und gar nicht überrascht. Er lupfte nur kurz eine Augenbraue. Genauso verhält sich

Qualm, erklärte er den Pockenärzten. Wenn es in einem Gebäude brennt, breitet sich der Rauch normalerweise im gesamten Bauwerk aus, und bei kaltem Wetter steigt er an der Außenwand empor. Variolapartikel sind ungefähr so groß wie Rauchpartikel, und sie verhalten sich entsprechend wie Qualm. In Los' Zimmer wurde das biologische Äquivalent eines Buschfeuers entflammt, und seine virengesättigten Abgase hatten die oberen Etagen der Klinik erobert.

Fachleute, die heute Pocken-Notfallpläne ausbrüten, kommen vom Beispiel des Krankenhauses in Meschede nicht los. Schulbuchmäßig zeigt es, dass Variolapartikel große Entfernungen zurücklegen können und dass ein an Pocken Erkrankter ohne aufzufallen tagelang in einer Klinik liegen kann. Zu Beginn des Leidens können eine Zeit lang aus dem Mund des Erkrankten schon Viren freigesetzt werden, ohne dass dieser bereits sichtbare Anzeichen wie Hautrötung oder Pusteln hätte. Bei einem Arzt keimt in dieser Phase nicht der Verdacht, dass es sich um Pocken handelt, weil die frühen Symptome denen einer Grippe ähneln. Blitzartig hatten sich in Meschede die Viren ausgebreitet, aus dem Mund eines einzigen Mannes waren sie in die Körper vieler gelangt, die jenen nie gesehen hatten, ja, von dessen Existenz die meisten nichts wussten, bis sie selbst infiziert waren. Dr. Karl Heinz Richter und seine Kollegen hatten Bemerkenswertes vollbracht, um einen biologischen Verteidigungsring aufzubauen. Sie waren bestens vorbereitet, in der Lage, augenblicklich zu reagieren, hatten großen Respekt vor dem Virus und die volle Unterstützung des WHO-Eradikationsprogramms im Rücken. Doch selbst unter diesen Umständen erkrankten 20 Prozent der Menschen im Südflügel des St.-Walburga-Krankenhauses an Pocken. Von diesen waren 80 Prozent auf Etagen oberhalb von Los' Zimmer untergebracht, und mit der Ausnahme von Vater Kunibert hatte vermutlich kein Einziger von ihnen Los ins Gesicht geblickt.

Wenn Epidemiologen die Ausbreitung ansteckender Krankheiten erforschen, arbeiten sie mit mathematischen Modellen. Ein entscheidender Faktor dieser Modelle ist, wie viele Menschen sich neu bei jeweils einem bereits Erkrankten anstecken. Wissenschaftlich ausgedrückt heißt diese Zahl R-Null, der Einfachheit halber spricht man auch vom Multiplikator der Krankheit. Anhand dieses Multiplikators kann man zeigen, wie schnell sich die Krankheit ausbreiten wird. Die meisten Fachleute sind der Ansicht, dass der Multiplikator von Pocken in der modernen Welt – mit ihren Innenstädten, Einkaufszentren, überlaufenen internationalen Flughäfen, ihrem Tourismus, ihren Ländern und Städten mit höchst mobilen Populationen und obendrein mit so gut wie keiner Immunität gegen Pocken – irgendwo zwischen drei und zwanzig liegt. Das heißt, jeder Pockenkranke kann die Krankheit auf drei bis zwanzig weitere Menschen übertragen. Auf eine genauere Zahl können sich die Experten nicht einigen. Einige glauben, dass die Pocken nicht sonderlich ansteckend sind. Andere sind überzeugt, dass sie sich erschreckend schnell ausbreiten würden. Tatsache ist, dass niemand weiß, wie groß der Multiplikator von Pocken heutzutage ist und dass es nur eine Möglichkeit gibt, das herauszufinden. Wenn der Multiplikator irgendwo zwischen fünf und zwanzig liegt, wird sich die Krankheit explosiv ausbreiten, denn wenn man die Zahl fünf oder fünfzehn oder auch zwanzig alle zwei Wochen mit sich selbst malnimmt, hat man – vorausgesetzt effektive Schutzmaßnahmen unterbleiben – binnen weniger Monate Millionen von Pockenfällen. Die Welt hat 20 Jahre gebraucht, um die Zahl von ungefähr 50 Millionen Aids-Fällen zu erreichen. Variolaviren könnten das in zehn oder 20 Wochen schaffen. Die Ausbreitung würde nicht linear erfolgen, sondern exponentiell zunehmen, immer schneller immer mehr Menschen erfassen. Es beginnt mit einem Funken, der in eine Scheune voller Heu fliegt und den man leicht mit einem Glas Wasser löschen kann, wenn man ihn rechtzeitig bemerkt. Doch wenn nicht, kommt es rasch zu sich immer weiter verzweigenden, explosiv sich vermehrenden Übertragungswegen eines letalen Virus in einer jungfräulichen Population nichtimmuner Wirte. Es ist eine biologische Kettenreaktion.

Peter Los gab die Pocken an siebzehn Menschen weiter. Der Anfangsmultiplikator dieses Ausbruchs betrug also siebzehn. Dank der Impfungen und der Quarantäne sank danach der Multiplikator drastisch und ging bald gegen Null. So kam die Kettenreaktion zum Stillstand. Die menschliche Bevölkerung war wie ein Kernreaktor, der hochzugehen drohte. Aber die Impfungen waren so etwas wie Notfall-Steuerstäbe, die einsatzbereit waren und so schnell wie möglich von Ärzten, die genau wussten, was sie taten, in den Reaktor hineingejagt wurden.

»Die wichtigste Lektion von Meschede ist«, sagte Paul Wehrle zu mir, »dass man sich des verwendeten Impfstoffs sicher sein muss.«

IM VERLAUF DER VERSCHORFUNGSPHASE verstreuten die Überlebenden des Pockenausbruchs von Meschede zahllose kleine schwarze Scheibchen eingetrockneter brauner Haut. Ihre Bettlaken und ihre Kleidung waren damit gesprenkelt, man fand sie überall auf dem Boden, über den die Kranken gegangen waren. Diese abgefallenen Grinde waren die Rettungsboote der Variolaviren. Ihre Partikel hatten sich in einem schützenden Netz geronnenen Blutes eingenistet: Von den Körpern genesender und jetzt immuner Menschen regnete es Pocken-Überlebenskapseln. Im trockenen Schorf konnten die Viren in aller Ruhe eine Zeit lang abwarten und darauf hoffen, einen anderen, nicht immunen Wirt zu finden − falls *hoffen* ein Begriff ist, der sich auf Viren anwenden lässt. Doch die Pocken sahen sich von einem Ring resistenter Menschen vollkommen eingekesselt, und dieser Ring um den Oberlauf der Ruhr und ihre Berge hielt dicht: Aus diesem Fleckchen Erde verschwanden die Pocken, und seither sind sie dort nicht mehr gesichtet worden.

NACH
BHOLA

SPRINGER

VOR TAUSENDEN VON JAHREN

IRGENDWANN VOR drei bis zehn Jahrtausenden sprangen die Pocken von einer unbekannten Tierart auf einen Menschen über und begannen sich auszubreiten. Das Virus hatte sich weiterentwickelt und ihm gelang über die Artgrenzen hinweg der Sprung von seinem bisherigen natürlichen Wirt auf unsere Spezies. Viren haben viele Überlebensstrategien und eine der wichtigsten besteht darin, dass sie die Wirtsart wechseln können. Eine Spezies stirbt aus – die Viren ziehen dagegen weiter.

Dieser Wechsel eines Virus von einer Art zur anderen ist ziemlich beeindruckend. Der Vorgang wirkt wie zufällig, scheint jedoch funktionale Zwecke zu verfolgen wie das Entfalten von Flügeln oder das Auftreten von Streifen im Fell, wenn einem Raubtier der Kampf gelingen soll. Von einer Virusart gibt es zahllose Stämme – oder Quasi-Spezies –, die sich ständig verändern und doch als Ganzes stabil bleiben: Zusammen stellen sie eine Spezies dar. Die Quasi-Spezies oder Unterarten eines Virus sind wie die Oberfläche von Stromschnellen: von den Kräften der natürlichen Auslese geprägt und gestaltet. Die Form des Virus ist stabil, auch wenn Ränder und Oberfläche des Flusses ständig in Bewegung sind und sich ein wenig verändern und der Fluss des Virus sich ständig neue Durchlässe sucht. Wenn ein bestimmter, in einem Tier lebender Virusstamm es schafft, in einen Menschen einzudringen, dann gelingt es ihm möglicherweise, sich dort zu vermehren, und dann schafft er es vielleicht auch, einen weiteren Menschen zu befallen. Setzt sich dieser Vorgang fort, bekommt man eine ununterbrochene Übertragungskette von Mensch zu Mensch. Das Virus hat sich einen neuen Weg zur Unsterblichkeit gebahnt. Genau das gelang HIV vor rund 50 Jahren in Zentral- oder Westafrika, als zwei unterschiedlichen HIV-Typen anscheinend der Absprung von schwarzen Mangaben und Schimpansen und die Ausbreitung unter Menschen gelang. Wenn es ein Virus schafft, die Artengrenze zu überspringen, ist er für den neuen Wirt sehr oft besonders tödlich.

In der Natur finden sich viele Arten von Pockenviren, und sie befallen Spezies, die sich in Schwärmen oder Herden tummeln, sodass sie unter ihnen zirkulieren wie Taschendiebe auf dem Jahrmarkt. Es gibt zwei Hauptarten von Pockenviren: die Pocken der Wirbeltiere und die Pocken der Insekten. Bislang haben Pockenjäger entdeckt: Mäusepocken, Affenpocken, Stinktierpocken, Schweinepocken, Ziegenpocken, Kamelpocken, Kuhpocken, Pseudo-Kuhpocken, Büffelpocken, Rennmauspocken, mehrere Arten Hirschpocken, Gämsenpocken, diverse Seehundpocken, Truthahnpocken, Kanarienpocken, Taubenpocken, Starpocken, Pfauenpocken, Sperlingspocken, Finkenpocken, Mainapocken, Wachtelpocken, Papageienpocken und Krötenpocken. Es gibt mongolische Pferdepocken, Pocken, die den Yaba-Affentumor bewirken, und bei Schafen findet sich das Orfvirus. Es gibt Delfinpocken, Pinguinpocken, zweierlei Kängurupocken, Waschbärpocken und Quokkapocken (das Quokka ist ein australisches Wallaby). Schlangen bekommen Schlangenpocken, Brillenkaimane leiden an Brillenkaimanpocken und Krokodile bekommen Krokopocken. »Im Großen und Ganzen kann man sagen, wenn ein Krokodil die Krokopocken bekommt, dann sieht man diese Buckel auf der Haut. Ich glaube nicht, dass das für ein Krokodil besonders unangenehm ist«, erzählte mir der Pockenvirusexperte Richard Moyer. »Ich vermute, dass auch Fische Pocken bekommen, aber bislang hat noch niemand bei Fischen sonderlich gründlich nach Pocken gesucht«, berichtete Moyer weiter.

Für Insekten sind Pockenviren dagegen die Hölle. Es gibt drei Gruppen von Insektenpocken: die Käferpocken, die Schmetterlingspocken (einschließlich der Mottenpocken) und die Fliegenpocken, zu denen auch die Moskitopocken zählen. Jeder Versuch, Insektenpocken umfassend zu behandeln, käme dem Unterfangen gleich, Sandkörner zu zählen.

Insekten haben keine Haut – sie haben ein Ektoskelett, die Chitinhülle – und können keine Pusteln bekommen. Stattdessen treiben die Pockenviren Insekten in den Wahnsinn. Eine Raupe, die sich die Pocken eingefangen hat, wird »nervös«. Sie ist erregt, beginnt in Kreisen auf einem Blatt herumzutorkeln und kann das Gleichgewicht nicht halten; offensichtlich verliert sie den Orientierungssinn. (Vielleicht ist das das Raupen-Äquivalent des »Pocken-Angstgesichts«.) Die normale Entwicklung wird gestoppt. Die Raupe wächst einfach immer weiter, bis sie doppelt so groß ist wie normal. Das Virus macht sich seinen Wirt größer: eine geschickte Methode, sich besser zu vermehren. Schließlich stirbt das Insekt und wird zerstört; es endet als aufgedunsener Sack, der mit einer Suppe von Insekteninnereien und winzigen kristallinen Klümpchen gefüllt ist. Wissenschaftlich bezeichnet man diese Suppe als Virusschmelze. Die kristallinen Klümpchen, die aussehen wie kleine Spielzeugbälle mit vielen Öffnungen ringsum, in denen jeweils ein Insektenpocken-Viruspartikel steckt. Wie die Stacheln einer Mine ragen diese Virionen ein Stück weit aus den Bällchen heraus.

Die Raupe stirbt an ihr Blatt geklammert, platzt auf, die Virusschmelze tritt aus und breitet sich aus. Die Innereien verwesen und verschwinden, zurück bleiben die Bällchen, die jahrelang in der Umwelt ausharren können. Eines Tages kommt eine andere Raupe daher und frisst dieses virale Äquivalent einer Landmine, verwandelt sich ebenfalls zu Brei, und so geht es immer weiter: Hunderttausende von Jahren leben die Insektenpocken glücklich und zufrieden vor sich hin.

Noch nie wurden in Versteinerungen Virenfossilien gefunden, ihr Ursprung liegt im geheimnisvollen Dunkel. Viren sind vermutlich sehr alt und ähneln vielleicht den frühesten Lebensformen, die auf der Erde vor über dreieinhalb Milliarden Jahren entstanden. Die Insektenviren tauchten vielleicht im früheren Devon erstmals auf, lange vor dem Zeitalter der Dinosaurier, als die Ozeane voller Haie und Panzerfische waren und das Land mit Moosen und kleinen Pflanzen bedeckt war, als es noch keine Bäume gab und die ersten Insekten sich entwickelten. Einige Experten glauben, dass die Pocken der Wirbeltiere Nachfahren der Insektenpocken sind. Auch die Pockenviren, die Menschen befallen, ähneln den Knubbeln auf einem Spielzeugbällchen, nur ohne den Ball. Vielleicht gelang es vor rund 350 Millionen Jahren einem Stamm von Insektenpocken, von seiner angestammten Art auf einen Wassermolch überzuspringen. Vielleicht fielen die Knubbel von dem Bällchen ab, als die Viren in den Molch eindrangen, und wir müssen heute die Konsequenzen tragen.

Mindestens zwei Arten von Pocken quälen Schnaken. Grashüpfer leiden an wenigstens sechs verschiedenen Typen von Grashüpferpocken. Wenn unter einer afrikanischen Heuschreckenplage die Heuschreckenpocken ausbrechen, dann wird die Plage selbst von einer Plage heimgesucht und bekommt ernsthafte Schwierigkeiten. Pockenviren halten Herden und Schwärme anderer Lebewesen in Schach und hindern sie daran, zu viele zu werden und ihre Habitate zu übervölkern. Viren sind ein wichtiger Bestandteil natürlicher Kreisläufe. Wenn plötzlich sämtliche Viren von unserem Planeten verschwänden, würden die Ökosysteme der Erde spektakulär unter einer Explosion von Insektenpopulationen zusammenbrechen. Viren sind natürliche Bevölkerungsregulatoren, und die Pocken können einen gegebenen Bestand in null Komma nichts ausdünnen.

Den größten Teil ihrer Geschichte lebte die menschliche Spezies in kleinen verstreuten Gruppen von Jägern und Sammlern. Die Menschen traten noch nicht in Massen auf, und so entgingen sie mehr oder weniger der Aufmerksamkeit der Pockenviren. Doch mit Ackerbau und Viehzucht wuchs die Zahl der Menschen auf der Erde stetig an, und sie rückten immer dichter zusammen. Aus Dörfern entwickelten sich Städte, aus Städten Großstädte, und die Menschen besiedelten in Massen die Flusstäler, wo das Land fruchtbar war. An diesem Punkt angekommen, stellte die menschliche Spezies eine günstige Gelegenheit für einen Stamm von Pockenviren dar, der nur darauf gewartet hatte.

Epidemiologen haben versucht, die Ausbreitung einer Pockenepidemie mathematisch zu berechnen und herausgefunden, dass die Viren eine Population von rund 200 000

Menschen brauchen, die in einem Abstand von 14 Tagesreisen voneinander leben; anderenfalls können die Viren ihren Lebenszyklus nicht aufrechterhalten und sterben aus. Diese Bedingungen stellten sich erstmals mit der Ausbildung von landwirtschaftlich genutzten Regionen und Städten vor rund 7000 Jahren ein. Die Pocken waren, könnte man sagen, die ersten urbanen Viren.

Die Gene des menschlichen Pockenvirus legen den Schluss nahe, dass es sich einst um ein Nagetiervirus handelte. Vielleicht lebte es in einer Nagetierspezies, die sich in Getreidespeichern vermehrte. Vielleicht auch nicht. Die menschlichen Pocken könnten ehemalige Mäuse- oder Rattenpocken sein, die die Artengrenze übersprangen. Möglicherweise war es aber auch ganz anders. Man hegt jedoch den deutlichen Verdacht, dass den Pocken der Artensprung auf den *Homo sapiens* in einem der großen, schon früh landwirtschaftlich genutzten Flusstäler gelang: eventuell am Nil oder an Euphrat und Tigris in Mesopotamien, am Indus oder möglicherweise entlang der Flüsse Chinas. Um das Jahr 400 v. Chr. war die Bevölkerung Chinas schon auf 25 Millionen Menschen angewachsen, was vermutlich die größte und dichteste Population von *Homo sapiens* zu jener Zeit war, und sie drängten sich am Gelben Fluss sowie am Jangtsekiang. Irgendwo an einem friedlichen Gestade hatten Menschen und Pocken ihr erstes Rendezvous.

Die Mumie des Pharao Ramses V., der um 1145 v. Chr. überraschend in jungen Jahren starb, liegt im Museum von Kairo in einer Glasvitrine. Sein Körper ist an Gesicht, Unterarmen und Skrotum mit gelben Blasen gesprenkelt. Das sieht ganz wie das zentrifugale Stadium eines Pockenausbruchs aus. Variolaexperten würden sich höchstwahrscheinlich auch die Fußsohlen und die Handflächen des

Pharao anschauen und nachsehen, ob sich auch dort irgendwelche Blasen finden lassen, denn das wäre ein deutliches diagnostisches Anzeichen für Pocken. Doch die Füße des Pharao sind mit Stoffstreifen umwickelt, seine Hände liegen gekreuzt auf seiner Brust, die Handflächen nach unten gewandt, und im Museum von Kairo würden die Verantwortlichen nie jemandem erlauben, daran etwas zu ändern. Pockenexperten würden auch gern der Haut des Pharao ein paar Schnipsel entnehmen und sie auf die DNS von Pockenviren untersuchen, aber auch das wurde bislang noch keinem gestattet.

Eine andere Möglichkeit für den Erstkontakt zwischen Menschen und Variolaviren wäre Südostasien um das Jahr 1000 v. Chr. Dort entwickelten sich zu jener Zeit dicht bevölkerte Stadtstaaten. Der ursprüngliche Wirt der Pocken könnte auch ein afrikanisches Hörnchen gewesen sein, das in jenem grünen Waldgürtel lebte, der einst, wie man glaubt, an den Oberläufen des Nil wuchs. Das Klima dort wurde trockener, die Wälder verschwanden oder wurden von Menschen gerodet, das Land verwandelte sich in eine Grassteppe, die Hörnchenart starb aus und die Variolaviren zogen weiter.

Es ist nicht auszuschließen, dass Pockenviren die Ursache der »Pest« von Athen im Jahr 430 v. Chr. waren, der Seuche, an der Perikles starb und die der Stadt in den Anfangsjahren der Peloponnesischen Kriege mit Sparta einen verheerenden Schlag versetzte. Variolaviren lösten möglicherweise auch die »Antoninische Pest« in Rom aus, die wohl römische Söldner im Jahr 166 n. Chr. aus Syrien mitbrachten. Mit ziemlicher Sicherheit grassierten die Pocken schon früh in den Flusstälern Chinas unter den Menschen. Die Chinesen verehrten eine Pockengöttin namens T'ou-Shen Niang-Niang, die die Krankheit heilen konnte. Eine weitere Göttin, Pan-chen, wurde von den Menschen angerufen, wenn sich die Haut von Kranken im Fall von schwarzen Blattern dunkel zu färben begann. Im Jahr 340 n. Chr. beschrieb der große chinesische Arzt Ko Hung die Pocken ganz genau. Er war der Ansicht, die Krankheit hätte sich rund 300 Jahre vor seiner Zeit »von Westen her« über China ausgebreitet.

Variolaviren waren vielleicht auch für den Bevölkerungsrückgang in Italien in der Spätphase des römischen Imperiums verantwortlich; das Reich wurde so geschwächt, dass es unter den Angriffen der Barbaren zusammenbrach. (Die Bevölkerung Italiens wurde in spätrömischer Zeit möglicherweise auch von Malaria dezimiert oder, in einem Doppelschlag, von Malaria und Pocken gemeinsam.) Mindestens die letzten 2000 Jahre lang grassierten die Pocken am Ganges in Indien. Auch die Hindus glauben an eine Pockengöttin namens Śitala Ma, ihr sind überall in Indien Tempel geweiht. (*Ma* bedeutet auf Hindi dasselbe wie auf Englisch oder Deutsch: »Mutter«.) Es ist unklar, ob Śitala Ma nun eine gute oder böse Göttin ist, aber ganz bestimmt sollte man sie nicht erzürnen. Das alte Japan wurde ab und zu von China und Korea her von Pocken heimgesucht, aber das Virus konnte dort keine Kettenreaktion auslösen, weil die Bevölkerung noch zu spärlich war. Erst um das Jahr 1000 n. Chr. erreichte ihre Zahl viereinhalb Millionen Menschen, und offensichtlich lebten nun 200 000 davon in einem Umkreis von vierzehn Tagesreisen voneinander; die Pocken fanden eine neue Heimat, und die Japaner hielten sie für einen Dämon. 910 n. Chr. sah der persische Arzt al-Razi (Rhazes) als medizinischer Leiter des Hospitals von Bagdad zahlreiche Pockenfälle. Das alte Afrika südlich der Sahara hatte nur eine ziemlich spärliche Bevölkerung und blieb größtenteils pockenfrei; gelegentliche Ausbrüche entlang der Küste, die das

Kommen und Gehen der Kaufleute und Sklavenhändler mit sich brachten, blieben Ausnahmen. Je dichter eine menschliche Population beisammen lebte, desto eher wurde sie regelmäßig von Variolaviren ausgedünnt.

1520 landete Kapitän Pánfilo de Narváez an der Ostküste Mexikos nahe dem heutigen Vera Cruz. Er wollte das Reich der Azteken erkunden, dessen große und mächtige Zentren im Landesinneren lagen. Zu Kapitän Narváez' Erkundungstrupp gehörte ein afrikanischer Sklave, der an Pocken litt. Winzigen Fleckchen im Mund dieses Mannes entschlüpften Variolaviren, die sich vermehrten, bis sie wie eine biologische Schockwelle von der Küste ins Landesinnere hinein das Aztekenreich überrollten und schließlich ungefähr die Hälfte aller Menschen in Mexiko umbrachten. Der Todeshauch aus weniger als einem Quadratzentimeter Haut im Mund eines von Kapitän Narváez' Männern zog durch Zentralamerika und feierte entlang der Andenkette Triumphe, wo er dem Reich der Inka schwere Schläge versetzte. Als die spanischen Eroberer Peru erreichten, hatten die Pocken ihnen schon den Weg bereitet. Sie hatten so viele Menschen umgebracht, dass die Armeen der Inka kaum noch spürbaren Widerstand leisten konnten. Die Pocken hatten die Bevölkerung der westlichen Hemisphäre stark reduziert und sich zugleich als die wirkungsvollste biologische Waffe erwiesen, die die Welt bislang gesehen hatte. (Aber auch die Masern waren für die Eingeborenen Amerikas eine tödliche Seuche, und sie verrichteten in beiden Teilen des Doppelkontinents gemeinsam mit den Variolaviren ihr Werk.) Als während des Französisch-Indianischen Kriegs gegen England 1763 unter Führung von Ottawa-Häuptling Pontiac die Briten in Fort Detroit belagert wurden, schrieb Sir Jeffrey Amherst, Oberbefehlshaber der britischen Streitkräfte, einen

Brief an seinen Stabsoffizier Colonel Henry Bouquet. »Könnte man es nicht zu Wege bringen, diesen übel wollenden Indianerstämmen die Pocken zu schicken?«, fragte Amherst. »Wir müssen in diesem Fall jede in unserer Macht befindliche Kriegslist anwenden, um sie zu reduzieren.«

Colonel Bouquet begriff sehr gut, was es mit dieser Kriegslist auf sich hatte und brachte die Strategie in seinem Antwortschreiben auf den Punkt: »Ich werde versuchen, die [Scheißkerle] mit ein paar Decken zu infizieren, die ihnen irgendwie in die Hände fallen.« Nicht viel später schrieb ein gewisser Captain Ecuyer, ein britischer Soldat, in sein Tagebuch: »Als Zeichen unserer Anerkennung [zweier zu Besuch weilender Häuptlinge] gaben wir ihnen zwei Decken und ein Taschentuch aus dem Pockenhospital. Ich hoffe, das wird den erwünschten Effekt haben.« So war es, und eine Pockenepidemie raste daraufhin durch die Bevölkerung des Ohio-Tales und tötete eine erhebliche Anzahl eingeborener Amerikaner. Das war strategische biologische Kriegführung, und sie funktionierte – zumindest aus Sicht der Engländer – bestens.

VISION

GEGEN ENDE DES 18. Jahrhunderts fiel dem englischen Landarzt Edward Jenner auf, dass Melkerinnen, die sich mit Kuhpocken angesteckt hatten, anscheinend vor Humanpocken geschützt waren, und er entschloss sich zu einem Experiment. Am 14. Mai 1796 ritzte Jenner den Arm eines Jungen namens James Phipps ein und rieb in die Haut ein Tröpfchen Kuhpockeneiter, das er aus einer Blase an der Hand einer Melkerin namens Sarah Nelmes gekratzt hatte. Er nannte diesen Eiter »Vakzinevirus« – was von *vacca*, dem lateinischen Wort für »Kuh«, hergeleitet war. Der Junge bekam eine vereinzelte Pustel am Arm, die rasch wieder abheilte. Ein paar Monate später kratzte Jenner dem Jungen ansteckenden, tödlichen Eiter in den Arm, den er von einem Pockenkranken hatte – heutzutage würde man so etwas als Immunitätstest bezeichnen. Der Junge erkrankte nicht an Pocken. Edward Jenner hatte die Vakzination erfunden und benannt: das Impfen mit harmlosen oder abgeschwächten Erregern, um Menschen gegen ähnliche, schwere Krankheiten verursachende Viren zu immunisieren. »Es ist mittlerweile zu manifest, um noch strittig zu sein, dass die Auslöschung der Pocken, der schrecklichsten Geißel der menschlichen Spezies, das Endergebnis dieser Praxis sein muss«, schrieb Jenner im Jahr 1801.

1965 WAR DONALD AINSLIE HENDERSON sechsunddreißig Jahre alt und leitete die Abteilung für Seuchenüberwachung bei den Centers for Disease Control in Atlanta; er unterbreitete einen Vorschlag, wie man die Pocken in Westafrika auslöschen könne. In Übereinstimmung mit den meisten medizinischen Autoritäten jener Zeit glaubte er nicht, dass die Pocken oder irgendeine andere Infektionskrankheit auf unserem Planeten völlig vernichtet werden könnten, aber er meinte, dass es vielleicht zumindest in einer Region gelingen könnte. Irgendwie gelangte sein Papier ins Weiße Haus, und dort zeigte es Wirkung. Jahrelang hatten die Sowjets bei den Tagungen der World Health Assembly – der internationalen Körperschaft, die die WHO-Programme verabschiedet – die weltweite Auslöschung der Pocken gefordert, und jetzt entschloss sich Präsident Lyndon Johnson, diese Idee weiterzuverfolgen. Es war ein politischer Schachzug, um die sowjetisch-amerikanischen Beziehungen zu verbessern. Henderson wurde auf der Stelle nach Washington beordert, wo er sich mit einem hohen Vertreter des U. S. Public Health Service traf, James Watts, der ihm mitteilte, er – Henderson – habe ans WHO-Hauptquartier nach Genf zu gehen, um solch ein Programm in die Wege zu leiten.

»Was, wenn ich nicht dorthin will?«

»Das ist ein Befehl«, sagte Watts.

»Nehmen wir an, ich weigere mich?«

»Dann werden Sie den Regierungsdienst quittieren müssen.«

Henderson ging davon aus, dass der Versuch, die Pocken auszulöschen, binnen 18 Monaten scheitern würde. Er sagte zu seiner Frau Nana und den drei Kindern, sie würden für kurze Zeit in Genf bleiben, bis das Programm ad acta gelegt sei und sie wieder nach Hause könnten. Den größten Teil ihres Besitzes lagerten die Hendersons in Atlanta ein; am 1. November kamen sie in Genf an. Sie bezogen ein Haus am Genfer See – nur rund 100 Kilometer von jener Stadt entfernt, wo die Pocken 580 n. Chr. ihren offiziellen Namen *Variola major* bekommen hatten. Den Kühlschrank mieteten die Hendersons, denn D. A. meinte, sie würden dort nicht lang bleiben. Sie sollten ihre eingelagerte Habe zwölf Jahre nicht wiedersehen.

Das Eradikationsprogramm gründete auf der Überlegung, dass Variolaviren eine große Schwäche haben: Sie können sich nur im Innern des menschlichen Körpers vermehren. Der *Homo sapiens* ist der einzige natürliche Wirt. Wo immer die Pocken hergekommen sein mögen, faktisch hatten sie die Fähigkeit verloren, ihren ursprünglichen Wirt zu infizieren; vielleicht war dieser ursprüngliche Wirt inzwischen auch ausgestorben. *Variola major* hatte in der Natur jedenfalls kein anderes Wirtsreservoir, wo die Viren sich verstecken und ihren Lebenszyklus weiter aufrechterhalten konnten.

Infizieren sich Menschen mit Kuhpocken, den harmlosen Vettern der Humanpocken, versetzt das ihr Immunsystem in die Lage, auch Variolaviren zu erkennen und niederzukämpfen. Wenn man die menschliche Spezies umfassend und mit der richtigen Methode mit Vakzin impfte, dann könnten de facto die Kuhpocken die Variolaviren im menschlichen Wirt vollständig verdrängen. Von rivalisierenden Vakzineviren aus der Wirtsspezies vertrieben, bliebe den

Variolaviren keine Nische mehr in den Ökosystemen der Erde.

Das war natürlich ein verwegener Plan, denn niemand konnte von sich behaupten, den Aufbau natürlicher Ökosysteme, vor allem mikrobiologischer, genau zu kennen oder einen Anhaltspunkt zu haben, dass diese Strategie wirklich funktionieren würde. Die Natur steckt voller Überraschungen. Henderson fragte sich beispielsweise, ob die Pocken vielleicht ein kleines, noch nicht bemerktes Reservoir in irgendwelchen Nagetieren hatten. Wenn ja, würde das den Traum einer Auslöschung zunichte machen, denn den Menschen ist es nie sonderlich gut gelungen, Nagetiere loszuwerden. Henderson fragte den Virologen James Steele, ob er glaube, dass irgendwo eine Tierart Humanpocken beherberge. Steele antwortete mit Nachdruck: »Nein. Sie werden kein tierisches Reservoir finden.« Henderson wollte das nicht ganz glauben, und jahrelang durchkämmten Mitarbeiter des Eradikationsprogramms die Welt nach einem Nagetier, einem Vogel, einer Echse, einem Molch – nach irgendetwas mit Variolaviren. Doch sie fanden keinen tierischen Überträger der Menschenpocken. Die Variolaviren konnten sich noch nicht einmal in anderen Primaten vermehren, den nächsten Verwandten der Menschen. Doch dann entdeckte man 1968 zur Überraschung der Eradikatoren eine zuvor unbekannte Viruskrankheit namens Affenpocken bei ein paar in Gefangenschaft lebenden Affen in Kopenhagen; die Spur des Virus konnte in den afrikanischen Regenwald zurückverfolgt werden, wo bis auf den heutigen Tag Menschen an Affenpocken erkranken. Bei den Affenpocken handelt es sich um Viren, die gerade in der Entwicklung begriffen sind und die wie Schwelbrände in den Regenwäldern des Kongo immer wieder den Artensprung auf Menschen üben. Eines

Tages werden Affenpocken vielleicht – vielleicht auch nicht – für den Menschen das sein, was einst die klassischen Pocken waren.

Trotz der offenkundigen Tatsache, dass Variolaviren nur einen einzigen Wirt haben – Menschen –, glaubten viele der führenden Biologen, die vollständige Auslöschung irgendeines Virus wäre ein aussichtsloses Unterfangen. Ihrer Ansicht nach war es unmöglich, einen frei lebenden Mikroorganismus aus seinem ökologischen Netz zu lösen. Diese Überzeugung brachte 1965 der Evolutionsbiologe René Dubos in seinem Buch »Man Adapting« zum Ausdruck. »Selbst wenn die tatsächliche Auslöschung eines Pathogens oder Virus in weltweitem Maßstab theoretisch und praktisch möglich wäre«, schrieb Dubos, »würde die enorme Anstrengung, die für das Erreichen des Ziels nötig wäre, den Versuch vermutlich ökonomisch wie menschlich unklug machen.« Sein Standpunkt war rational und überzeugend und wurde von den meisten Biologen jener Zeit vertreten – doch er hatte Unrecht.

Als man das Programm startete, setzte die World Health Assembly eine Frist von zehn Jahren, in denen es zum Erfolg gebracht werden musste. »Präsident Kennedy sagte, wir könnten in zehn Jahren einen Mann auf den Mond bringen«, erklärte Henderson; also sollte es möglich sein, im selben Zeitraum Variola auszulöschen. Zunächst waren die Leiter des Pocken-Eradikationsprogramms nicht sicher, wie sie an diese Aufgabe herangehen sollten. Sie setzten sich das Ziel, 80 Prozent der Bevölkerung in den Ländern, wo Pocken heimisch waren, zu impfen, doch das erwies sich als so gut wie unmöglich. Parallel dazu entwickelten sie die Methode, die Krankheit durch Ringimpfungen einzukesseln und zu überwachen. Sie ließen sich von allen Pockenausbrüchen berichten und rasten hin und impften in einem Ring um den Krankheitsherd sämtliche Leute (wie man das 1970 auch in Meschede tat), was die Übertragungsketten immerhin unterbrach und die Viren an dem betreffenden Ort aussterben ließ.

Einer der weniger bekannten Gründe für das Eradikationsprogramm bestand darin, dass die Mediziner nicht nur die eigentlichen Pocken, sondern auch die Kuhpocken loswerden wollten. Beim Impfen mit Vakzin gab es ziemlich viel Komplikationen; einige Menschen wurden krank oder starben sogar daran. Von einer Million Menschen, die im Verlauf des Eradikationsprogramms geimpft wurden, starb einer, und eine deutlich größere Anzahl wurde davon sehr krank. Die Mediziner wollten die Notwendigkeit der Vakzination eliminieren und die beste Methode dafür war, die Seuche an sich auszurotten. Einer Untersuchung der WHO zufolge verursachten Erkrankungen und Komplikationen infolge der Impfungen damals Jahr für Jahr wirtschaftliche Schäden in Höhe von eineinhalb Milliarden Dollar.

William H. Foege gilt als Pionier der Ringimpfung. Der große, hochintelligente und zutiefst religiöse Arzt wendete die Ringimpfung in großem Maßstab erstmals im November 1966 in Nigeria an –, und zwar als Verzweiflungsakt, denn er hatte nicht mehr genug Impfstoff, um in einer Region mit einem größeren Pockenausbruch alle Menschen zu immunisieren. Das Verfahren funktionierte überraschend gut, und je mehr die Mitarbeiter des Eradikationsprogamms Ringimpfungen anwendeten und damit Pockenherde mit einem Kreis immunisierter Menschen eindämmten und erstickten, desto mehr waren sie davon überzeugt, dass sie tatsächlich die Pocken von der Erde tilgen konnten. Es war für sie ein ungeheurer Ansporn. Je klarer wurde, dass die Aufgabe zu schaffen war, umso kompromissloser agierte D. A. Henderson als Chef des Programms. Seine Mitarbeiter hielt er zu Loyalität und Hingabe an die Arbeit an, und er ging unbarmherzig wie ein siegreicher General vor. Henderson erwies sich als ein Genie des Organisationsmanagements. Im Hauptquartier waren in der Regel einschließlich Sekretärinnen nur acht Personen tätig, aber das Programm wuchs sich zu einer multinationalen Operation aus: Hunderttausende von Gesundheitsbediensteten arbeiteten schließlich in Teil- oder Vollzeit auf der ganzen Welt dafür, manchmal in Ländern, in denen ein Bürgerkrieg tobte. Hendersons wichtigste Aufgabe war, die besten Leute anzuheuern und ihnen klare Ziele zu setzen. Seine Motivationsmethode bestand darin, den Mitarbeitern klarzumachen, dass es auch weniger anspruchsvolle Jobs gäbe. Mir erklärte er es so: »Solange man nicht in der Position ist, die Leute ranzunehmen, wird man gar nichts erreichen.« Entweder man hielt mit D. A. Henderson Schritt, oder man lag flach auf dem Bauch und wurde mit Panzerketten massiert.

Ich fragte D. A. Henderson einmal, wie er seine Rolle bei der Ausrottung der Pocken beurteilt.»Ich war nur einer von vielen, die beim Eradikationsprogramm mitgemacht haben«, gab er zurück.»Da war Frank Fenner, da war Isao Arita, Bill Foege, Nicole Grasset, Zdenek Jezek, Jock Copeland, John Wickett – ich könnte 50 Namen herunterspulen. Ganz zu schweigen von den Tausenden, die in den infizierten Ländern arbeiteten.« Nichtsdestotrotz war Henderson der Eisenhower des Eradikationsprogramms.

John Wickett war Kanadier, begeisterter Skiläufer und Computerprogrammierer; 1971 tauchte er in Genf auf, weil er in den Alpen Ski laufen und nebenbei mit der Arbeit an Computern ein bisschen Geld verdienen wollte. Aus unerfindlichen Gründen stellte D. A. Henderson ihn ein, um die Pocken auszurotten. Henderson hatte immer den richtigen Riecher, wenn es um die persönlichen Fähigkeiten der Leute ging, die er anstellte. Heute genießt John Wickett weltweite Anerkennung für seine entscheidende Rolle bei der Auslöschung der Pocken. »Die Eradikation der Pocken war der Job, der mir bislang am meisten Spaß gemacht hat«, sagte mir Wickett. »Spaß machte daran, dass wir es tatsächlich schafften und dass uns D. A. den Rücken freihielt. Er brachte die Bürokraten zum Tanzen. Wenn mir ein Bürokrat Schwierigkeiten machte, sagte ich zu ihm: ›Wollen Sie meinen Chef sprechen?‹, und dann hörte ich ein ›Nein ...‹, und das Problem wurde gelöst.«

MERKWÜRDIGE REISE

IM SOMMER 1970 brach der sechsundzwanzigjährige Mediziner Lawrence Brilliant sein Praktikum am Presbyterian Hospital in San Francisco ab. Man hatte bei ihm einen Tumor der Nebenschilddrüse festgestellt. Er erholte sich von der Operation, war aber nicht in der Lage, seine Assistenzarztausbildung fortzusetzen. Er lebte auf der Insel Alcatraz in der Bucht von San Francisco, wo er eine Gruppe eingeborener Amerikaner, die aus Protest Alcatraz besetzt hatten, medizinisch versorgte. In diesem Zusammenhang gab er auf der Insel ein paar Fernsehinterviews; ein Produzent von Warner Bros. sah eines davon und bot ihm eine Filmrolle an. Der Streifen hieß »Medicine Ball Caravan« und handelte von Hippies, die nach England gehen und bei einem Pink-Floyd-Konzert landen. Larry Brilliant spielte einen Arzt. (»Es war ein so beschissener Film, dass ich noch nicht einmal von meinen Kindern erwarte, ihn sich anzusehen«, sagte er.) In dem Film spielte auch Wavy Gravy mit, einer der Gründer der Hog-Farm-Kommune in Llano, New Mexico. Die Hog-Farm-Kommune hatte sich kurz zuvor einen Namen gemacht, weil sie beim Festival von Woodstock für das Essen gesorgt hatte und auch für die Sicherheit zuständig gewesen war. Kurz vor dem Konzert hatte Wavy Gravy der Presse erklärt, die Sicherheit sei durch die Verwendung von Sahnetörtchen und Spritzflaschen mit Selterswasser gewährleistet.

»Medicine Ball Caravan« wurde zunächst in San Francisco, dann in England gedreht, und während der Aufnahmen wurden Brilliant und Gravy zu Freunden. (»Wavy Gravy ist mein bester Freund. Gerade heute Morgen habe ich mit ihm telefoniert«, sagte Brilliant mir vor kurzem. »Ich sollte vielleicht erklären, dass Wavy Gravy zweierlei zugleich ist: Er ist Clownaktivist und zugleich eine vom Aussterben bedrohte Geschmacksrichtung von Ben & Jerry's Ice Cream.«) In England überlegten Brilliant und seine Frau Girija sowie Wavy und seine Frau Jahanara Gravy – sie stammt aus Minnesota und soll Bob Dylans Freundin gewesen sein, vielleicht sogar das Vorbild für das »Girl of the North Country« –, was sie mit ihrem Leben als Nächstes anfangen sollten. Ein fürchterlicher Wirbelsturm über dem Golf von Bengalen hatte das Gangesdelta im damaligen Ostpakistan (heute Bangladesch) verwüstet, und das Auge des Zyklons war genau über eine Insel namens Bhola hinweggefegt. 150 000 Menschen waren ertrunken, als eine Flutwelle die gesamte Insel unter Wasser gesetzt hatte. Die Brilliants und die Gravys kamen auf die Idee, einen Bus zu kaufen und den Not leidenden Insulanern Nahrung und Arzneimittel zu bringen.

»Wavy und ich und unsere Frauen – die bemerkenswerterweise noch immer unsere Frauen sind – fuhren nach Katmandu«, berichtete Brilliant. In London hatten sie einen alten, vergammelten British-Leyland-Bus erstanden, ihn in psychedelischen Farben lackiert und mit Arzneimitteln, Vorräten sowie einem Haufen von Hippie-Freunden voll gestopft. In Deutschland ersteigerten sie einen zweiten Bus, der ähnlich ausgestattet wurde, und langsam schob sich die Brilliant-Gravy-Bustour durch die Türkei und den Iran. Monatelang irrten die Busse durch Afghanistan, bis sie schließlich auf derselben Straße, die Peter Los und seine Freunde etwas mehr als ein Jahr zuvor mit ihrem VW-Bus gefahren waren, den Khaiber-Pass bezwangen. Langsam arbeitete sich die Brilliant-Gravy-Expedition durch Pakistan und quer durch Indien voran. Zwischen Ost- und Westpakistan war inzwischen ein Bürgerkrieg ausgebrochen – der Unabhängigkeitskrieg von Bangladesch –, und die Grenze zu Bangladesch war geschlossen, also kamen sie mit ihren Bussen nicht ins Land. Sie fuhren in nördlicher Richtung nach Nepal, und schließlich erreichten die Busse Katmandu. »Wavy wurde krank und kehrte schließlich, als er kaum noch 40 Kilo wog, in die Vereinigten Staaten zurück«, erzählte Brilliant. Die Brilliants ließen ihren Bus in Katmandu und gingen nach Neu Delhi in Indien. Anscheinend überlegten sie abermals, was sie jetzt mit ihrem Leben anfangen sollten, doch nichts zeichnete sich ab.

Eines Tages holten die Brilliants im American-Express-Büro in Neu Delhi ihre Post ab; dabei trafen sie einen Mann namens Baba Ram Dass. Kurz zuvor war er noch Professor Richard Alpert von der Harvard University gewesen, aber er und ein Kollege, Professor Timothy Leary, waren in Harvard rausgeschmissen worden, weil sie die Leute zum LSD-Gebrauch angehalten hatten. Baba Ram Dass sprach voll Begeisterung von einem heiligen Mann namens Neem Karoli Baba, der in einer entlegenen Gegend Nordindiens ein Aschram am Fuß des Himalaja leitete, dort, wo die Grenzen von China, Indien und Nepal zusammentreffen. Girija Brilliant war von Baba Ram Dass' Schilderungen des heiligen

Mannes fasziniert, und sie wollte ihn kennen lernen. Larry war eigentlich nicht daran interessiert, doch Girija bestand darauf, und so fuhren sie hin. Schlussendlich lebten sie dann in dem Aschram und wurden zu Anhängern von Neem Karoli Baba, einem kleinen betagten Mann unbestimmbaren Alters. Seine einzige persönliche Habe bestand aus einer Plaiddecke. In Indien war er ein berühmter Guru, und die Leute nannten ihn manchmal einfach »Decken-Baba«. Die Brilliants lernten Hindi, meditierten und lasen das »Bhagawadgita«. Mittlerweile betrieb Larry im Aschram so etwas wie eine inoffizielle Krankenstation: Er teilte Arzneimittel aus, die er aus dem Bus mitgenommen hatte, als sie ihn in Katmandu zurückließen. Eines Tages sang er zusammen mit einer Gruppe anderer Schüler im Freien Sanskritlieder. Decken-Baba saß vor den Schülern und beobachtete sie beim Singen. Er fixierte Brilliant und sagte zu ihm auf Hindi: »Wie viel Geld hast du?«

»Ungefähr 500 Dollar.«

»Was ist mit Amerika? Wie viel Geld hast du dort?«

»Ich bekam die Panik«, erklärte Brilliant im Nachhinein, »denn diese indischen Gurus sind bekannt dafür, dass sie ihren Schülern den letzten Cent nehmen.« Er antwortete also: »In Amerika habe ich auch 500 Dollar.«

Decken-Baba grinste verschlagen und begann einen Singsang auf Hindi: »Du hast kein Geld … Du bist kein Arzt … Du hast kein Geld«, und dann lehnte er sich nach vorn und zog Brilliant am Bart.

Brilliant wusste nicht, was er sagen sollte. Neem Karoli Baba wechselte ins Englische und deklamierte weiter: »You are no doctor … U no doctor … U N O doctor.«

UNO – das konnte für »United Nations Organisation«, die Vereinten Nationen, stehen.

Der Guru sagte seinem Schüler (das glaubt der Schüler jedenfalls heute), seine Pflicht und seine Bestimmung – sein
Dharma – sei es, Arzt bei den Vereinten Nationen zu werden. »Er machte so eine merkwürdige Geste, schaute zum
Himmel empor«, erinnerte sich Brilliant, »und sagte auf
Hindi: ›Du wirst in die Dörfer gehen. Du wirst die Pocken
ausrotten. Denn das ist eine schreckliche Krankheit. Aber
mit Gottes Gnade werden die Pocken *unmulun*.‹« Der Guru
verwendete einen alten Sanskrit-Ausdruck. Dieser bedeutet
»mit der Wurzel ausgerissen werden«, also ausgerottet. Das
Wort *unmulun* kommt von einer indoeuropäischen Wurzel
her, die mindestens 10 000 Jahre als ist – der Begriff ist vermutlich älter als die Pocken.

»Also sagte ich: ›Was soll ich tun?‹ Und er antwortete:
›Geh nach Neu-Delhi. Geh ins Büro der Weltgesundheitsorganisation. Such dir da deinen Job. *Jao, jao, jao, jao.*‹ Das bedeutet: ›Geh, geh, geh, geh.‹«

Brilliant packte ein paar Habseligkeiten und verließ noch
in derselben Nacht den Aschram – der Guru schien es ei-
lig damit zu haben, die Pocken zu »unmulunen«. Per Rik-
scha und Bus brauchte Brilliant siebzehn Stunden bis Neu-
Delhi. Als er das Büro der WHO betrat, war es mehr oder
weniger leer. Es war gerade eröffnet worden, und bislang
arbeitete kaum jemand dort. Indien wurde damals von Indira Gandhi regiert, die dem Eradikationsprogramm skep-
tisch gegenüberstand und ihm noch nicht zugestimmt
hatte. Der erste Mensch, den Brilliant traf, war die Leiterin
des Büros, Dr. Nicole Grasset. Die Französischschweizerin
war in Südafrika aufgewachsen, Mitte vierzig, makellos ge-
kleidet und hatte rabenschwarzes Haar. Jemand hat Nicole
Grasset einmal als »Hurrikan in einem Kleid von Dior« beschrieben.

»Ich trug weiße Klamotten und Sandalen«, berichtete Brilliant. »Ich bin 1,75 Meter groß, und mein Bart war ungefähr 1,80 Meter lang, die Haare hatte ich mir zu einem langen Pferdeschwanz gebunden, der auf meinem Rücken hing.« Grasset hatte keinen Job für ihn, also kehrte Brilliant in den Aschram zurück, und obwohl er sechsunddreißig Stunden nicht geschlafen hatte, erstattete er dem Guru sofort Bericht.

»Hast du deinen Job bekommen?«

»Nein.«

»Geh wieder hin und hol ihn dir.«

Brilliant war halb tot, konnte sich kaum noch auf den Beinen halten, aber der Guru machte den Eindruck, als bekäme er gleich einen Wutanfall, und dem wollte sich Brilliant bestimmt nicht aussetzen. Also machte er sich wieder nach Neu-Delhi auf den Weg, abermals siebzehn Stunden lang. Nicole Grasset war ein bisschen verdutzt, dass sie den jungen Mann so bald und in so schlechtem Zustand wieder sah. Ansonsten aber hatte sich nichts verändert.

»Mindestens ein Dutzend Mal bin ich zwischen Neu-Delhi und dem Aschram hin und her. Mein Lehrer sagte immer nur: ›Mach dir keine Sorgen, du bekommst den Job. Die Pocken werden *unmulun*, mit Stumpf und Stiel ausgerissen.‹«

Wenn er im Aschram war, meditierte Brilliant. Er nahm die Lotusposition ein, schloss die Augen und murmelte das heilige Wort *Aummmmm*.

Wenn Neem Karoli Baba merkte, dass er meditierte, ging er zu Brilliant hin, zauberte einen Apfel unter seiner Decke hervor und schmiss ihn Brilliant in den Schritt. Es machte *Klatsch!*, Brilliants »Aum!« verwandelte sich blitzschnell in ein »AumeineEier!«, und er nahm auf dem Boden die Position des »sich windenden Lotus« ein. Der Guru schien damit andeuten zu wollen, erklärt Brilliant heute, dass er in die Gänge kommen und sich auf den Weg nach Neu-Delhi machen sollte, wo sein Job auf ihn wartete.

»Bei einem meiner Besuche saß da ein großer Kerl im Eingangsbereich des WHO-Büros. Er blickte auf und fragte: ›Wer sind Sie? Was machen Sie hier?‹«

»Ich bin hier, weil ich für das Pocken-Programm arbeiten will«, antwortete Brilliant.

»Mit dem Programm ist hier noch nicht viel los.«

»Mein Guru sagt, sie werden ausgerottet. Wer sind Sie?«

»Ich bin D. A. Henderson. Ich bin der Chef dieses Programms.«

Brilliant war überrascht, den Leiter einer globalen Unternehmung so vorzufinden, auf einem Stuhl am Empfang sitzend und nichts Besonderes tuend. Später gelangte er zu der Überzeugung, dass Henderson ein wenig dem Löwen in den Narnia-Büchern von C. S. Lewis ähnelte. Der Löwe taucht immer an entscheidenden Wendepunkten der Geschichte auf, er ist mächtig, stets präsent und hält alles im Gang, doch oft sieht man ihn gar nicht oder bemerkt nicht, welche Macht er hat.

Henderson seinerseits stießen Brilliants weiße Kleidung und sein Gerede von einem Guru, der das Auslöschen der Pocken weissagte, ein wenig ab. An jenem Tag vermerkte Henderson auf der Bewerberliste: »Netter Bursche, meint es ernst. Scheint zu verwildern.«

Zurück im Aschram warf Decken-Baba noch immer Äpfel nach Brilliants Hoden. Die Lage war wirklich schwierig. Indira Gandhi selbst war eine Anhängerin von Neem Karoli Baba, sie hatte ihn im Kloster besucht, hatte vor ihm niedergekniet, seine Füße berührt und ihn um Rat gebeten. Decken-Baba wollte, dass die Pocken ausgerottet wurden und er regte sich darüber auf, dass Frau Gandhi sich den Bemühungen der WHO widersetzte. Bei den politischen Leitfiguren Indiens war Neem Karoli Baba wahrscheinlich der mächtigste und gefürchtetste Mystiker; viele waren zu ihm gereist, um seine Füße zu berühren und seinen Rat zu suchen, wenn sie ein hohes Amt anstrebten. Er hatte Indira Gandhi schon 1962 beraten, als die Chinesen im Himalaja – nicht weit von seinem Aschram entfernt – auf indisches Gebiet vorgedrungen waren. Er hatte ihr empfohlen, keinen Krieg mit China anzufangen, weil, so glaubte er, sich die chinesische Armee ohnehin bald aus Indien wieder zurückziehen würde. Und in der Tat holten die Chinesen ihre Soldaten zum Teil zurück, und Decken-Baba eilte von da an der Ruf voraus, die Zukunft vorhersagen zu können. Larry Brilliants Reisen nach Neu-Delhi bildeten nur einen kleinen Teil im Rahmen der ständigen Versuche des Gurus, Indien auf seinem Weg in die Zukunft zu helfen. Die Ausrottung der Pocken war nach Ansicht des Gurus Indiens Pflicht und der Welt Bestimmung.

Brilliant meinte, er könnte seine Aussichten auf seinen Job verbessern, wenn er sich westlicher kleidete; jedes Mal, wenn er nach Neu-Delhi zurückkehrte, stutzte er seinen Bart und seinen Pferdeschwanz ein bisschen mehr, und nach und nach tauschte er auch seine Kleidung aus. Schließlich kreuzte er mit halblangem Haar und einem kurzen Bart auf, trug einen karierten Polyesteranzug mit extrabreiten Revers, einen breiten Polyesterschlips und ein limonengrünes Dacron-Hemd. Er war also ganz unauffällig gewandet – in den Siebzigern. Zu diesem Zeitpunkt hatte sich Nicole Grasset durchgerungen, ihn anzuheuern, und D. A. Henderson stimmte zu, dass er vielleicht als Eradikator etwas leisten könne. Brilliant fing als Schreibkraft an.

Irgendwann schickten sie ihn zur Bekämpfung von Pockenausbrüchen in einen nahe gelegenen Distrikt, wo sie ihn schnell hätten wieder herausholen können, wenn er in Schwierigkeiten geraten würde. Er sah die ersten Fälle von *Variola major.* »Wenn man Pocken sieht, kann man nicht unbeteiligt bleiben«, sagte er. Brilliant begann in den Dörfern Impfkampagnen zu organisieren. Er ging in eine von Pocken befallene Ansiedlung, mietete einen Elefanten, ritt durch das Dorf und erzählte den Leuten auf Hindi, sie sollten sich impfen lassen. Aber die Leute wollten sich nicht impfen lassen. Sie glaubten, die Pocken seien eine Emanation der Pockengöttin Śitala Ma, und daher Teil der heiligen Weltordnung; es sei das Dharma der Menschen, von der Krankheit gegeißelt zu werden. Brilliant suchte die Tempel von Śitala Ma heim, denn dort waren die Pockenkranken zu finden, betend und sterbend. Er suchte die Ortsvorsteher auf, nahm sie mit in ihren Tempel und betete mit ihnen auf Sanskrit, dann bat er sie um Hilfe bei seinem Kampf gegen die Pocken. Auf Hindi erzählte er den Menschen, dass sein Guru, Neem Karoli Baba, ihn gelehrt habe, dass die Pocken vernichtet werden könnten: »Verehrt die Göttin und nehmt das Vakzin«, forderte er sie auf.

Mit Henderson und den anderen leitenden Mitarbeitern des Eradikationsprogramms reiste Brilliant durch ganz Indien und sie lernten einander gründlich kennen. »D. A. las einzig Kriegsgeschichten und Bücher über Patton und andere große Generale der Weltgeschichte«, sagte Brilliant. »Nicole Grasset verschlang nur wissenschaftliche Sachen. Bill Foege bevorzugte Philosophie und christliche Literatur – er ist ein überzeugter Lutheraner. Ich las mystische Literatur.« Sie hatten einen Fuhrpark von 500 Jeeps am Laufen. 150 000 Menschen arbeiteten für das Programm, meist für sehr wenig Geld. Auf dem Höhepunkt der Kampagne wurde anderthalb Jahre lang jedes Haus in Indien einmal im Monat von einem Gesundheitsbediensteten besucht, der nachsah, ob es dort einen Pockenfall gab. Es gab 120 Millionen Häuser in Indien, und Brilliant schätzt, dass die Mitarbeiter des Programms im Verlauf dieser anderthalb Jahre fast zwei Milliarden Hausbesuche machten. Der Lions Club und der Rotary Club International zahlten Unsummen für die Ausrottung des Virus in Indien.

Nachdem er seinen Teil zur Ausrottung der Pocken beigetragen hatte, wandte sich Brilliant anderen Dingen zu: Er war einer von Jerry Garcias Ärzten; er war Gründer und Mitbesitzer des Well, einer berühmten Internet-Organisation der Anfangszeit; er war Hauptgeschäftsführer von Soft-Net, einer Software-Gesellschaft, die in den wilden Jahren des Internet an der Börse mit drei Milliarden Dollar notiert wurde; Girija bekam drei Kinder; er wurde Professor für Epidemiologie an der University of Michigan; und zusammen mit Wavy Gravy und Baba Ram Dass gründete er eine medizinische Stiftung namens Seva Foundation. Bis heute hat die Seva Foundation in Indien und Nepal zwei Millionen Menschen vor dem Erblinden gerettet. Zwischendurch lernte Brilliant Steven Jobs kennen, der Neem Karoli Baba genauso bewunderte wie er. Jobs war nach Indien gegangen, um dem großen Guru nachzueifern, doch zu diesem Zeitpunkt war der bereits nicht mehr von dieser Welt (er war gestorben), also wurde Jobs Schüler eines anderen Aschrams. »Steve Jobs war in Indien ein Niemand, barfuß und mit geschorenem Kopf lief er herum«, erinnerte sich Brilliant. »Dann fing er mit Apple-Computern an. Ich sagte zu ihm: ›Steve, warum verschwendest du deine Zeit mit diesem Zeug? Das bringt doch nichts.‹« Später stiftete Jobs das Grundkapital, um die Seva Foundation ins Leben zu rufen.

»Ich habe in meinem Leben schon vieles gemacht«, sagte Brilliant, »aber nie sind mir Leute begegnet, die so gewitzt, so fleißig, so freundlich oder so großzügig waren wie die Mitarbeiter des Pockenprogramms. Für alle von ihnen – D. A. Henderson, Nicole Grasset, Zdenek Jezek, Steve Jones, Bill Foege, Isao Arita und die anderen – für alle war alles der Aufgabe, die Pocken auszulöschen, untergeordnet. Wir *hassten* die Pocken.«

»D. A. sagte mir mal, er stelle sich die Pocken als eine Wesenheit vor«, bemerkte ich.

»Ein Wesen, ja. Für mich sind die Pocken weiblich, wegen der Göttin. Man kann sich ausmalen, wie sie geheime Treffen mit all ihren Generalen und Stäben abhält und die Angriffe plant.«

Die Angriffe kommen aus dem Nichts. Ziemlich zu Anfang schickte man Brilliant zur Bekämpfung einer Pockenepidemie los, die ihr Zentrum in einem Bahnhof in Bihar hatte: es war der Tatanagar-Ausbruch. Brilliant war achtundzwanzig Jahre alt, und Śitala Ma brachte ihm eine Lektion bei, die er nie vergessen sollte, denn der Tatanagar-Ausbruch blähte sich zur fürchterlichsten Pockenepidemie auf, die die Welt während der Jahre des Eradikationsprogramms heimsuchte. Sie überraschte alle. »Ich ging zum Bahnhof, und da lagen hundert Menschen im Sterben«, berichtete Brilliant. »Ich fing zu heulen an. Frauen streckten mir ihre Babys entgegen. Die Babys waren bereits tot. Ich hörte Gerüchte, Vögel würden mit abgerissenen Gliedmaßen von Kleinkindern davonfliegen. Nichts in meinem Leben hatte mich darauf vorbereitet. Ich ging zum Gesundheitsbeamten des Distrikts und fand ihn auf einer Leiter in seinem Büro damit beschäftigt, seine Bücher alphabetisch zu ordnen. Er sah mich an wie ein Hirsch, der gerade von Scheinwerfern erfasst wird. ›Wissen Sie, was da draußen passiert?‹, sagte ich zu ihm. ›Was kann ich schon tun?‹, antwortete er.«

Im Körper der Menschen reisten die Viren die Eisenbahnlinie hoch und runter. Wenn Leute aufbrachen, ging Variola mit. Der Bahnhof exportierte die Krankheit nach ganz Indien und de facto in die ganze Welt. Brilliant erkannte, wie ein weltweites Transportsystem dazu beiträgt, Viren in sehr kurzer Zeit global zu verbreiten. Er konzentrierte seine Anstrengungen zunächst auf den Bahnhof, wo er sah, wie Dutzende von Menschen mit Pocken auf einen zur Abfahrt bereitstehenden Zug kletterten. Er schrie den Stationsvorsteher an, den Zug aufzuhalten. Er war dazu nicht autorisiert, aber der Zug blieb stehen. Er ging zur Polizei und sagte, sie sollten Straßensperren errichten und die Stadt unter Quarantäne stellen. Er schloss den Busbahnhof und sorgte dafür, dass alle Busse stehen blieben. Er schloss den Flughafen. »Ich war nichts weiter als ein junger Amerikaner, der herumbrüllte«, sagte er. Nicole Grasset kam ihm mit ihrer Autorität und ihren politischen Verbindungen zu Hilfe. Sie übertrug Brilliant die Leitung der Operation. Sechs Monate verzweifelte Anstrengungen, Millionen von Dollar und Hunderte von Mitarbeitern brauchte es, um den Tatanagar-Ausbruch von *Variola major* einzudämmen. »Der Ausbruch vom Tatanagar-Bahnhof führte zu über tausend weiteren Ausbrüchen überall auf der Welt, sogar in Tokyo«, erzählte Brilliant. »Es reicht nicht, wenn man meint, man hätte alle bis auf diesen einen letzten Pockenfall eingekesselt, denn dieser eine letzte Fall kann tausend neue Ausbrüche bewirken.«

Rahima

Bis 1974 waren die Pocken aus Asien so gut wie verschwunden. In Indien und Nepal waren sie bis auf ganz wenige Fälle zurückgedrängt, nur in Bangladesch war es noch nicht vorbei. Die Pocken sind eine saisonale Seuche: Bei trockenem, kühlem Wetter kommt es eher zu einem Ausbruch, und die Viren vermehren sich leichter, während bei feuchtem, warmem Wetter die Fälle zurückgehen. In Bangladesch nannte man die Pocken *boshonto*, was »Frühling« bedeutet. In Südasien machten sich die Pocken immer im Frühjahr breit, also in der Trockenzeit vor den Monsunregen des Sommers. Die Mitarbeiter des Eradikationsprogramms gingen immer dann mit besonders durchgreifenden Impfkampagnen gegen die Viren vor, wenn diese auf ihrem Tiefpunkt waren. In Bangladesch attackierten sie jedes Jahr von September bis November mit aller Entschlossenheit, da die Virenaktivität fast zur Ruhe gekommen war – als würde man einen Vampir im Schlaf überraschen.

Der Herbst 1974 brachte Bangladesch beinahe den vollkommenen Sieg über Variola. In den ersten Oktoberwochen wurden im gesamten Land nur noch vierundzwanzig Pockenfälle aufgespürt. Die WHO-Ärzte meinten, dass das

Ende nahte und sagten voraus, bis Dezember sei die endgültige Ausrottung der Pocken geschafft. Die Monsunregen des Sommers 1974 waren heftig gewesen und hatten Bangladesch mit den schlimmsten Überflutungen seit 50 Jahren getroffen, vor allem in Gegenden, wo es noch ein paar wenige Pockenfälle gab. Die Menschen flohen vor den Fluten und ließen sich in bustees, städtischen Slums, nieder. Ein paar von ihnen brachten die Pocken mit, und im Dezember flackerte Variola wieder unerkannt in den Slums der Hauptstadt Dhaka auf. Im Januar 1975 beschloss die Regierung von Bangladesch, die bustees zu räumen. Mehrere Slums wurden in Dhaka mit Bulldozern plattgemacht, und die Polizei befahl allen Leuten, zurück in ihre Heimatdörfer zu gehen. Rund 100 000 Menschen verließen die Hauptstadt. Jeder in Bangladesch lebt in einer Entfernung von bis zu vierzehn Tagesreisen zu jedem anderen Einwohner. Biologisch waren die Voraussetzungen hier keineswegs anders als vor Jahrtausenden in Ägypten oder in den Flusstälern Chinas. Da die Inkubationszeit der Pocken elf bis vierzehn Tage beträgt, trugen einige der Menschen, die die Slums verließen, bereits Variolaviren in sich und wussten es nicht; und sie nahmen sie in ihre Dörfer mit. Im Februar 1975, als der Frühling kam, brachen an über 1200 Stellen in ganz Bangladesch die Pocken aus. Die Erreger schienen aus dem Nichts zu kommen und überall zugleich zu sein, kleine virale Reisigfeuer verschmolzen zu einer gigantischen Feuerwalze, die über das Land fegte.

Die Plötzlichkeit dieses Ereignisses war atemberaubend und sie erschütterte die Eradikatoren bis ins Mark. Die Eindämmungsringe in Bangladesch drohten zu versagen. Die WHO-Mitarbeiter wussten noch nicht einmal, wo sie neue Ringimpfungen ansetzen sollten, denn die Variolaviren schienen ihrerseits Ringe um sie zu legen. Woche für Woche sahen sie 200 neue Pockenausbrüche. Von »Eindämmungsversagen« sprachen sie, wenn eine Ringimpfung keinen Erfolg zeigte. Im Verlauf des März 1975 kam es fast tausendmal zu Eindämmungsversagen. Als im Frühjahr 1975 die Ringe in Bangladesch zusammenbrachen, so erzählt man sich heute, hätten einige leitende Mitarbeiter des Eradikationsprogramms alle Hoffnung fahren lassen. Sie hatten das Gefühl, sich hinsichtlich Variola letztlich doch geirrt zu haben, dass die Eindämmungsringe schließlich doch nicht funktionierten und dass die Evolutionsbiologen vielleicht Recht gehabt hatten, als sie erklärten, man könne kein Virus in der Natur völlig auslöschen.

Die Programmverantwortlichen in Genf warfen alles, was sie hatten, auf diesen Ausbruch. Aus der Sowjetunion, der Tschechoslowakei, aus Brasilien, Ägypten, Großbritannien, Frankreich, Schweden und anderen Ländern kamen Eradikatoren herbei. Obwohl D. A. Henderson von Gesetzes wegen gar nicht dafür autorisiert war, drohte er damit, die Häfen von Bangladesch zu schließen und alle Schiffsverbindungen zu unterbrechen, wenn die Regierung nicht ihre Ressourcen mobilisieren und Maßnahmen ergreifen würde. Die schwedische Regierung pumpte Mittel in die Kampagne, und OXFAM, eine private Wohltätigkeitsorganisation aus Großbritannien, schickte Unmengen Geld und Menschen. Die Helfer bekamen eine Schnellausbildung, dann wurden sie über Land geschickt. Überall in Bangladesch organisierten die Eradikatoren Ringimpfungen, sie spürten einzelnen Fällen und deren Kontakten nach, versuchten, diese unheimliche Lebensform einzukesseln – und dann kam der Sommermonsun, das Klima wurde feucht. Die Natur half, die virale Feuerwalze auszutreten, und am Ende der

Monsunzeit von 1975 ging es mit den Pocken abermals zu Ende. Am 15. September entdeckte man in Chittagong an der Ostküste des Golf von Bengalen einen Jungen, der die Pocken hatte. Nirgendwo sonst auf der Welt gab es noch einen Fall von *Variola major*.

Zwei Monate wartete man noch ab, um ganz sicherzugehen, aber es wurden keine weiteren Fälle berichtet. Am 14. November schließlich gaben die Leiter des Programms in Genf die Presseerklärung heraus, dass zum ersten Mal in der Menschheitsgeschichte die Welt pockenfrei sei.

DER VERANTWORTLICHE LEITER des Pocken-Eradikationsprogramms in Bangladesch war der amerikanische Arzt Stanley O. Foster. Am Tag nach der Pressemeldung erhielt Stan Foster drei Telexe. Das eine kam von der WHO:

GLÜCKWÜNSCHE FÜR DIE GROSSARTIGE LEISTUNG.

Ein weiteres hatten die Centers for Disease Control geschickt:

GLÜCKWÜNSCHE, ALLE HOCH ERFREUT.

Und dann war da noch ein drittes Telex:

BHOLA: AKTIVER POCKENFALL IM DORF KURALIA ENTDECKT.

Die Insel Bhola liegt im Südosten des riesigen Deltas, in dem sich die Wasser von Ganges und Brahmaputra in den Golf von Bengalen ergießen. Bhola war der Ort, zu dem vier Jahre zuvor Wavy Gravy und Larry Brilliant mit ihren bunt bemalten Bussen aufgebrochen waren, weil sie hofften, helfen zu können.

Stan Foster schnappte sich den Kurzwellensender, warf ein paar Sachen in einen kleinen Rucksack und machte sich – allein – unverzüglich nach Bhola auf. An einem Pier in Dhaka ging er an Bord eines baufälligen Raddampfers namens »Rocket« und nahm sich eine Kabine an Deck. Die »Rocket« war 100 Meter lang, hatte zwei seitliche Schaufelräder, wurde mit Kohle beheizt und war 1924 gebaut worden. Jetzt war das Schiff nur noch ein mit Menschen voll gestopfter Haufen Rost, der den Ganges in Richtung Meer hinunterstampfte und platschte. Foster lehnte an der Reling, als das Schiff langsam schlammige Kanäle passierte, an flachen Ufern vorüberzog, an denen in der Ferne Öllampen funzelten. Ein wächserner Mond hangelte sich an Sternen hoch, nahm seinen Bogen und ging dann wieder schlafen. Salz lag in der Luft, als die »Rocket« in einen breiteren Arm einfuhr, und kurz nach Sonnenaufgang kam das Schiff im Hafen von Berisal, dem Endpunkt der Route, an. Foster ging von Bord, bestieg ein Pocken-Schnellboot – ein Motorboot mit Außenborder, das dem Eradikationsprogramm gehörte – und überquerte damit eine breite Bucht braunen Wassers, auf dem hölzerne Segelboote dümpelten. Er kam an Kanus vorbei und an Lateinseglern, an Katbooten und an Rahseglern mit bunt geflickten Baumwollsegeln, und schließlich erreichte er Bhola. Die Insel ist keine 50 Kilometer lang und war damals von einer Millionen Menschen bewohnt, aber so etwas wie eine Stadt gab es nicht. Das Boot machte an einem Pier fest, Foster stieg aus und wurde von einer Gruppe lokaler Eradikatoren begrüßt.

Die Insel besteht aus sandigem Schwemmland, der Reis wuchs im Überfluss. Palmen und Bananen standen da, dazwischen kleine Strohhütten, und überall waren Menschen. Foster und die Mitarbeiter vor Ort bestiegen einen Landrover und nahmen eine ausgefahrene Piste. Der Weg wurde irgendwann auch für dieses Fahrzeug zu schlammig, also parkten sie es und gingen zu Fuß nach Kuralia. Ständig waren Menschen um sie herum, die in den Reisfeldern arbeiteten oder wegen irgendwelcher Dinge unterwegs waren. »In diesem Land kann man einfach nicht für sich allein sein«, erklärte mir Stan Foster.

Vor Ort führten lokale Gesundheitsbedienstete Foster und sein Team zu einem Haus, das Waziuddin Banu gehörte, einem armen Mann, der weder lesen noch schreiben konnte. Er besaß kein Land, sondern musste die Felder anderer bestellen. Banus Haus hatte ein Strohdach und Wände aus miteinander verwobenen Palmwedeln.

In Banus Unterkunft war es dunkel. »Ich gehe in die Hütte«, erzählte Foster, »und sehe überhaupt keine Pockenkranken. Dann entdecke ich da einen Jutesack in der Ecke, aus dem ein Fuß herausragt. Es war ein kleines Kind mit den klassischen Pockenpusteln – ein gemäßigter Verlauf, kein schwerer.« Das Opfer war ein kleines, dreijähriges Mädchen namens Rahima Banu. Sie hatte Angst vor Foster und sich deswegen in dem Sack versteckt, als er durch die Tür kam. Rahima hatte das Schorfstadium fast hinter sich, die meisten ihrer Grinde waren bereits abgefallen. Sie hatte sich die Viren bei ihrem Onkel Hares eingefangen, einem zehnjährigen Jungen. Dass Rahima, Hares und noch ein paar Leute im Dorf an Pocken erkrankt waren, hatte ein achtjähriges Mädchen richtig erkannt. Einem örtlichen Gesundheitsbediensteten hatte Bilkisunnessa dies berichtet, und schließlich bekam sie von der WHO eine Belohnung von 62 Dollar – ein Vermögen für ein Mädchen auf Bhola.

Stan Foster rief Dhaka über Funk und sagte seinen Mitarbeitern, dass er einen Pockenfall bestätigen könne. Noch in der Nacht stellte der Eradikator Daniel Tarantola in Dhaka ein großes Team zusammen, organisierte 20 Motorräder und Benzinfässer. An Bord der »Rocket« fuhren auch sie nach Bhola. Auf der Insel organisierte das Team eine Ringimpfung, überprüfte alle Kontakte und immunisierte jeden, der möglicherweise Viren ausgesetzt gewesen war. In den folgenden Wochen durchsuchten sie die gesamte Insel nach neuen Fällen, doch sie fanden keine. Jetzt war *Variola major* wirklich von der Erde verschwunden. Der »heiße« Pockentyp war ausgerottet.

Als Stan Foster Rahima Banu untersuchte, löste er mit einer gegabelten Impfnadel vorsichtig sechs Grinde von ihren Beinen und Füßen. Er steckte sie in ein Plastikröhrchen mit rotem Verschluss. Das Abnehmen des Schorfs dürfte dem Mädchen kaum wehgetan haben, denn er fiel schon von selbst ab. Jedes von Rahimas Grinden war ein Stückchen bräunlicher Kruste von ungefähr der Größe eines abgenutzten Bleistiftradierers.

Wieder zurück in Dhaka gab Foster die Proben der Virologin Farida Huq, die die Pockendiagnose bestätigte und dann das Röhrchen mit Rahimas Schorf nebst einem Stück Papier zur Identifizierung der Probe in einen Metallbehälter packte. Der Behälter kam in ein Postversand-Papprohr und das wurde ans Hauptquartier in Genf geschickt. Dort kümmerte sich die Sekretärin Celia Sands um alle Pockenproben – größtenteils Schorf in Röhren –, die aus betroffenen Gegenden hergeschickt wurden. Die Päckchen öffnete sie auf einem Tisch in einem Arbeitsbereich inmitten des winzigen

Büros, nahm die Plastikröhren mit den roten Verschlüssen heraus und übertrug die Informationen über deren Inhalt in ein Protokoll. Einmal im Jahr bekam sie eine Pockenimpfungs-Auffrischung. (»Wenn man überlegt, wie wir mit den Proben umgingen – das war so ganz anders als heute«, sagte sie mir. »Trotzdem ist nie etwas passiert.«) Nachdem sie die Proben protokolliert und inspiziert hatte, schickte sie sie an einen der beiden Aufbewahrungsorte für Pocken, entweder an die CDC oder das Institut für virale Präparate in Moskau. Beide Forschungszentren arbeiteten eng mit der WHO zusammen. Sands schickte die Proben abwechselnd an das eine und das andere, sodass Amerikaner und Russen unter dem Strich ungefähr gleich viele Proben zu untersuchen hatten.

Im Moskauer Institut kümmerte sich eine etwas stämmige, dauergewellte Virologin namens Swetlana Marennikowa um die Pocken. Bei den Fachkollegen, die ihre wissenschaftlichen Ideen zwar provokant, aber tragfähig fanden, genoss sie großes Ansehen.

Rahimas sechs Grinde kamen in die CDC, wo sie um Weihnachten 1975 herum der Virologe Joseph Esposito mit einer Pinzette in ein Plastikröhrchen umpackte, das winziger

Variola major von Ende Herbst 1974 bis Herbst 1975. Die aufeinander folgenden Karten von Bangladesch sind wie Einzelbilder aus einem Film, der die letzte eruptive Ausbreitung und den endgültigen Sieg der Menschheit über die Pocken zeigt. Man erkennt die Eindämmungsringe um die einzelnen Ausbrüche ebenso wie die Fälle von Eindämmungsversagen – Stellen, an denen die Pocken durchbrechen konnten. Die Impfkampagnen drängten die Viren immer weiter zurück; sie wichen nach Osten und Süden aus und fanden schließlich auf der Insel Bhola ihr Ende.
M. frdl. Gen. von Stanley O. Foster, Center for Public Health Preparedness and Research, Rollins School auf Public Health, Emory University, aus: »The Eradication of Smallpox from Bangladesh«, von A. K. Joarder, D. Tarantola und J. Tulloch (New Delhi: WHO South East Asia Regional Office, 1980).

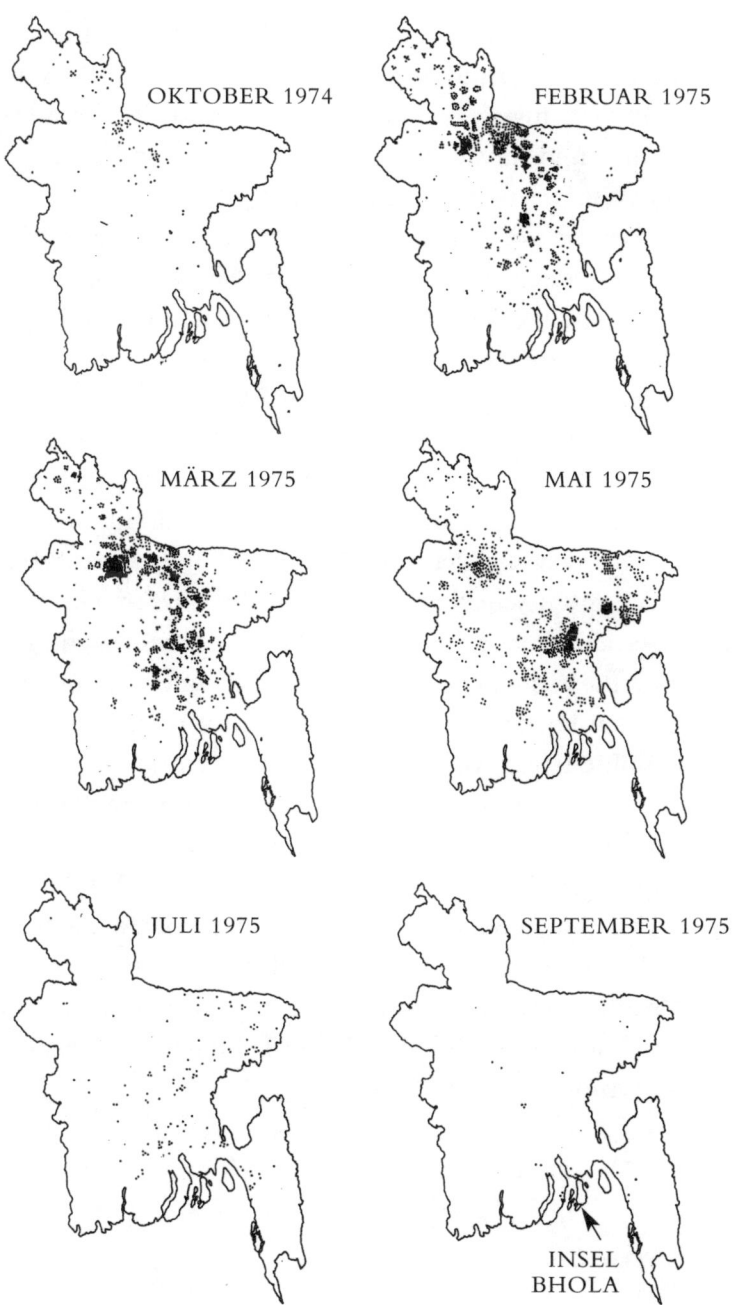

OKTOBER 1974

FEBRUAR 1975

MÄRZ 1975

MAI 1975

JULI 1975

SEPTEMBER 1975

INSEL
BHOLA

als der kleine Finger eines Menschen war. Mit einem extra-
feinen Sanford-Sharpie-Stift schrieb er dann RAHIMA auf
das Röhrchen, fügte noch ein paar weitere Identifizierungs-
daten hinzu und verwahrte es in dem für Pockenstämme vorgesehenen Referenz-Gefriergerät der CDC.

Der Stamm von *Variola major* aus diesem Schorf trägt
heute den Namen »Rahima«. Alle sechs von Rahimas Grinden sollen bei wissenschaftlichen Untersuchungen aufge-
braucht worden sein, doch der Rahima-Stamm existiert
noch immer, eingefroren in kleinen Plastikröhrchen voller
durchscheinendem, weißem Eis, das wie gefrorene Mager-
milch aussieht. Die Milchigkeit rührt von der gigantischen
Anzahl von Rahima-Partikeln her, die in Viruskulturen gezüchtet wurden und jetzt im Eis eingeschlossen sind. Der
Rahima-Stamm schläft in der Kühltruhe nur, er wird niemals sterben, solange nicht das Menschengeschlecht be-
schließt, mit Variola endgültig zu brechen und Rahima wie
alle anderen Pockenstämme zum Tode zu verurteilen.

Die milde Form von Pocken, *Variola minor* oder Alastrim,
lebte weiter und vermehrte sich in Übertragungsketten rund
um das Horn von Afrika fort. Auf diese Gegend konzentrierten sich die Eradikatoren als Nächstes. Am 27. Oktober
1977 erkrankte in Somalia ein Krankenhauskoch namens Ali
Maow Maalin daran: weltweit der allerletzte natürliche Fall
von Variola. In seinem Umkreis wurden 57 000 Menschen
geimpft. Dieser letzte Ring hielt, der Lebenszyklus des Virus
war unterbrochen.

EIN AUFGESCHLITZTER HALS

IM SPÄTSOMMER 1978, kein Jahr, nachdem mit Ali Maow
Maalin der letzte natürliche Pockenfall aufgetreten war, erkrankte Janet Parker, eine medizinische Fotografin im englischen Birmingham. Zu Hause ans Bett gefesselt bekam sie
am ganzen Körper einen blasigen Ausschlag. Ihr Hausarzt
hielt das für eine allergische Reaktion auf ein Medikament.
Janet Parker lebte allein und sie wurde zu krank, um für sich
selbst sorgen zu können. Ihr siebenundsiebzigjähriger Vater
fuhr mit dem Auto zu ihr und holte sie, damit sie bei ihm
und ihrer Mutter wohnen konnte. Doch es ging ihr immer
schlechter, und die Eltern brachten sie schließlich in eine
Klinik, wo die Ärzte zu ihrer Verblüffung herausfanden, dass
sie Pocken hatte.

Zwölf Tage nachdem er Janet mit dem Auto zu sich nach
Hause geholt hatte, bekam Mr. Parker Fieber, und als bei ihm
die Pocken ausbrachen, starb er an einem Herzanfall. Janet
starb Anfang September an Nierenversagen. Sie war als
Erwachsene gegen Pocken geimpft worden, zwölf Jahre vor
ihrem Tod, doch sie hatte die Immunität verloren. Auch
Janets Mutter bekam Pocken, überlebte aber; sie war der
letzte Mensch auf Erden − soweit öffentlich bekannt −, der

mit Variolaviren infiziert wurde. In Somalia erzählten Ärzte der WHO Ali Maow Maalin, dem Krankenhauskoch, von den Todesfällen in der Familie Parker. Sie berichteten später, er sei in Tränen ausgebrochen. »Ich bin nicht länger der letzte Pockenfall!«, hatte er zu ihnen gesagt.

Janet Parker hatte in einer Dunkelkammer im zweiten Stock eines Gebäudes der medizinischen Fakultät der University of Birmingham gearbeitet. Eine Etage tiefer und ein Stück weit den Gang entlang experimentierte der Pockenforscher Henry Bedson mit Variolaviren. Bedson war ein schmaler, sanftmütiger, jugendlich wirkender Mann von internationalem Ruf, der mit vielen Eradikatoren persönliche Freundschaft geschlossen hatte. Ein Untersuchungsteam der WHO war nicht in der Lage, genau herauszufinden, wie Janet Parker sich infiziert hatte, doch man ging davon aus, dass Virenpartikel aus Bedsons Pockenlabor entwischt waren, durch ein Labor für Tierforschung flogen und danach vom Lüftungssystem des Gebäudes angesaugt wurden, eine Etage höher gelangten, ein Büro passierten, das als Telefonzimmer bezeichnet wurde, zwei weitere kleine Räumlichkeiten durchquerten, schließlich die Dunkelkammer von Janet Parker erreichten und sich dort in ihrem Hals oder ihren Lungen einnisteten.

Am 2. September, als Janet Parker mit dem Tod rang, entdeckte man Henry Bedson bewusstlos im Geräteschuppen hinter seinem Haus. Er hatte sich mit einer Schere den Hals aufgeschlitzt und schon einen Großteil seines Blutes verloren. Trotz Transfusionen starb er fünf Tage später.

Als Bedson sich die Kehle durchschnitt, dämmerte den Mitarbeitern des Eradikationsprogramms, dass zwar die Krankheit verschwunden war, nicht aber das Virus, und sie konzentrierten jetzt alle Anstrengungen darauf, sämtliche bekannten Vorräte von Pockenviren auf der Welt unter Kontrolle zu bekommen. Sie fürchteten, dass die Gefahr von Laborunfällen ständig wuchs, da die Menschen Jahr um Jahr immer mehr ihre Immunität gegenüber dem Virus verloren. 1975 besaßen mindestens fünfundsiebzig Laboratorien eingefrorene Vorräte von Pockenviren. Tiefgekühlt können Pockenviren, auch die der Kuhpocken, viele Jahrzehnte überleben, ohne Schaden zu nehmen oder ihr infektiöses Potenzial abzubauen – wahrscheinlich mindestens fünfzig Jahre lang. Jede Tiefkühltruhe mit ein paar Fläschchen voller Pocken konnte zu einer biologischen Zeitbombe werden.

Bereits 1976, ein Jahr vor den letzten natürlichen Pockenfällen, forderte die WHO förmlich alle Laboratorien, die Pocken besaßen, auf, entweder ihre Vorräte zu zerstören oder sie einem der beiden mit der WHO kollaborierenden Forschungszentren zu übergeben. Legal hatte die WHO nicht die Macht, irgendjemand zur Herausgabe seiner Pockenvorräte zu zwingen, doch D. A. Henderson und die anderen waren hartnäckig und stur. Ein Pockenviren besitzendes Labor nach dem anderen schickte seine Vorräte nach Amerika beziehungsweise Russland oder zerstörte sie oder behauptete wenigstens, sie zerstört zu haben.

DER TRESOR

HEUTE GIBT ES VARIOLAVIREN offiziell nur noch an zwei Verwahrungsorten, und zwar an den mit der WHO kollaborierenden Forschungszentren. Bei dem einen handelt es sich um das Hochsicherheitslabor der CDC in Atlanta. Das andere befindet sich in Russland. Wenn Wissenschaftler mit Variola arbeiten, verlangen die internationalen Regeln, dass sie Ganzkörperanzüge tragen und sich in einer hermetisch verschlossenen Eindämmungszone der Biosicherheitsstufe 4 aufhalten. Die WHO verbietet allen Labors, mehr als zehn Prozent der Variola-DNS zu besitzen, und offiziell ist niemandem gestattet, mit Pocken-DNS zu experimentieren. Variolaviren sind für die menschliche Spezies heutzutage Exoten, höchst ansteckend, tödlich und schwierig oder unmöglich zu heilen. Man hält sie im Allgemeinen für diejenigen Viren, die der menschlichen Spezies am gefährlichsten werden können.

Die Pocken-Kollektion der CDC ruht in einem Tiefkühlgerät mit flüssigem Stickstoff. Es handelt sich um einen etwa brusthohen Zylinder aus rostfreiem Stahl mit rundem Deckel und einer digitalen Temperaturanzeige. Der Boden des Gefriergeräts ist sieben bis acht Zentimeter hoch mit flüssigem Stickstoff bedeckt, der die Luft im Zylinder ständig auf minus 190 Grad gekühlt hält. Im Innern lagern rund 450 verschiedene Pockenstämme. Die Proben sind in Plastikröhrchen eingefroren, so genannten Kryophiolen. Diese stehen aufrecht in kleinen weißen Karton- oder Plastikschachteln, die wie ein Weinkarton innen quer und längs unterteilt sind. Die Schachteln sind in Metallgestellen gestapelt, die über dem Vorrat von flüssigem Stickstoff hängen und ständig von dessen eiskalten Dämpfen umspült werden. Das Gesamtvolumen der CDC-Pockenvorräte entspricht ungefähr der Größe eines Beachballs.

Die Vertreter der CDC geben keine Auskunft darüber, wo genau die Pockenvorräte lagern oder wie das Gefriergerät aussieht. Es steht auf Rädern und kann herumgefahren werden, und vielleicht wird sein Standort wie bei einer Art Hütchenspiel von Zeit zu Zeit geändert. An dem Zylinder hängen dicke Ketten, die mit grapefruitgroßen Vorhängeschlössern zu Girlanden gebunden sind. Das andere Ende der Ketten ist fest mit Ankern oder Bolzen im Fußboden oder in den Wänden verbunden, sodass das Gefriergerät nicht bewegt werden kann, solange man die Schlösser nicht öffnet oder die Ketten durchsägt. Man hat mir gesagt, das Pocken-Gefriergerät befinde sich oft in einer Stahlkammer, die einem Banktresor ähnelt. Der Variola-Tresor ist mit Alarmsystemen gepflastert, und er könnte auch getarnt sein. Man könnte geradewegs den Tresor anschauen und nicht wissen, dass man auf die Stelle blickt, wo die Hälfte der bekannten Pockenvorräte der Welt versteckt ist. Vielleicht gibt es auch mehr als einen Variolatresor. Es könnte auch einen Scheintresor geben. Würde man den öffnen, fände man vielleicht ein Gefriergerät voller Phiolen mit der Aufschrift POCKEN, die nichts weiter als Vakzin enthalten:

der »Stinkefinger« der CDC gegenüber ruchlosen, potenziellen Pockendieben. Der echte Variola-Tresor könnte als Geräteraum eines Hausmeisters getarnt sein – und wenn man die Tür öffnete, weil man einen Besen sucht, sieht man sich plötzlich einem versiegelten Tresor gegenüber, und alle Alarmsysteme brüllen los: Wird Variola-Alarm ausgelöst, sind sofort bewaffnete Bundes-Marshals zur Stelle.

Vielleicht existieren die Pockenvorräte der CDC auch in doppelter Form; es könnte zwei Gefriergeräte geben, vielleicht mit A und B bezeichnet. Der A- und der B-Behälter (ob es sie gibt, ist unklar) könnte jeweils identische Sets von Phiolen enthalten – Pockenstämme in spiegelbildlicher Ausfertigung –, damit, wenn ein Gerät versagt und sein Inhalt verdirbt, der Variola-Parallelvorrat immer noch da wäre. Niemand ist heute bereit, darüber zu sprechen, doch vor zwanzig Jahren wurden die Pockenvorräte in dieser Form bei den CDC aufbewahrt. Wie das Sicherheitsarrangement in jetziger Zeit aussieht, wissen vermutlich nur eine Hand voll Spitzenleute in dieser Behörde und ein paar Mitarbeiter des Sicherheitsdienstes. Die Leute von den CDC reden nicht über die Details der Aufbewahrung, und viele von ihnen wissen vielleicht noch nicht einmal von der Existenz des Tresors. Sie wissen es nicht, und sie fragen nicht.

Die
andere Seite
des Mondes

Böses Erwachen

27. Oktober 1989

Dr. Christopher J. Davis, ein britischer Geheimdienstoffizier, räumte gerade sein Büro im alten Metropole Building am Trafalgar Square auf und freute sich, am Ende eines nasskalten Tages mit dem Zug nach Wiltshire fahren zu können, wo er zu Hause war. Davis arbeitete als Analyst beim Militärischen Abwehrdienst, sein Spezialgebiet waren chemische und biologische Waffen. Er ist Arzt, hat einen Doktortitel von der Universität Oxford und den Rang eines Stabsarztes der Royal Navy. Er wirkt ebenso seriös wie drahtig, kleidet sich gepflegt, hat blaue Augen, hellbraunes Haar und ein kantiges Gesicht.

Bei den Papieren auf Davis' Schreibtisch handelte es sich um nachrichtendienstliches Rohmaterial: Informationen und Informationshäppchen, einige glaubwürdig, andere nicht, über chemische und biologische Waffen, die bestimmte Länder möglicherweise besitzen, möglicherweise auch nicht. Seine Aufgabe bestand darin, all diese Informationen zu sichten und zu sortieren wie die Stücke eines zerbrochenen Glases und sie dann wie ein Puzzle zu einem Etwas zusammenzusetzen zu versuchen, das irgendein Bild ergab. Chemische und biologische Waffen waren damals ein Orchideenfach. Christopher Davis schaute in den Papierkorb – da durften keinerlei Zettel zurückbleiben. Unter seinem Fenster eilten die Menschen quer über den Great Scotland Yard in die Dunkelheit ihren Pubs und U-Bahnen entgegen. Er freute sich auf die lange Bahnfahrt nach Hause ... Er konnte entspannen, lesen, schlafen ... Jemand würde mit dem kleinen Imbisswagen vorbeikommen ...

Das Telefon läutete. Es war sein Chef, ein Mann, der mit ADI-53 umschrieben wird. »Chris, Sie kommen besser sofort in mein Büro. Ich habe ein Telegramm bekommen, das Sie sich ansehen müssen.«

Schnell stopfte Davis all die losen Papiere in die Safes mit den Kombinationsschlössern in seinem Büro, verschloss sie, sperrte sein Büro ab und eilte den Gang entlang.

ADI-53 überreichte ihm ein zweiseitiges, höchst geheimes Telegramm. Er sagte, der Secret Intelligence Service (SIS), auch als MI6 bekannt, verfüge »über einen hochrangigen Kerl, der gerade von der Sowjetunion übergelaufen ist«. Die Kollegen vom SIS versteckten den Mann an einem sicheren Ort außerhalb Londons. Es handelte sich um einen dreiundfünfzigjährigen Chemiker namens Wladimir Passetschnik, Direktor des Instituts für ultrareine Biopräparate in St. Petersburg. Dr. Passetschnik hatte eine Pharmaziemesse in Paris besucht und sich von der einen Sekunde auf die andere entschlossen, in der britischen Botschaft um Asyl zu bitten. Er war also ein so genannter walk-in, ein unerwarteter Überläufer. Die SIS-Leute hatten ihn sofort einem ersten Verhör unterzogen, und das Telegramm fasste die Ergebnisse zusammen. Zum größten Teil war es in Passetschniks eigenen Worten abgefasst: »Ich bin Mitarbeiter von Biopreparat, einem großen, geheimen Programm, das die Aufgabe hat, für die UdSSR biologische Waffen zu erforschen, zu entwickeln und zu produzieren«, lautete der Anfang. Zwei Begriffe des Telegramms sprangen Davis geradezu an, sie schienen der Seite eingebrannt: *Pest* und *Pocken*. Erreger der Pest ist *Yersinia pestis*, ein Bakterium. Der schwarze Tod, wie die hochgradig ansteckende, schwere Verlaufsform der Pest auch genannt wird, löschte zwischen 1347 und 1352 ein Drittel der europäischen Gesamtbevölkerung aus. Ist bei Erkrankten die Lunge befallen, wird die Seuche beim Husten durch die Luft auf andere Menschen übertragen.

»Oh, Scheiße!«, sagte Davis zu seinem Chef.

Davis verstand, dass sie es mit einem strategischen Biowaffenprogramm zu tun hatten. Pest und Pocken sind keine taktischen Waffen. Für einen gezielten, begrenzten Angriff kann man sie nicht verwenden: Sie sind dafür gemacht, außer Kontrolle zu geraten. Sie sind dafür gemacht, wahllos riesige Menschenmengen zu töten. Sie haben keine andere Funktion. Das Ziel von Pocken − als Waffe − ist eine Zivilbevölkerung, keine Ansammlung militärischer Kräfte. Mit Milzbrand kann man letzten Endes irgendwie fertig werden, weil er sich nicht so leicht von Mensch zu Mensch überträgt, doch Pest und Pocken sind etwas ganz anderes. »Wenn das, was da vor mir liegt, wahr ist«, sagte Christopher Davis zu seinem Chef, »bedeutet das, dass sie strategische biologische Waffen haben. Es bedeutet auch, dass sie Raketen oder sonstige Mittel zur Verteilung haben. Wir haben diese Systeme bloß noch nicht gefunden.«

ANFANG DER FOLGENDEN WOCHE traf Davis in einem gesichtslosen Businesshotel im Süden Londons Wladimir

Passetschnik, der mit seinen Aufpassern in einem Zimmer saß. Sie nannten sich gleich beim Vornamen, und Davis wurde sein wichtigster Gesprächspartner bei den Verhören. Im Verlauf vieler Monate traf er sich in unterschiedlichen Hotels in der Umgegend von London mit Wladimir, hörte ihm zu und stellte ihm Fragen. Immer waren Aufpasser mit im Raum und stets auch technische Experten vom SIS. Ins MI6-Hauptquartier brachten sie Passetschnik nicht, weil man annahm, dass Spitzel des KGB es überwachten. Wladimir hatte Frau und Kinder zurückgelassen und war um sie äußerst besorgt.

Er erzählte Davis, dass Biopreparat, auch als »das System« bekannt, riesig sei. Das Programm verfügte über ungeheure Vorräte von eingefrorenen Pest- und Pockenerregern, mit denen Raketenköpfe bestückt werden konnten; allerdings war sich Passetschnik nicht sicher, für welche Ziele sie vorgesehen waren.

Das für die Sprengköpfe gedachte Material war genetisch verändert worden, berichtete er. Wie seine Kollegen auch, kannte er die modernen Techniken der Molekularbiologie nur zu gut. Eine der Hauptwaffen waren genetisch modifizierte Pesterreger (GM-Pest), die gegen Antibiotika resistent waren. Die sowjetischen Mikrobiologen hatten diese GM-Pest mit Brachialmethoden erzeugt: Sie hatten natürliche Pesterreger immer wieder effizienten Antibiotika ausgesetzt und auf diese Weise eine rasante Evolution resistenter Stämme erzwungen. Unter Biowaffenexperten ist diese Technik als »heiß machen« eines Erregers bekannt.

Diese »heiße« Pest würde sich als Todeshauch von Mensch zu Mensch ausbreiten, und die Ärzte hätten keinerlei Mittel, effizient gegen die Krankheit anzugehen. Einer der Stämme von GM-Pest sei tonnenweise fabriziert worden, sagte Wladimir. Er berichtete auch, die Wissenschaftler von Biopreparat versuchten, noch wirkungsvollere Stämme mit den Techniken der Molekularbiologie zu erzeugen. Das hieß: Pesterregern Fremdgene einzubauen, um sie noch »heißer« zu machen.

Wladimir sagte, kürzlich hätte das sowjetische Verteidigungsministerium verlangt, dass die Biologen neue Herstellungsverfahren für die Produktion von Tonnen waffentauglicher Pocken entwickeln müssten. Die Militärbiologen hatten mit einem älteren Verfahren gearbeitet, um die Pocken in ein für Gefechtsköpfe geeignetes Material zu verwandeln; jetzt gab es eine neue Generation von Raketen, die sie mit Variola bewaffnen wollten. Das sowjetische Militär betrachtete die Pocken schon seit langem als strategische Waffe − als während des Eradikationsprogramms das Gesundheitsministerium Vakzin produzierte und der WHO spendierte, produzierte das Verteidigungsministerium haufenweise Pocken als Waffe. An den fortgeschritteneren Pockenverfahren wurde jetzt größtenteils in Sibirien gearbeitet, im Vector-Forschungszentrum, aber darüber wisse er nicht viel, erklärte Wladimir.

Passetschnik war wegen der gentechnischen Forschungsarbeiten bei Biopreparat höchst besorgt. Er hatte Angst, dass ein gentechnisch verändertes Virus oder ein sonstiger Erreger aus dem Waffenprogramm entkommen könnte. Er sagte, die Gentechnik sei der Grund, warum er übergelaufen war. Er wollte kein Geld, er wollte einfach nur raus. »Ich konnte nachts nicht mehr schlafen, wenn ich darüber nachdachte, was wir in unseren Laboratorien taten und was das für die Welt bedeutete«, erzählte er den Briten, denen er Bericht erstattete.

DIE BRITEN HATTEN der CIA verschlüsselte Botschaften zukommen lassen, um sie darüber zu informieren, was Passetschnik aussagte, aber sie suchten auch das gründliche Gespräch von Angesicht zu Angesicht mit den Amerikanern. Im späten Frühjahr 1990 hatten Christopher Davis und seine Kollegen die Verhöre von Passetschnik glücklich zu Ende gebracht. Die britische Regierung schickte Davis und einen nahen Kollegen von der Militärischen Abwehr, Hamish Killip, zum Hauptquartier der CIA in Langley, Virginia, wo sie ihren amerikanischen Kollegen im Detail von der GM-Pest, den Pocken und den mit Biowaffen ausgerüsteten Raketen berichteten. Die Briten waren sich nicht absolut sicher, ob die biostrategischen Raketen einsatz- und abschussbereit waren, aber falls dem so war, dann lag auf der Hand, dass sie auf Nordamerika zielten.

Mehrere Jahre später wurde Christopher Davis von Königin Elizabeth II. mit dem Orden des British Empire ausgezeichnet. Die Queen wusste es zwar nicht, aber er bekam diesen Orden dafür, dass er zu seinem Chef »Oh, Scheiße« gesagt hatte: Dieser Ausruf markierte die erstmalige Einsicht, dass das russische Biowaffenprogramm genauso strategisch angelegt war wie ein Atomwaffenprogramm.

»Ich habe größte Hochachtung vor dem Nachrichtendienst der USA«, sagte Davis zu mir, als er seinen Besuch in Langley rekapitulierte, »und doch waren sie überrascht von dem, was wir ihnen erzählten.« Vielleicht waren die CIA-Vertreter auch entsetzt, dass der britische Nachrichtendienst das Geheimnis eines strategischen Waffenprogramms in Russland geknackt hatte, von dem sie kaum etwas gewusst hatten. In der Welt der Spionage ist es nicht gut, wenn man etwas Neues und Wichtiges von einem Geheimdienstoffizier einer anderen Regierung erfährt. Doch verfügten die Leute von der CIA, während sie Davis und Killip zuhörten, zugleich über eigenes Geheimwissen, das sie nicht mit den Briten teilten. Diese Informationen hatten sie als NOFORN klassifiziert, was bedeutete, dass »no foreigners«, keine Ausländer, drankommen dürften.

ALARM IM WELTALL

IRGENDWANN VOR 1991 hob von Kamtschatka, der ostasiatischen Halbinsel im nördlichen Pazifik, eine sowjetische Interkontinentalrakete ab. Ihre Nutzlast bestand aus einem massiven Mehrfachgefechtskopf, einem so genannten MIRV (multiple independent reentry vehicle). Ein MIRV teilt sich in mehrere einzelne Gefechtsköpfe auf, die unterschiedliche Ziele ansteuern. »Bus« nennt man so ein MIRV auch. Und das Ding funktioniert auch ähnlich wie ein Bus: Die einzelnen Gefechtsköpfe werden gemeinsam transportiert und an unterschiedlichen Stationen abgesetzt.

Amerikanische Spionagesatelliten und Marineschiffe beobachteten, wie die Rakete von Kamtschatka aus in die Höhe schoss und die Erdatmosphäre verließ. Der MIRV-Bus löste sich von der Trägerrakete und ging im Weltraum über dem Pazifischen Ozean in den freien Fall über. Der Bus teilte sich in zehn Gefechtsköpfe, die einzeln ins Meer fielen. Die amerikanischen Sensoren sammelten einige Daten über den Abschuss, die dekodiert, zusammengesetzt und interpretiert werden mussten. Das dauerte seine Zeit, doch Seltsames begann sich abzuzeichnen. An diesem MIRV war jedenfalls etwas anders. Der Bus hatte eine ungewöhnliche Form, und beim freien Fall durch den Raum verhielt er sich merkwürdig: Statt um die eigene Achse zu rotieren, wie gewöhnliche nukleare Gefechtsköpfe das taten, richtete er sich in Relation zur Erdoberfläche aus. Und Infrarotkameras amerikanischer Satelliten fotografierten etwas, das sie bei einem russischen Gefechtskopf noch nie zuvor gesehen hatten: Ein flossenähnliches Bauteil, das vor Hitze glühte – der Bus gab Wärme an den Raum ab, während er über den Pazifik flog. Wozu war das nötig?

Den Gesetzen der Thermodynamik zufolge, musste es, wenn der Bus Hitze abgab, in seinem Innern kalt sein. Es handelte sich um ein Kühlsystem. Aber was in diesem Bus musste gekühlt werden? Ein Nuklearkopf hält Hitze oberhalb des Siedepunkts ohne weiteres aus. Nachdem sich der Bus in zehn kleinere Gefechtsköpfe geteilt hatte, traten diese einzeln wieder in die Atmosphäre ein, Fallschirme öffneten sich und langsam fielen sie ins Wasser. Nuklearsprengköpfe müssen nicht an einem Fallschirm niedergebracht werden.

Mehrere solcher Tests fanden statt, aber es ist nicht bekannt, wann sie durchgeführt wurden und wie viel Informationen darüber die CIA wirklich sammeln konnte. Analysen sind langwierig und bringen nicht immer die gewünschte Klarheit. Im Oktober 1988 erhielt die CIA Bilder von Raketen in Lagern, Bunkern oder Abschusssilos auf Kamtschatka. Darauf war zu erkennen, dass die Gefechtsköpfe mit Rohren oder Schläuchen an Kühlsysteme auf dem Boden angeschlossen waren. Alle sowjetischen Raketen arbeiteten mit Flüssigtreibstoff, der kalt gehalten werden muss, doch an diesen Kühlsystemen war etwas, das die CIA-Analysten auf den Gedanken brachte, dass damit kein Raketentreibstoff gekühlt wurde. Kältetechnik hat auch immer etwas mit Leben zu tun. Die Raketen schienen lebende Waffen zu transportieren.

Die CIA arbeitet eng mit dem britischen Geheimdienst zusammen. Trotzdem entschied sie, der Abteilung MI6 nichts von den Tests der neuen Raketengefechtsköpfe zu berichten. Der amerikanische Geheimdienst war nicht absolut sicher, dass es sich um biologische Gefechtsköpfe handelte beziehungsweise dass Viren oder andere Erreger möglicherweise wirkungsvoll genug waren, um anstelle von Nuklearwaffen eingesetzt zu werden.

Anscheinend gab es unter den amerikanischen Geheimdienstlern Verwirrung über die Frage, ob Erreger, die aus dem All über einer Stadt niedergebracht wurden, wirklich ernsthafte Schäden anrichten könnten. Und wenn es zutraf, dass Biowaffen-Raketen anscheinend auf die USA gerichtet waren, wen sollte man dann davon informieren? Die NO-FORN-Erkenntnisse über gekühlte Biogefechtsköpfe wurden in den Akten der CIA so sicher verwahrt wie die Walnuss in ihrer Schale.

KURZ NACHDEM Christopher Davis und Hamish Killip den Amerikanern berichtet hatten, was Dr. Passetschnik ihnen erzählt hatte, wuchs in den Vereinigten Staaten und Großbritannien die Sorge wegen möglicher Biowaffen erheblich. Präsident George Bush und Premierministerin Margaret Thatcher wurden von ihren Geheimdiensten über die mit Pest und Pocken bewaffneten Interkontinentalraketen informiert. Mrs. Thatcher ging an die Decke. Sie rief Michail Gorbatschow an, das damalige Oberhaupt der Sowjetunion, und forderte ihn mit allem Nachdruck auf, die Biowaffen-Einrichtungen seines Landes einem Team ausländischer Inspektoren zu öffnen. Gorbatschow zögerte eine Weile, doch schließlich willigte er ein.

Ein geheimes britisch-amerikanisches Team von Waffeninspektoren besuchte im Januar 1991 vier wichtige wissenschaftliche Einrichtungen von Biopreparat. Christopher Davis zählte zu ihnen. Sie sahen sich mit denselben Problemen konfrontiert wie später die Inspektoren der Vereinten Nationen im Irak. Die sowjetischen Biologen wollten über ihre Arbeit nicht sprechen, und sie wollten auch nicht, dass irgendjemand ihre Labors in Betrieb sah. Die Inspektoren kämpften mit Absagen, Ausflüchten, zeitraubender Bürokratie, hirnerweichenden, alkoholgesättigten Gelagen, die sich stundenlang hinzogen, chaotischen Transportverhältnissen und endlosen Reden über Freundschaft und internationale Zusammenarbeit. Wann immer die Inspektoren sich bei einem Empfang davonschleichen konnten, sahen sie große, nur mit Sicherheitsanzügen zu betretende Räume der Biosicherheitsstufe 4, die komplett leer geräumt und sterilisiert und nicht in Gebrauch waren, obwohl alles in den Labors darauf hindeutete, dass sie noch kürzlich in Betrieb gewesen waren. Mit dem Bus fuhren sie nach Obolensk, einem riesigen Mikrobiologiezentrum südlich von Moskau. Die Einrichtung wurde von Unmengen Stacheldraht und Wachsoldaten geschützt. Der leitende Wissenschaftler war ein hagerer Militäroffizier und Mikrobiologe namens Dr. Nikolaij Urakow, ein Pestexperte. In einem Bereich der Sicherheitsstufe 4 fanden die Inspektoren eine Phalanx von zwei Stockwerken hohen Fermentertanks. Das war die wichtigste Produktionsanlage für die GM-Pest, aber die Tanks waren jetzt leer. Als Davis und die anderen Inspektoren Dr. Urakow beschuldigten, hier tonnenweise Pesterreger hergestellt zu haben, erklärte er den Inspektoren höflich, alle Forschungen an diesem Institut dienten medizinischen Zwecken, denn die Pest sei in Russland »ein Problem«.

»Dies war mit Sicherheit das erfolgreichste Biowaffenprogramm der Welt, aber diese Leute saßen einfach da und logen uns an und logen und logen«, erzählte mir Davis. Er bekräftigte, dass die russische Regierung niemals reinen Tisch gemacht habe. »Bis heute wissen wir nicht, was in den Militäreinrichtungen geschah, die das Herzstück des russischen Programms waren.«

Am Abend des 14. Januar traf das Team in Vector ein, dem weit auseinander gezogenen Virologiekomplex in den Lärchen- und Birkenwäldern nahe der Stadt Kolzowo, rund fünfunddreißig Kilometer östlich von Nowosibirsk in Sibirien. Es gab Wodka und Kaviar, jede Menge gutes Essen und viele Trinksprüche auf die Freundschaft, dann schickte man sie ins Bett. Am nächsten Morgen, nachdem sie zum Frühstück noch mehr Kaviar und Wodka bekommen hatten, verlangten sie ein Gebäude namens Corpus 6 zu sehen. Es ist ein schlichter Backsteinbau mit betongefassten Fenstern. Die Treppen in Corpus 6 sind krumm und schief. Viele der Vector-Gebäude wurden von Zwangsarbeitern errichtet und man erzählt sich, dass sie sich alle Mühe gaben, jeder einzelnen Betonstufe eine etwas andere Größe zu geben. Russischen Gerüchten zufolge hofften die Strafgefangenen, dass einer der Biologen die Treppe herunterstürzen und sich seinen stinkenden Hals brechen würde.

Man zeigte den Inspektoren den Eingangsbereich von Corpus 6. Der britische Inspektor David Kelly, ein bekannter Mikrobiologe der Oxford University, nahm einen Techniker beiseite und fragte ihn, mit welchen Viren sie es hier zu tun hätten.

»Wir arbeiten mit Pocken«, antwortete der Techniker.

Anfang 1991 hätte es Pocken nur noch in den CDC und im Moskauer Institut geben dürfen. David Kelly war erstaunt, den Begriff »Pocken« zu vernehmen, und er wiederholte seine Frage dreimal – »Sie wollen sagen, Sie arbeiten hier mit *Variola major*?« –, und er machte dem Techniker klar, wie wichtig seine Antwort war. Der Techniker antwortete mit Nachdruck, dreimal, dass es sich um *Variola major* handele. Kelly behauptet, sein Dolmetscher sei der beste Russischdolmetscher der britischen Regierung gewesen. »Es gab keinen Zweifel.«

Die Inspektoren waren erschüttert. Vector durfte überhaupt keine Pocken besitzen, geschweige denn damit experimentieren.

Die Inspektoren gingen die schiefe Treppe von Corpus 6 hoch und betraten einen Korridor. Entlang der einen Seite war eine Reihe von Fenstern, durch die man auf eine riesige Stahlkammer für dynamische Aerosoltests blicken konnte. So eine Einrichtung braucht man, um Biowaffen zu testen – eine andere Funktion hat sie nicht. Kleine Sprengladungen – Bömbchen – wurden im Innern der Kammer zur Explosion gebracht und setzten in der Kammeratmosphäre biologische Agenzien frei. Aus der Aerosoltestkammer in Corpus 6 ragten Rohre heraus. Daran konnte man Sensoren befestigen – oder Affen beziehungsweise andere Tiere anklemmen – und sie der Luft in der Kammer aussetzen. Auf der anderen Seite des Korridors war ein Kommandostand, der von der Ernsthaftigkeit des Unternehmens zeugte. Da gab es Unmengen von Skalen, Lampen und Schaltern, sodass das Ganze aussah wie ein russisches Remake von »Alarm im Weltall«. (»Das ist Krell-Metall ... Probieren Sie Ihren Blaster daran aus, Captain!«)

Die Vector-Wissenschaftler erklärten den Inspektoren später, bei dem stählernen Koloss handele es sich um eine Bioexplosionstestkammer, Modell UKZD-25. Es war die größte und komplizierteste moderne Biowaffentestkammer, die es damals auf der Welt gab. Die Inspektoren kamen zu der Überzeugung, dass in dieser Kammer vermutlich die Sprengladungen für die Pocken-MIRV-Biogefechtsköpfe getestet und weiterentwickelt worden waren.

Die Inspektoren fragten, ob sie Schutzanzüge anlegen und in die Kammer hineingehen könnten. Zu gern hätten sie Wischproben von den Innenwänden genommen, aber die Russen verweigerten ihnen dies. »Sie behaupteten, unsere Impfungen könnten uns möglicherweise nicht schützen. Das legte den Schluss nahe, dass sie Viren entwickelt hatten, gegen die amerikanische Vakzinierungen nichts ausrichten konnten«, berichtete einer der Inspektoren, Dr. Frank Malinoski. Die Russen wurden nervös und befahlen den Inspektoren, Corpus 6 zu verlassen.

Bei einem üppigen Essen an jenem Abend mit vielen Toasts auf die neuen Freundschaften warfen drei Inspektoren – David Kelly, Frank Malinoski und Christopher Davis – öffentlich dem Chef von Vector, einem auf Pocken spezialisierten Virologen und Wissenschaftsmanager namens Lew S. Sandachtschiew (den Kollegen einfach nur Lew nennen) vor, bei Vector an einem Pockenprogramm zu arbeiten. Wütend ging er in die Defensive. »Lew ist ein koboldhafter, kleiner Mann mit wettergegerbtem, runzligem Gesicht und schwarzem Haar«, erzählte mir Christopher Davis. »Er ist sehr klug und begabt, eine starke Persönlichkeit voller Jovialität, kann aber sehr bösartig werden, wenn er wütend ist.«

Erregt beharrte Sandachtschiew darauf, dass sein Techniker sich falsch ausgedrückt hätte. Er rief seinen Stellvertreter zu Hilfe, Sergeij Netesow. Die beiden Vector-Chefs sagten, bei ihnen sei nicht an Pocken gearbeitet worden. Die einzigen Pockenvorräte, die es in Russland gäbe, seien die der

WHO im Moskauer Institut. Sie sagten, sie hätten gentechnisch mit Pockengenen gearbeitet, das sei alles gewesen. Vector besäße keine lebenden Pocken, behaupteten sie, nur die DNS des Virus. Je mehr sie über Gentechnik und Pocken-DNS sprachen, desto nebuloser und unheimlicher empfanden die Inspektoren das, was sie hörten. »Sie logen beide«, sagte mir David Kelly, »und es war ein äußerst angespannter Moment. Er schien eine Ewigkeit zu dauern.«

»Tatsache ist, dass sie in ihrer Explosionstestkammer noch in der Woche vor unserer Ankunft Pocken getestet hatten«, sagte Christopher Davis. »Die Leute besaßen Nerven.«

Der erste stellvertretende Forschungs- und Produktionsleiter von Biopreparat, Dr. Kanatjan Alibekow, der bei den Vector-Treffen dabei war, lief 1992 in die Vereinigten Staaten über. Er änderte seinen Namen in Ken Alibek ab und lieferte ein Panorama der Aktivitäten von Biopreparat samt vielen Details, die Christopher Davis und die anderen sich niemals hätten vorstellen können. Alibek beschrieb ein riesiges Programm, das in separate, geheime Abteilungen gegliedert war. Nur wenige Mitarbeiter des Programms kannten die ganze Bandbreite. Weil alles so segmentiert und geheim war, bestand die Gefahr, dass es in noch kleinere Einheiten zerfallen und die Welt niemals erfahren würde, wo all die Einzelteile hin verschwunden waren.

HEUTE IST KLAR, dass das sowjetische Biowaffenprogramm ziemlich weit fortgeschritten war, als die UdSSR im Dezember 1991 zusammenbrach. Zwei Jahre zuvor, 1989, produzierten und lagerten im virologischen Zentrum Sagorsk, einer militärischen Einrichtung rund 50 Kilometer nordöstlich von Moskau, Biologen einen Vorrat von 20 Tonnen waffentauglicher Pocken. Wenn man bedenkt, welche Sicherheitsvorkehrungen für die kleine Sammlung von Pockenröhrchen in Atlanta getroffen wurden, war das absolut ungewöhnlich. Offensichtlich wurden die Pocken von Sagorsk in isolierten, mobilen Kanistern verwahrt, um sie mit Güterwagen oder Frachtflugzeugen herumtransportieren zu können. Einiges spricht dafür, dass es einen weiteren Vorrat von für Sprengköpfe geeignetem Pockenmaterial in der militärischen Einrichtung Pokrow rund 80 Kilometer östlich von Moskau gab.

Die Biosprengköpfe, von denen Ken Alibek berichtete, konnten mit trockenem Pulver oder mit flüssigen Pocken gefüllt werden. Jeder MIRV–Bus bestand aus zehn Gefechtsköpfen, von denen jeder zehn pampelmusengroße Bömbchen enthielt. Die Köpfe sollten an Fallschirmen zur Erdoberfläche schweben, und kurz vor der Grundberührung sollten sie explodieren und einen Fächer von Bömbchen freisetzen. Von denen konnte jedes 200 Gramm Flüssigpocken enthalten. In den Bömbchen herrschte vermutlich ein Überdruck von Kohlendioxid, das die Variolaviren als Nebel versprühen sollte. Jeder Gefechtskopf konnte also rund zwei Liter Pockennebel mittels der Bömbchen verteilen. Der Nebel würde mit dem Wind über die Dächer getrieben, sich auf Menschen im Freien herabsenken, in Häuser und Schulen eindringen, in die Klimaanlagen von Bürohäusern und Einkaufszentren gesaugt werden. 20 Kilogramm Pockenerreger konnte eine einzige MIRV–Rakete auf eine Stadt regnen lassen. Das klingt nicht nach viel, solange man nicht darüber nachdenkt, wie wenig Pockenviren Peter Los in die Luft gehustet hatte.

Bei den für die Gefechtsköpfe bestimmten Pockenerregern handelte es sich offensichtlich um einen Stamm, den die Sowjets Indien-1 genannt hatten. Er war 1967 von russischen Wissenschaftlern in Vopal, einem kleinen Ort in Indien, gesammelt worden; sie hatten vom KGB den Auftrag bekommen, ein paar wirklich »heiße« Grinde zu besorgen. Vermutlich testeten sie diesen Stamm im Vergleich zu anderen Stämmen, um herauszufinden, welcher am potentesten war; vielleicht wählten sie auch einen Stamm aus, gegen den die Immunisierung mit Vakzin am wenigsten ausrichten konnte. (Das hätte fast mit Sicherheit Menschenversuche bedeutet.) Wie auch immer, der Vopal-Stamm, Indien-1, wurde zur strategischen Waffe. Es kann gut sein, dass Menschen sich mit diesem Stamm besonders leicht infizieren. Vertreter der russischen Regierung haben in vagen Worten die Existenz von Indien-1 eingeräumt, aber die russische Regierung hat sich bislang geweigert, Proben von Indien-1 an Wissenschaftler außerhalb von Russland zu geben, sodass die Eigenschaften dieses Stammes – und damit die Möglichkeiten, sich dagegen zu verteidigen – im Dunkeln bleiben.

1991 hatte die WHO im Gare Frigorifique im Zentrum Genfs 200 Millionen Dosen tiefgefrorenen Pockenvakzins gelagert. Das war der Hauptvorrat der Menschheit an Pockenimpfstoff. Die Einlagerung kostete die WHO 25 000 Dollar pro Jahr, hauptsächlich Stromkosten für die Kühlmaschinen. 1991 empfahl ein Beratergremium von Experten, das Ad Hoc Committee on Orthopoxvirus Infections, 99,75 Prozent des Vakzinvorrats zu vernichten, um Elektrizität zu sparen. Da die Krankheit ja ausgelöscht war, bestand kein Bedarf mehr an Vakzin. Der Impfstoff wurde aus den Gefriergeräten genommen, in einem Ofen sterilisiert und weggeworfen. Insgesamt sparte die WHO damit weniger als 25 000 Dollar pro Jahr, und ihr blieben insgesamt nur noch 500 000 Dosen Pockenvakzin. Das ist noch nicht einmal eine Dosis für einen unter 12 000 Menschen auf der Erde. Die WHO plant nicht, die Vorräte wieder aufzustocken; die verloren gegangene Menge zu ersetzen würde eine halbe Milliarde Dollar kosten, und das Geld hat sie nicht. Mehreren voneinander unabhängigen Quellen zufolge leitete Lew Sandachtschiew 1990 bei Vector eine Forschungsgruppe für effizientere Methoden der Massenproduktion von waffentauglichen Pocken in großen Tanks, wie sie in der pharmazeutischen Industrie zum Einsatz kommen. 1994 – drei Jahre nachdem britische und amerikanische Biowaffeninspektoren Vector besichtigt und von Sandachtschiew erzählt bekommen hatten, dass es dort keine Pocken gäbe – bauten seine Leute den Prototyp eines Pocken-Bioreaktors und testeten diesen angeblich mit *Variola major*. Der Reaktor ist im Prinzip ein rund 1000 Liter fassender Tank, der wie ein großer Heißwasserboiler mit einem Gewirr von Röhren aussieht. Er steht auf vier stabilen Beinen in einer »heißen« Zone der Sicherheitsstufe 4 im zweiten Stock von Corpus 6. Der Reaktor wurde mit Plastikkügelchen gefüllt, auf denen lebende Nierenzellen von afrikanischen Grünen Meerkatzen wuchsen. Die Vector-Wissenschaftler füllten den Reaktor mit Nährflüssigkeit und Pockenerregern. Die Betriebstemperatur des Reaktors entsprach der von Blut. Binnen weniger Tage vermehrten sich die Variolaviren in den Nierenzellen, der Bioreaktor wurde extrem »heiß«, und eine hochkonzentrierte Variola-Suppe konnte über Röhren aus dem Reaktor abgezogen und eingefroren werden. Biologisch betrachtet, war die Flüssigkeit »heiß« genug, um globale Auswirkungen zu zeigen. Ein einziger Produktionszyklus des Reaktors lieferte annähernd 100 Billionen tödlicher Dosen – genug Pocken, um jedem Menschen auf der Erde rund 20 000 infektiöse

Pockendosen zu verabreichen. Die Vector-Wissenschaftler hingegen behaupten, dass sie vor 1997 nicht mit Pocken experimentiert hatten. Angeblich ist der Vector-Pockenreaktor heute außer Betrieb. Bis 1999 durften keine Ausländer in den Hochsicherheitstrakt von Corpus 6, dann ging ein Team amerikanischer Wissenschaftler hinein. Der Bereich war sterilisiert worden, sie brauchten keine Raumanzüge, nur Schutzkleidung der Sicherheitsstufe 3. Sie entdeckten den Pocken-Bioreaktor und fragten, was das sei. Ein Vector-Angestellter antwortete mit unbeweglicher Miene und kräftigem russischem Akzent: »Eine Anlage zur Abwasserbehandlung.«

Die Amerikaner waren Virologen, und sie wussten genau, wie ein Viren-Bioreaktor aussieht. Einer von ihnen antwortete dem Russen: »Ach ja, *richtig.*« Die Vector-Wissenschaftler nahmen dies für bare Münze und glaubten, die Amerikaner hätten keine Probleme mit ihrem Tank. Noch vor kurzem bestand Sergeij Netesow, stellvertretender Direktor von Vector, in einer E-Mail an einen Wissenschaftler der amerikanischen Regierung namens Alan Zelicoff darauf, dass der Pocken-Reaktor von Vector in der Tat ein Tank zur Behandlung von Abwässern sei. »Sergeij lügt – er lügt einfach«, sagte mir Zelicoff. »Ich muss daran denken, dass Teddy Roosevelt einmal sagte, die Russen lügen auch dann, wenn es gar nicht in ihrem Interesse ist zu lügen.«

Die Vector-Wissenschaftler sind völlig abgebrannt. Einige ihrer Biowaffen-Produktionstanks werden heute gelegentlich dazu verwendet, um aromatisierten Alkohol herzustellen, der in Russland unter dem Namen »Sibirische Sirene« vermarktet wird.

Anscheinend weiß niemand, was mit den vielen Tonnen eingefrorener Pocken oder den Biogefechtsköpfen geschehen ist. Sowohl das virologische Zentrum von Sagorsk als auch die Biowaffenfabrik in Pokrow werden heute vom Militär extrem streng bewacht. Beide Einrichtungen unterstehen dem russischen Verteidigungsministerium. Allen außenstehenden Beobachtern bleiben sie verschlossen, und sie sind nie von Biowaffen-Inspektoren oder Repräsentanten der WHO besichtigt worden. »Wenn wir uns den Leuten an diesen Orten nähern«, sagte Alan Zelicoff, »wird uns die Tür buchstäblich vor der Nase zugeschlagen. Man sagt uns, wir sollten weggehen. Ich denke, man kann daraus schließen, dass sie sich noch immer mit biologischer Kriegführung beschäftigen.« Die für Sagorsk und Pogrow verantwortlichen Militärs haben der Welt nie Beweise vorgelegt, dass die vielen Tonnen Pocken, die einst dort gelagert waren, zerstört wurden. »Die 64 000-Dollar-Frage lautet, was mit dem für die Gefechtsköpfe vorgesehenen Pockenmaterial geschehen ist«, sagte ein Informant, der dicht am Geschehen ist. »Alles, was wir je von unserem russischen Kollegen bekommen haben, sind unverbindliche Zusicherungen wie: »Wenn so etwas je existiert hat, gibt es es nicht mehr.« Es ist schwer, ihnen das Geständnis abzuringen, dass sie Gefechtsköpfe mit Pocken luden. Wir wissen nicht, wo diese Gefechtsköpfe jetzt sind. Wenn sie mit brisanten Pocken geladen waren, wie wurden sie dann dekontaminiert? Wir fragen sie: ›Habt ihr die Gefechtsköpfe geleert?‹, und wir bekommen keine Antwort. Wenn diese Gefechtsköpfe nicht geleert wurden, dann sind da jetzt Pocken drin.«

Niemand scheint den Militärvirologen von Sagorsk zu trauen, noch nicht einmal andere russische Biowaffen-Entwickler. Die Vector-Wissenschaftler, so hört man, bezeichnen sie, wenn sie unter sich sind, als *swini* – Schweine. Das US-Außenministerium gab eine interne Notiz weiter, der zufolge Lew Sandachtschiew in der *Prawda* mit den Worten zitiert wurde, er sei besorgt wegen der »Wahrscheinlichkeit, dass Pockenproben vielleicht auch in Laboratorien außerhalb von Nowosibirsk [Vector] existieren, beispielsweise in Kirow, Jekaterinburg, Sergijew Posad [Sagorsk] und St. Petersburg«. Sandachtschiew behauptete später, die *Prawda* habe ihn falsch zitiert:»Das habe ich nie gesagt. Das ist verrückt!«

»Lew wurde zweifellos für seine Äußerungen bestraft«, merkte Zelicoff dazu an.»Ich verwette mein Gehalt, dass die Russen geheime Pockenvorräte in Sagorsk haben«, sagte mir ein anderer amerikanischer Regierungswissenschaftler, der einige Zeit bei Vector verbracht hatte.»Die Russen selbst haben uns gesagt, dass sie die Kontrolle über ihre Pocken verloren hätten. Sie sind sich nicht sicher, wo sie hingekommen sind, aber sie glauben, sie seien nach Nordkorea gelangt. Sie sagten nicht, wann sie die Kontrolle darüber verloren, doch wir denken, es passierte um 1991, als die Sowjetunion gerade in Stücke flog.« Für die Reinzucht eines Pockenstamms wäre ein gefriergetrocknetes Körnchen Variola von der Größe eines Brotkrümels ausreichend – oder ein Tropfen Flüssigkeit in Tränengröße. Wenn aus einem Vorratsbehälter von der Größe eines Tanklastzugs ein Tränentropfen Indien-1 – Pocken verschwindet, bemerkt dies unter Garantie niemand.

DER MIKROBIOLOGE RICHARD O. SPERTZEL leitete von 1994 bis 1998 das UN-Team von Biowaffen-Inspektoren im Irak. Spertzel war Ende der fünfziger Jahre zur Armee gegangen und dem amerikanischen Biowaffenprogramm in Fort Detrick zugewiesen worden, wo er als Veterinär und Humanmediziner im Offiziersrang arbeitete. Als das Biowaffenprogramm 1969 beendet wurde, blieb er beim USAM-RIID und beschäftigte sich fortan mit friedfertigeren Fragen der biologischen Verteidigung. Mit Biowaffen kennt er sich sehr gut aus. Spertzel ist heute Ende sechzig, ein untersetzter Mann mit Brille und weißem Bürstenhaarschnitt. Er spricht zurückhaltend, aber ohne Blatt vor dem Mund. Um die vierzigmal ist er in den Irak gereist, bis man die Inspektoren hinauswarf, weil sie zu neugierig waren. Mühsam kämpfte sich Spertzel durch Anlagen, die der Erforschung und Entwicklung biologischer Waffen verdächtig waren, und er leitete die Untersuchung und Zerstörung der wichtigsten irakischen Anthraxfabrik, al-Hakm, einem Gebäudekomplex auf einer Raketenbasis in der Wüste südlich von Bagdad. Die UN-Teams jagten Al-Hakm mit einer Unmenge Dynamit in die Luft. Spertzel lebt heute auf einem vier Hektar großen Anwesen am Rand von Frederick, Maryland, ein paar Autominuten vom USAMRIID entfernt.

»Meiner Ansicht nach ist es keine Frage, dass die Iraker Zuchtstämme von Pocken haben«, sagte mir Spertzel.

»Wie kommen Sie darauf?«

»Kurz gesagt: Offiziell teilten uns die Iraker 1974 mit, dass sie Massenvernichtungswaffen akquirierten«, antwortete er. Zu diesem Zeitpunkt, erklärte Spertzel, hatten die Iraker bereits ein paar Labors der Sicherheitsstufe 3 auf einem Stützpunkt namens Salman Pak errichtet, der auf einer Halbinsel in einer Tigrisschleife liegt. Salman Pak wurde vom irakischen Sicherheitsdienst betrieben. Sie unterhielten dort etwas, was sie ein »antiterroristisches Trainingslager« nannten.

»Es brauchte einige Zeit, diese Biosicherheitslabors in Salman Pak zu bauen, daher glauben wir, dass ihr Biowaffenprogramm 1973 oder früher seinen Anfang nahm«, sagte Spertzel.

1972 kam es im Iran zu einem Pockenausbruch, der auf den Irak übergriff. »Nach diesem Ausbruch dürfte es in Kliniklaboren des Irak zahlreiche Proben von Pocken gegeben haben«, berichtete Spertzel. »Ich kann mir nicht vorstellen, dass sie gerade zu dem Zeitpunkt, als sie ein Biowaffenprogramm starteten, durch den Irak gezogen sind und all ihre Pocken vernichtet haben.«

Mitte der neunziger Jahre benutzten die UN-Inspektoren oft den Luftwaffenstützpunkt Habbanija vor den Toren von Bagdad. Immer wenn sie in Habbanija gelandet waren und die Straße in die Stadt entlangfuhren, kamen sie an ein paar staubigen Betongebäuden vorbei, die unter dem Namen Comodia dem Gesundheitsministerium unterstellt waren. Es handelte sich um Lagerhäuser und Reparaturwerkstätten, in der Nähe standen Mietskasernen und Wohnhäuser. Das schien nicht das geeignete Umfeld für die Arbeit an Biowaffen zu sein, doch im Irak konnte man nie wissen, also beschlossen die Inspektoren eines Tages, sich bei Comodia umzusehen.

In der Reparaturwerkstatt war nichts Auffälliges zu finden. Dann gingen sie ins Lagerhaus. Im ersten Stock entdeckten sie eine Maschine, die ganz allein in einem eigenen Raum stand und repariert werden sollte. Die Inspektoren erkannten diese Maschine als einen Typ von Gefriertrockner, der dazu dient, kleine Röhrchen mit Zuchtstämmen von gefriergetrockneten Viren zu füllen. An der Maschine hing ein Schild mit der Aufschrift POCKEN.

»In dem Moment habe ich nur gehofft, dass sie das Ding auch sterilisiert hatten«, merkte Spertzel an.

Der leitende Virusexperte des irakischen Biowaffenprogramms war Dr. Hazem Ali, ein bulliger, robuster, stolzer Mann von Mitte vierzig, der an der Newcastle University in

England in Virologie promoviert hatte. Er sprach fließendes Englisch mit britischem Akzent. »Er war einer von den sehr gebildeten Wissenschaftlern, mit denen wir Kontakt hatten«, sagte Spertzel. Dr. Ali leitete einen Komplex von Biosicherheitslabors der Stufe 3 namens al-Manal in der Forschungseinrichtung, wo der Irak Virenwaffen entwickelte. Al-Manal liegt in einem äußeren Vorort von Bagdad. Die UN-Leute verhörten Dr. Ali eine ganze Zeit lang in einem Zimmer des al-Rashid-Hotels, und im September 1995 befragten sie ihn in einem Konferenzraum, der von der irakischen Regierung mit Videokameras überwacht wurde. Spertzel hörte zu, als Dr. Ali seine Arbeit mit Pockenviren in al-Manal beschrieb. Dr. Ali sagte, er und seine Mitarbeiter hätten daran gearbeitet, Kamelpocken zu einer biologischen Waffe weiterzuentwickeln. Die Kamelpockenviren sind sehr eng mit Variolaviren verwandt. Kamele erkranken daran, Menschen hingegen kaum: Man kann mit bloßen Händen die nasse, verschorfte, von Pusteln überzogene Schnauze eines Kamels abreiben, dann die Hände ablecken und sie am eigenen Gesicht abwischen und man würde wahrscheinlich nicht an Kamelpocken erkranken.

»Man sitzt da und hört sich das an, und man kann einfach nur versuchen, seine Gefühle unter Kontrolle zu halten«, berichtete Spertzel. »Wenn ich so etwas von irgendeinem Niemand auf der Straße erzählt bekäme, würde ich sagen: ›Der ist ein Idiot‹, aber das hier war Dr. Hazem Ali, und der ist kein Idiot, er ist ein in Großbritannien ausgebildeter, promovierter Virologe. Unsere einzige Erklärung für diese Kamelpocken-Geschichte war, dass sie ein Deckmantel für Experimente mit Humanpocken war.« Die Biosicherheitsbereiche in al-Manal sollten zwar der Stufe 3 entsprechen, doch die Sicherheitsvorkehrungen sahen nicht so aus, als würden sie westlichen Maßstäben genügen. Die Amerikaner und auch die meisten Europäer im UN-Team hatten vor al-Manal Angst. Sie wollten die Anlage in die Luft sprengen, aber die französische Regierung legte ihr Veto ein.

Al-Manal war von einer französischen Impfstofffirma namens Pasteur Mérieux erbaut worden (die heute zu Aventis-Pasteur gehört). Pasteur Mérieux hatte sie als Fabrik zur Herstellung von Veterinärimpfstoffen errichtet und so lange betrieben, bis man irakische Mitarbeiter an den Maschinen ausgebildet hatte. Die Leute von Pasteur Mérieux hatten al-Manal schon seit mehreren Jahren verlassen, als die Anlage in eine Pockenvirenfabrik umgewandelt wurde; vielleicht waren sie ein bisschen naiv gewesen, aber es gibt keine Anzeichen dafür, dass sie je daran gedacht hatten, dass der Irak die Fabrik zur Produktion von Biowaffen nutzen könnte.

Wie auch immer, die französische Regierung wollte nicht, dass eine von Franzosen gebaute Anlage gesprengt wurde, hauptsächlich weil das andere kommerzielle Interessen Frankreichs in Irak berührt hätte. Die Vereinten Nationen mussten einen weniger auffälligen Weg finden, der Anlage den Garaus zu machen. »Wir haben das Belüftungssystem mit einer Mischung aus Schaum und Zement ausgespritzt, ehe wir den Irak verließen, und ich denke, wir haben die Labors unbrauchbar gemacht«, sagte Spertzel. Allerdings kommt es darauf nicht an. Ein Sicherheitslabor der Stufe 3 ist nicht teuer und auch leicht zu verstecken. Die meisten legalen Forschungseinrichtungen der Stufe 3 bestehen nur aus wenigen Räumen, und die können überall sein.

1999 bat die Regierung des Irak die Vereinten Nationen um Mittel für die Wiederinbetriebnahme von al-Manal. Die UN beschieden die Anfrage abschlägig.

»Ihr Biowaffenprogramm läuft weiter«, sagte Spertzel, »und dass die Iraker weiterhin mit Pocken experimentieren, ist sehr wahrscheinlich.«

Nachdem das amerikanisch-britische Inspektionsteam 1991 Vector besucht und Beweise gefunden hatte, dass die Wissenschaftler dort gentechnisch mit Pocken arbeiteten und lebende Viren in einer Kammer für strategische Waffensysteme testeten, wurden ihre Erkenntnisse für geheim erklärt. Die US-Regierung wollte lieber versuchen, mit der neuen Führung der russischen Konföderation das Problem im Stillen beizulegen, ohne all zu viel Aufmerksamkeit zu erregen. Wenn die Welt erfahren würde, dass Russland ein gigantisches Biowaffenprogramm verfolgte, zu dem auch gentechnische Verfahren zählten, könnten andere Länder davon beeindruckt und versucht sein, sich ebenfalls mit der dunklen Seite der Biologie zu befassen. Ein führender Experte aus dem Umfeld der Verhandlungen zwischen den Vereinigten Staaten und Russland sagte, dass dieser diplomatische Ansatz fehlgeschlagen sei; die Russen blockten die Amerikaner ab, und die Inspektionen hörten auf. »Die ganze Angelegenheit verlief im Sande«, resümmierte dieser.

»Ihr Biowaffenprogramm war wie ein Ei«, erzählte mir Frank Malinoski (der einer der Inspektoren gewesen war). »Wir bekamen das Eiweiß zu sehen, aber nicht das Eigelb. Sie haben das Ei hart gekocht, dann den Dotter herausgenommen und versteckt.«

1997 verkündete die russische Regierung plötzlich, dass die Moskauer Pockensammlung in die Vector-Anlage ausgelagert worden sei. Ein Jahr später segnete die WHO diese Entscheidung nachträglich ab, und Vector wurde zum einzigen offiziellen Aufbewahrungsort für Pockenviren außer den CDC. Heute steht Vector größtenteils leer; rund 80 Prozent der Gebäude sind Ruinen oder nicht in Benutzung. Im Rahmen des Kooperationsprogramms zur Reduzierung von Biogefahren gab die US-Regierung Millionen von Dollar aus, um die Vector-Wissenschaftler bei friedlichen Forschungsarbeiten zu unterstützen. Amerikanischen Wissenschaftlern, die dort zu Besuch waren, erzählte man, Delegationen von Biologen oder Regierungsmitgliedern aus dem Iran hätten Vector besucht und versucht, die Einrichtung als Subunternehmer für unspezifische Forschungen an Viren wie Ebola, Marburg und vielleicht auch Pocken zu gewinnen. In amerikanischen Geheimdienstkreisen glaubt man allgemein, dass der Iran mit aller Energie ein modernes Biowaffenprogramm verfolgt, das höchstwahrscheinlich als Reaktion auf dasjenige des Irak in Gang gesetzt wurde.

Keine Außenstehenden haben je die Pocken-Gefriergeräte in Corpus 6 gesehen, aber es gibt zwei von ihnen, A und B. Hundertzwanzig unterschiedlich benannte Variolaproben sollen bei Vector in doppelter Form gelagert sein. Jede von ihnen ruht vermutlich in zwei oder mehr identischen Zuchtstammröhrchen. Corpus 6 ist mit rasierklingenscharfem Stacheldraht eingezäunt, wird militärisch bewacht und verfügt über ein Sicherheitssystem, das von der Bechtel-Group gebaut und von der US-Regierung bezahlt wurde – in der Hoffnung, dass die Vector-Pocken nirgendwo anders hingelangen.

KÄMPFE IN GENF

PETER JAHRLING, jener leitende Wissenschaftler des USAMRIID, der am 16. Oktober 2001 um vier Uhr in der Früh ins Büro gerufen wurde, weil der mit Anthrax gefüllte Brief an Daschle im Institut analysiert wurde, ist Mitentdecker und Namensgeber des Ebola-Reston-Virus, des einzigen Ebolatyps, der jemals in der westlichen Hemisphäre aufgetaucht ist. Ebola ist ein noch in Entwicklung befindliches Virus aus den Regenwäldern und Savannen Afrikas, das seine Opfer an Blutungen aus allen Körperöffnungen zu Grunde gehen lässt. Mittlerweile sind fünf unterschiedliche Arten von Ebola identifiziert. Das »heißeste« der Viren, Ebola-Zaire, bringt bis zu 95 Prozent der Infizierten um, und es gibt kein Gegenmittel. Jahrling entdeckte das Ebola-Reston-Virus im Jahr 1989 während eines Ebolaausbruchs in Reston, Virginia, einem Vorort von Washington, D. C. Bevor er wusste, worum es sich handelte, atmete er unbeabsichtigt ein Wölkchen davon aus einem kleinen Flakon ein. Auch Tom Geisbert, der USAMRIID-Mikroskopist, den Jahrling später bat, das Daschle-Anthraxpulver zu untersuchen, bekam etwas ab. Die beiden Wissenschaftler testeten eine Zeit danach täglich ihr Blut, doch keiner erkrankte. Sie

160

sind gemeinsam die offiziellen Entdecker von Ebola-Reston, und sie arbeiten seither in der Ebolaforschung zusammen. Peter Jahrling fand auch heraus, dass man mit einem antiviralen Medikament namens Ribavirin erfolgreich Leute behandeln kann, die am Lassafieber erkrankt sind, das Menschen in Bluter verwandelt und von einem ebenfalls Sicherheitsstufe 4 erfordernden Virus hervorgerufen wird.

Als in den neunziger Jahren das Vorhandensein biologischer Waffen in Russland und anderen Ländern immer offensichtlicher und alarmierender wurde, erweiterte Peter Jahrling sein Arbeitsgebiet über Ebola hinaus und begann mit der Pockenforschung. Er arbeitete beim Kooperationsprogramm zur Reduzierung von Biogefahren mit und flog häufig nach Nowosibirsk, wo er Lew Sandachtschiew, Sergeij Netesow und viele andere Mitarbeiter von Vector kennen lernte. Sie schickten sich alljährlich Weihnachtskarten, und wenn er zu Besuch weilte, tranken sie Wodka miteinander. Persönlich mochte er sie, und er versuchte, mit ihnen klarzukommen.

Ende der neunziger Jahre stand in den Vereinigten Staaten so gut wie kein Pockenvakzin zur Verfügung – jedenfalls bei weitem nicht genug, um selbst einen kleinen Ausbruch eindämmen zu können. Jahrling engagierte sich dafür, einen nationalen Vorrat anzulegen, kam aber zur Überzeugung, dass dies nicht ausreichen würde, falls die Vereinigten Staaten Opfer eines bioterroristischen Angriffs würden. Das traditionelle Vakzin, der Kuhpockenimpfstoff, kann zu einer Anzahl von Nebenwirkungen führen – einschließlich Gehirnschäden und Tod –, die nach den Maßstäben der modernen Arzneimittelsicherheit wahrscheinlich als inakzeptabel zu bezeichnen sind. Nach den gegenwärtig geltenden Regeln dürfte jeder Fünfte das Vakzin nicht bekommen. Bei dem Vakzin handelt es sich um lebende Viren, und die können Menschen mit einem geschwächten Immunsystem krankmachen oder gar umbringen. Eine schwache Immunabwehr kann heutzutage auch daher rühren, dass Patienten beispielsweise im Fall einer Chemotherapie oder Entzündungskrankheit Immunsupressiva nehmen; auch HIV-Positive haben ein geschwächtes Immunsystem. Man darf das klassische Vakzin nicht Menschen mit Ekzemen geben oder deren Familienmitgliedern oder Menschen mit anderen Hautkrankheiten, schwangere Frauen dürfen es nicht bekommen und auch nicht Familien mit einem Baby. Die sich nach der Impfung bildende Pustel ist ansteckend, wenn Eiter austritt. Verabreichte man den Kuhpockenimpfstoff unterschiedslos allen Einwohnern der Vereinigten Staaten, würden, so vermutet man, mindestens 300 Menschen sterben, vielleicht auch 1000 oder mehr – das weiß niemand sicher –, und noch viel mehr würden erkranken. Wenn heute ein pharmazeutisches Unternehmen ein Medikament auf den Markt brächte, das 1000 Menschen umbringt, wäre das einer der größten Skandale in der Geschichte der Arzneimittelindustrie.

Peter Jahrling pflegte ein lose geknüpftes Netz von Forschern, und er drängte sie dazu, andere Möglichkeiten zu entwickeln, wie man Menschen vor Pocken schützen kann. Ermutigt wurde er durch die zunehmenden Erfolge antiviraler Medikamente beim Kampf gegen Aids.

Einer von Jahrlings Mitarbeitern beim USAMRIID, der Virologe John Huggins, stellte bei mehreren Experimenten fest, dass ein Medikament namens Cidovofir (das unter dem Namen Vistide vermarktet wird) bei Affen Erfolge zeigte, die an Affenpocken erkrankt waren. Bei seiner Arbeit im Hochsicherheitslabor der CDC im Jahr 1995 stellte Huggins auch fest, das Cidovofir im Reagenzglas gegen Humanpocken zu wirken scheint. Vielleicht kann Cidovofir Menschen mit Pocken helfen, und möglicherweise können noch andere Mittel gegen Pocken gefunden werden. Mit einem Pockenheilmittel könnte man auch Menschen behandeln, die auf das klassische Vakzin schlecht ansprechen; es könnte eine Rückversicherung für Menschen mit geschwächtem Immunsystem sein, falls Millionen von Menschen schnell gegen Pocken geimpft werden müssen.

Um Medikamente und einen neuen Impfstoff gegen Pocken zu entwickeln, wäre es nötig, mit lebenden Variolaviren zu experimentieren. Die Food and Drug Administration (die für die Arzneimittelzulassung zuständig ist) würde niemals Pockenmedikamente oder gar neue Impfstoffe genehmigen, die nicht an zumindest einer infizierten Tierart getestet wurden und sich dabei als wirksam erwiesen haben. Vor 200 Jahren hatte Edward Jenner sein Vakzin einfach mit einem Immunitätstest am Menschen ausprobiert. Heute wäre so ein Menschenversuch mit echten Pocken unethisch und absolut illegal, ja, man könnte ihn als Verbrechen gegen die Menschlichkeit werten. Es müssten also andere Möglichkeiten gefunden werden, Variolagegenmittel auf andere Weise als die Edward Jenners zu testen.

KURZ BEVOR DAS Eradikationsprogramm im Dezember 1979 offiziell für abgeschlossen erklärt wurde, zog D. A. Henderson nach Baltimore, wo er Dekan der School of Public Health der Johns Hopkins University wurde. In Campusnähe bezogen er und seine Familie ein massives Backsteinhaus im georgianischen Stil. Sie legten einen japanischen Garten an, in dem D. A. gern Studenten und Fakultätskollegen empfing. Den Samstag verbrachte er gern im Wohnzimmer in einem großen Lehnstuhl neben den gläsernen Schiebetüren, durch die man auf den Garten blickte. Seit Jahren schon fragte ihn seine Frau Nana, ob er sich nicht irgendwann zur Ruhe setzen wolle; er antwortete, das würde er gern tun, allerdings noch nicht sofort. Eine Zeit lang diente er Bush sen. als wissenschaftlicher Präsidentenberater, und er hatte eine Unbedenklichkeitsbescheinigung der höchsten nationalen Geheimhaltungsstufe. Mitte der neunziger Jahre hörte er erstmals vom sowjetisch-russischen Biowaffenprogamm. Von 1995 an erklärte die Regierung Leute, die mit öffentlicher Gesundheit, Mikrobiologie und Pocken zu tun hatten, zu Geheimnisträgern. Viele von ihnen wurden in einen Konferenzsaal des USAMRIID gebeten und von Peter Jahrling und anderen mit Spezialkenntnissen informiert. Zu Letzteren zählte auch Ken Alibek, der zweite wichtige Überläufer von Biopreparat nach Wladimir Passetschnik.

D. A. Henderson war entsetzt über das, was er hörte. Er konnte kaum glauben, was man ihm über Pocken in der Sowjetunion mitteilte, und er vermochte dieser Wahrheit kaum ins Auge sehen. Sowjetische Sozialmediziner waren anfangs die treibende Kraft hinter dem Eradikationsprogramm gewesen, Unmengen Vakzin hatten sie dafür gestiftet. Swetlana Marennikowa, Hüterin der WHO-Pocken in Moskau, hatte auf ihn wie eine durch und durch professionelle Wissenschaftlerin gewirkt. Es tat Henderson weh, es zu akzeptieren, doch Anfang 1997 war er zu dem Schluss gekommen, dass Pocken keineswegs in bloß zwei Gefriergeräten sicher verwahrt waren. Am meisten schockierten ihn die 20 Tonnen Pocken in Sagorsk. Für ihn war das einfach obszön. Schon 1998 war er alarmiert, als er von Osama bin Laden hörte, und er verbreitete sich öffentlich über die Möglichkeit, dass bin Ladens Organisation in den Besitz von Pocken gelangen könnte. Hinter den Kulissen setzte er alles daran, die US-Regierung dazu zu bringen, einen Vorrat Pockenvakzin anzulegen, aber das war ein hartes Stück Arbeit, denn niemand schien die Bedrohung sonderlich ernst zu nehmen. Niemand au-ßer einer Hand voll Leute wie Peter Jahrling schien zu verstehen, wie schlimm diese Seuche war und wie schnell sie sich ausbreiten konnte. Zunehmend wegen der Bedrohung durch Bioterrorismus besorgt, gründete Henderson das Johns Hopkins University Center for Civilian Biodefense Strategies und wurde dessen erster Direktor.

An einem grauen Wintertag des Jahres 1999 besuchte ich Henderson in seinem Haus; wir saßen im Wohnzimmer, aßen Schinkensandwiches und tranken Molson-Bier. Er war gealtert, aber immer noch derselbe Mann: 1,85 Meter groß, breite Schultern, faltiges, kantiges Gesicht, spitze Ohren und dichtes, struppiges Haar, wenn auch jetzt ergraut. Seine raue Stimme und die Aura seiner menschlichen Größe erfüllten den Raum. Er war der Arzt, der die Menschheit von den Pocken befreit hatte. Die Wände und Regale des Raums waren voller afrikanischer und asiatischer Skulpturen und äthiopischer Holzkreuze, die er auf seinen Reisen gesammelt hatte. »Wenn heute irgendwo auf der Welt die Pocken wieder auftauchen, würden angesichts des heutigen Luftreiseverkehrs rund sechs Wochen reichen, um überall auf dem Globus die Saat neuer Infektionsfälle aufgehen zu lassen«, sagte er. »Der Abwurf einer Atombombe würde in einer bestimmten Gegend Opfer fordern, der Abwurf von Pocken aber könnte die Welt überfluten.« Er nippte an seinem Molson, der Himmel wurde basaltblau, und Regentropfen platterten auf die hölzernen Liegestühle im japanischen Garten.

Zu dieser Zeit nahmen nur wenige Gesundheitsexperten und Regierungsvertreter D. A. Henderson ernst, wenn er ihnen darlegte, es könnte so etwas wie einen weltweiten Pockenausbruch geben. In Washington betrachtete man ihn als einen älteren Herrn, der sich zu einer Nervensäge entwickelte. Doch es war gerade Hendersons feste Absicht, den Leuten in nächster Zeit auf die Nerven zu gehen. Seine Geheimnisträger-Unbedenklichkeitsbescheinigung hatte er behalten, weil er glaubte, dass im Fall von Bioterrorismus die Regierung ihn zu Hilfe rufen könnte, und dann würde er diese Bescheinigung brauchen, um seinem Land dienen zu können. Und weil er diese Sicherheitseinstufung hatte, hörte er von kleinen Bioterrordrohungen, die nicht in die Nachrichten gelangt waren. Er hielt sie für Vorboten von etwas Größerem. »In den letzten zehn Tagen«, berichtete er mir, »hatten wir vierzehn Fälle von Anthraxalarm. Jeder Spinner droht mit Anthrax. Irgendwann wird in naher Zukunft einen echten Fall von Bioterror geben.«

Mit ruhiger, eindringlicher Stimme legte er Argumente für die Vernichtung der offiziellen Variolaproben dar. »Wir müssen ein Klima schaffen, in dem Pocken als moralisch zu verwerflich gelten, um als Waffe benutzt werden zu können«, sagte er. »Pocken in einem Labor zu haben, würde dann als Verbrechen gegen die Menschheit empfunden. Eine weltweite Verpflichtung, die Vorräte zu zerstören, würde die Wahrscheinlichkeit verringern, dass das Virus als Waffe benutzt wird. Um wie viel verringert, weiß ich nicht. Aber eine Sicherung mehr wäre eingebaut.«

HENDERSON WAR MITGLIED des Ad Hoc Committee on Orthopoxvirus Infections gewesen, des Pocken-Beraterstabs der WHO. Der Ausschuss setzte sich größtenteils aus Veteranen des Eradikationsprogramms zusammen, sie trafen sich in unregelmäßigen Abständen in Genf. Von 1980 an diskutierten sie, ob man sich der beiden Pockenvorräte in Moskau und bei den CDC entledigen sollte. Henderson sagt heute, damals sei es ihm nicht sonderlich wichtig gewesen, ob die Vorräte zerstört würden oder nicht, da die Krankheit ja ausgerottet war, und das war die Hauptsache gewesen. In den amerikanischen und russischen Gefriergeräten lagerten alles in allem nicht mehr als zwei Pfund gefrorenen Pockenmaterials. Die Röhrchen hätten in ein paar Kartons gepasst, und sie in einem Ofen zu verbrennen, wäre ein Leichtes gewesen.

Einige Ausschussmitglieder neigten zu der Ansicht, die Vernichtung der Pockenvorräte in Atlanta und Moskau käme der vorsätzlichen Ausrottung einer Spezies gleich. Auch wenn es sich um Variola handelte, die schlimmste Plage der Menschheit – wäre es gerechtfertigt, die letzten Vertreter dieser Art zu vernichten? (Sie wussten nicht, dass die Sowjetunion zur selben Zeit Variolaviren tonnenweise produzierte, um damit absichtlich Interkontinentalraketen zu beschicken.)

1990 fragte der US-Gesundheitsminister Louis Sullivan die WHO nach deren Position: Sollten die Pocken als Spezies ausgerottet werden? Das Ad Hoc Committee holte die Meinungen der führenden mikrobiologischen Gesellschaften und auch die der russischen Akademie der medizinischen Wissenschaften ein. Das Votum war einstimmig: Variola soll sterben. Niemand wollte, dass es noch irgendwelche Viren gab. Jedoch schlug der Ausschuss vor, dass die DNS-Informationen der Pocken erhalten werden sollten. 1991 decodierten der Pockenvirologe Joseph Esposito von den CDC und der Genomexperte J. Craig Venter die gesamte DNS des Rahima-Pockenstamms. Die genetische Information des

Rahima-Stamms würde überleben, während Rahima selbst und die anderen Stämme vernichtet würden.

1994 votierten der Ausschuss und die World Health Assembly einstimmig dafür, alle Pockenvorräte zu vernichten, und sie setzten den 30. Juni 1995 als Stichtag fest. Die offiziellen Vorräte sollten in Autoklaven hocherhitzt werden – Dampfdrucköfen, die Röhrchen voller Pockenviren sterilisieren würden. Plötzlich begannen jedoch das britische und das US-Verteidigungsministerium sich dem Plan zu widersetzen, der Stichtag des Jahres 1995 verstrich, und die Pockenvorräte lagerten noch immer in den Gefriergeräten.

Den Regierungen industriell unterentwickelter Länder, die unter Pocken gelitten hatten, gefiel die Vorstellung nicht, dass amerikanische und britische Militärs sich Pocken hielten. Das machte sie nervös. 1996 stimmte die Generalversammlung der WHO für die totale Vernichtung der offiziellen Vorräte und setzte als neuen Stichtag den 30. Juni 1999 an, aber als er sich näherte, gab es immer noch Widerstand gegen die Zerstörung. Jetzt kam er aus Russland und aus der amerikanischen Wissenschaftsszene, hauptsächlich von Virologen, die aus rein wissenschaftlicher Neugier an Pocken forschen wollten. Im Sommer 1998 berief das Institute of Medicine, eine Unterabteilung der National Academy of Sciences, einen Expertenausschuss, der die Frage erörtern sollte, für welche Art von wichtiger Grundlagenforschung man möglicherweise echte Variolaviren brauchte. D. A. Henderson kochte. Er kritisierte allein schon die Art und Weise, in der der Ausschuss die Frage stellte: »Wenn Sie einen Wissenschaftler fragen, was erforscht werden könnte, wenn er lebende Pockenviren hätte, zählt er Ihnen natürlich eine Menge Dinge auf, die man untersuchen könnte.« Seiner Ansicht nach gab es keine stichhaltige wissenschaftliche Rechtfertigung für Forschungen an lebenden Variolaviren. Er machte sich schon lange keine Illusionen mehr, dass es Variola nur in zwei Gefriergeräten gäbe, doch er meinte, dass die Vereinigten Staaten und Russland jetzt die Gelegenheit hätten, die moralische Messlatte für die Welt hochzulegen. Er meinte, das traditionelle Vakzin hätte beim Eradikationsprogramm funktioniert, und es würde wieder funktionieren, wenn es je bioterroristische Angriffe mit Pocken geben sollte. Er glaubte, die Entwicklung eines antiviralen Medikaments gegen Pocken sei langwierig und nur Geldverschwendung und Forschungen in dieser Richtung würden nur der weit wichtigeren Aufgabe hinderlich sein, der Welt zu zeigen, dass die Vereinigten Staaten und Russland auch ohne Pocken ganz gut zurechtkämen. »Ein neues Pockenmedikament zu entwickeln würde 300 Millionen Dollar kosten, und das Geld ist einfach nicht da«, sagte er.

AM 14. JANUAR 1999 hielt das Ad Hoc Committee on Orthopoxvirus Infections in einem Konferenzsaal der WHO eine Sitzung ab. Geleitet wurde sie von D. A. Henderson. Die Teilnehmer stellten den inneren Kreis des Ausschusses dar. Es gab auch noch ein paar Zaungäste, die auf Stühlen entlang der Wände saßen und manchmal Fragen stellten. Zu ihnen gehörte Peter Jahrling. Lew Sandachtschiew, Leiter von Vector, zählte zum inneren Kreis der Eradikatoren. Sandachtschiew ist Kettenraucher, und in jeder Pause ging er nach draußen und spazierte, in den beißenden blauen Rauch seiner russischen Zigaretten gehüllt, in der Kälte herum.

Lew hielt ein Referat. Er verlas einen langen, vorbereiteten Text auf Englisch, und wenn er Fragen beantwortete, half ihm Swetlana Marennikowa, die ehemalige Hüterin der

WHO-Pockenvorräte in Moskau, bei der Übersetzung ins Englische. Sandachtschiew sagte, bis vor kurzem sei bei Vector nicht mit Pocken gearbeitet worden. Obwohl die WHO-Pocken 1994 nach Vector ausgelagert worden seien, sagte er, hätten sie dort drei Jahre lang in einem Gefriergerät geruht, und niemand hätte bis 1997 mit den Viren experimentiert. Das sorgte im Saal für erhebliche Unruhe: Die WHO hatte Vector erst 1998 offiziell zum Verwahrungsort erklärt, und jetzt sagte Sandachtschiew, die Pocken seien ohne jede Genehmigung schon Jahre früher als gedacht aus Moskau herausgebracht worden.

Ein japanischer Eradikator, Dr. Isao Arita, war besonders entsetzt und nahm die russischen Pockenwissenschaftler in die Mangel:»Warum haben Sie sie denn weggebracht? Warum haben Sie uns das nicht gesagt?«

Henderson hatte allen Grund zu der Annahme, dass Sandachtschiew und seine Leute schon 1990 waffenfähige Pocken entwickelten und testeten.»Ich rollte mit den Augen«, erinnerte er sich später,»und ich sah, wie Peter Jahrling und andere ihrerseits die Augen rollend mich anstarrten. Das war ziemlich ausgefuchst und ziemlich unglaublich. Hier saßen wir, und er tischte uns all diese Scheiße auf, und er wusste, dass es Scheiße war. Er log schamlos.«

Gegen Ende des Treffens tat Henderson seine Meinung kund. 45 Minuten lang sprach er mit seiner rauen Stimme voller Leidenschaft und unterdrückter Wut. Er sagte, Osama bin Laden stelle eine Gefahr für die Welt dar. Er sagte, bin Laden könne an Pocken herankommen, und er würde sie verwenden. Er sagte, dass die Aum-Shinrikyo-Sekte in Japan an Pocken herankommen könne und sie würde sie verwenden. Er sagte, wenn Pocken als Bioterrorwaffe eingesetzt würden, sei jeder auf dieser Erde in Gefahr, und es sei unumgänglich, dass die führenden Nationen der Welt übereinkämen, alle offiziellen Variolavorräte zu vernichten. Er sah Sandachtschiew und seine alte Kollegin Marennikowa direkt an, dann sagte er, er glaube, dass es an zumindest drei Orten Russlands Pocken gebe. Er gab kund, mehrere Biowaffenexperten aus Russland seien »nach Süden gegangen« – in die Länder des Nahen Ostens. Er sprach davon, dass er sich jeder weiteren Forschung mit Variolaviren im Labor widersetzen wolle, und er stellte eine Frage in den Raum: »Wie viele Anfragen wegen Experimenten mit Variola haben Sie tatsächlich in den letzten zwanzig Jahren gehabt?«

Lew Sandachtschiew behauptete weiterhin steif und fest, dass er und seine Leute bis vor ganz kurzer Zeit nichts mit Pocken zu tun gehabt hätten.

So weit es die CDC betraf, hatte es so gut wie keinerlei Anfragen wegen Pockenexperimenten gegeben. Die Pocken hatten friedlich in ihrem Gefriergerät geruht, mit Ausnahme des einen Mals, als der Rahima-Stamm herausgenommen und seine DNS von Esposito und Venter sequenziert worden war. Peter Jahrling allerdings wollte Pockenvorräte auftauen und sie für die Forschung verwenden. Von seinem Zuschauersitz aus sagte er: »D. A., die Verfahren der Molekularbiologie wurden in den vergangenen 20 Jahren ein ganzes Stück verbessert. Nur weil es in der Vergangenheit keine Nachfrage für Variola gegeben hat, heißt das nicht, dass das auch in Zukunft so sein muss.«

Henderson antwortete, die Behauptung, man müsse Pocken aufheben, um antivirale Medikamente oder bessere Vakzine entwickeln zu können, sei ein Scheinargument. Er sagte, ein neues Vakzin würde Tierversuche erfordern, und *die* könne es niemals geben. Mit Variola major könne man kein Tier infizieren, diese Viren könnten nur Menschen befallen. Man kann sich gut vorstellen, dass D. A. Henderson Höllenqualen durchlitt.

Das Treffen endete mit der Abstimmung, ob man die Vorräte bewahren oder zerstören solle. Fünf zu vier wurde für die Vernichtung der Pocken gestimmt – ein hauchdünner Sieg für Henderson. Doch das Virus war bereits außer Kontrolle der WHO, und Lew Sandachtschiew hatte dies mehr oder weniger zugegeben. Henderson bedauerte es zutiefst, dass er und andere Ausschussmitglieder der Zerstörung der Vorräte nicht schon 1980, unmittelbar nach der Eradikation, zugestimmt hatten. Jeder hätte ihnen damals beigepflichtet, und sie hätten es auf der Stelle tun können.

DAS HINRICHTUNGSDATUM DER POCKEN, der 30. Juni 1999, rückte näher. Im April verkündete das Institute of Medicine: Wenn die Welt einen neuen Impfstoff oder ein Antivirenmedikament gegen Pocken wolle, dann müsse man die Viren für wissenschaftliche Experimente aufheben. Präsident Bill Clinton hatte persönlich die Vernichtung der Pockenvorräte favorisiert, änderte aber seine Meinung aufgrund dieses Berichts, und das Weiße Haus unterstützte jetzt mit aller Kraft den Plan, die Vorräte zu behalten. Einen Monat später votierte die Generalversammlung der WHO dafür, die Pockenvorräte weitere drei Jahre, bis zum 30. Juni 2002, am Leben zu erhalten. Wissenschaftler – im Wesentlichen Peter Jahrling und seine Gruppe – könnten diese Zeit nutzen, um herauszufinden, ob es möglich wäre, Pocken mit Medikamenten zu heilen oder ein Tier zu finden, das mit Humanpocken infiziert werden kann, um neue Impfstoffe daran zu testen.

Um einen höheren Einsatz hätte Jahrling nicht pokern können. Er war der Überzeugung, dass ein Pockennotstand mit einem nuklearen Notstand vergleichbar wäre. »Pocken sind die Viren, die prinzipiell die Welt in die Knie zwingen können. Und die Wahrscheinlichkeit, dass wir von Pocken heimgesucht werden, ist meiner Ansicht nach weit größer als die eines Atomkriegs«, sagte er mir. Jetzt hatte er drei Jahre Zeit, dagegen etwas zu tun. Es gab Zeiten, da wachte er auf, saß um drei Uhr morgens senkrecht im Bett, schlaflos vor Pockenangst. Im Geist sagte er zu D. A. Henderson: »Verdammt noch mal, D. A. …« Er und der Chef der Eradikatoren waren sich vollkommen einig, was Variola im Grunde war: die Mutter aller biologischen Waffen. Aber sie waren sich nicht einig, was man mit der Erkenntnis anfangen sollte.

EINE
BESCHAULICH
LEBENDE FRAU

LISA HENSLEY

AM 1. SEPTEMBER 1998 trat eine sechsundzwanzigjährige Wissenschaftlerin ihren neuen Job beim USAMRIID an. Nach ihrer Promotion hatte sie ein Forschungsstipendium vom National Research Council erhalten. Sie mietete sich ein Einzimmerapartment in Germantown, etwa 20 Autominuten von Frederick entfernt. Ihr Zimmer möblierte sie mit einer Couch und einem Fernseher, Erbstücken, die sie von ihrer Großmutter bekommen hatte.

Lisa Hensley ist mittelgroß, hat haselnussbraune Augen und dunkelbraunes Haar, das sie meist zu einem Pferdeschwanz gebunden trägt; wenn sie im Labor arbeitet, steckt sie es hoch, damit nichts davon auf ihre Proben fällt. Sie blickt einen freimütig an, bewegt sich ruhig und gelassen, spricht aber schnell und präzise. An der Johns Hopkins University hatte sie in der Lacrosse-Studentennationalmannschaft mitgespielt (Lacrosse ist eine Art Hockey). Lisa hat breite Schultern und wirkt athletisch. Normalerweise trägt sie khakifarbene Schlabberhosen, bequeme Slipper und goldene Ohrringe mit kleinen Perlen. Die Ohrringe nimmt sie so gut wie nie ab, nicht einmal wenn sie einen Ganzkörper-Bioschutzanzug anzieht. In ihrer Freizeit geht sie tauchen, und sie erkundet dabei gerne Wracks und Unterwasserhöhlen. Höhlentauchen ist nichts für Menschen mit Klaustrophobie, und es ist ein unfallträchtiger Sport. Aber sie kann sich gut dabei entspannen, sagt sie.

Lisas Vater, Dr. Michael Hensley, arbeitet in der pharmazeutischen Industrie. Als er noch jünger war, liebte er Reiten und Säbelfechten, doch während seines medizinischen Praktikums widerfuhr ihm etwas, das er als »interessanten Zwischenfall« bezeichnet: eine Hämorrhagie. Man fand heraus, dass er eine milde Form der Bluterkrankheit hat, ein genetisch bedingtes Leiden, das nur bei Männern vorkommt, aber über die mütterliche Linie vererbt wird. In Hensleys Familie gab es mehrere Fälle von Blutern. Viele Männer mit Hämophilie – wie die Krankheit auch heißt – sind an Aids gestorben, weil sie HIV-infizierte Bluttransfusionen bekommen haben, als Blutspenden noch nicht darauf getestet wurde.

Als Lisa acht Jahre alt war, begann man HIV gerade erst zu verstehen. Mike Hensley bekam zu dieser Zeit Bluttransfusionen, doch er steckte sich nicht an. Lisa stand ihrem Vater sehr nahe. Er nahm sie ins Labor mit und brachte ihr bei, wie man Bakterien in Petrischalen züchtet; er gab ihr Fläschchen mit Meereswasser, das sie sich unter seinem Mikroskop betrachten konnte. Sie sah, dass ein winziges Wassertröpfchen aus dem Meer ein ganzes Ökosystem voller Leben ist. Sie erklärte ihren Eltern, sie wolle Meeresbiologin werden, und schon mit zwölf Jahren machte sie ihren Tauchschein.

An der High School interessierte sie sich nur für Sport, die anderen Fächer, auch Biologie, langweilten sie zu Tode. Als Lacrosse-Torfrau gewann sie die Meisterschaft ihres Bundesstaats, sammelte eine Reihe Universitätsurkunden und bewarb sich bei der US-Marineakademie für eine Pilotenausbildung. In letzter Minute änderte sie ihren Entschluss und ging an die Johns Hopkins University, die sie als Lacrosse-Spielerin haben wollte.

An der Johns Hopkins belegte Lisa Hensley Kurse in Sozialmedizin. Noch als Studentin lud Mike Hensley sie ein, mit ihm eine wissenschaftliche Konferenz über HIV in San Francisco zu besuchen, und sie war elektrisiert. Die Vorstellung, eine Krankheit wie Aids stoppen zu können, noch ehe sie sich ausbreitete, wenn man nur die Entwicklungsweise der Viren richtig verstand, faszinierte sie. Binnen vier Jahren machte sie an der Johns Hopkins ihren Master-Abschluss in Sozialmedizin.

Anschließend ging sie an die University of North Carolina in Chapel Hill, um dort binnen drei Jahren ihren Doktor in Epidemiologie und Mikrobiologie zu machen. Gleichzeitig schaffte sie noch einen zweiten Master-Abschluss in Sozialmedizin. Ein Privatleben hatte sie während des Graduiertenstudiums nicht, sie verschrieb sich ganz dem Labor. Sie übertrug Viren von einem Wirtstyp auf einen anderen und konnte mit eigenen Augen zusehen, wie es im Labor zu einem Artensprung kam. Sie erlernte die Standardmethoden der Viren-Gentechnologie – wie man die Gene eines Virus verändert und damit den Stamm abwandelt.

Hensley wohnte in Chapel Hill in einem Apartment auf der anderen Straßenseite von ihrem Labor, damit sie so gut wie jede Minute, die sie wach war, dort arbeiten konnte. Sie hatte sich vorgenommen, bis zu ihrem 25. Geburtstag drei höhere Studienabschlüsse zu haben. Sie schlief nicht viel, und wenn sie es doch einmal tat, hatte sie immer wieder Träume, die um ihre Hände kreisten. In diesen Träumen arbeitete sie immer schneller, versuchte, ein Experiment zu Ende zu bringen, doch sie konnte ihre Hände nicht dazu bringen, schnell genug zu arbeiten ... Sie fiel zurück ... Ihr Stipendium lief aus ... Das Leben war einfach zu kurz ... Und dann erwachte sie, nahm sich eine Diät-Cola zum Frühstück und stolperte über die Straße ins Labor, wo sie dann wieder den ganzen Tag und die halbe Nacht arbeitete.

Am USAMRIID begann Lisa Hensley mit Forschungen an SHF, einem Virus der Sicherheitsstufe 3, das für Menschen harmlos ist, aber bei Affen verheerende Folgen hat. Es handelt sich um ein Virus, das eines Tages den Artensprung auf Menschen schaffen könnte. Ihr Privatleben begann etwas breiteren Raum einzunehmen, sie traf sich regelmäßig mit einem Virologen der National Institutes of Health in Bethesda, Maryland. Doch zwischen den beiden lief es nicht gut. Das Problem war, dass sie ständig miteinander stritten, und zwar über Viren. Wissenschaftler sind ehrgeizige Typen, und sie behalten gern Recht. Jede Art von Diskussion über Viren mit ihrem Freund konnte in einen emotionalen Kampf ausarten. Einmal sprachen sie in seiner Wohnung über einen nebensächlichen Aspekt eines Virus, und er sagte: »Damit liegst du falsch.« Sie ging hinüber zum Regal, nahm ein Standardwerk heraus und schlug es auf der Seite auf, die zeigte, dass sie Recht hatte. Das Buch legte sie auf den Küchentisch und ging weg. Sie musste sich selbst eingestehen, dass das vielleicht nicht das Klügste gewesen war. Als die Beziehung zerbrochen war, schwor sie sich: »Nie wieder Wissenschaftler, die hält man nicht aus.«

Lisa Hensleys Vorgesetzte am USAMRIID war Colonel Nancy Jaax, eine erfahrene Pathologin, die vom Ebolavirus gefesselt war. Hensley interessierte sich überhaupt nicht für Ebola. Die Ganzkörper-Schutzanzüge des USAMRIID waren blau, und von ihrem ersten Arbeitstag an hatte Hensley klargestellt: »Leute, die in blauen Anzügen arbeiten, müssen bekloppt sein. Ich werde keinen blauen Anzug wegen Ebola anziehen. Man muss verrückt sein, um das zu machen.« Nancy Jaax erfuhr von Lisa Hensleys Sticheleien gegen die »Verrückten«, die mit Ebola arbeiteten. Allgemein war man der Ansicht, dass vorsichtige Leute weniger Gefahr liefen, in einem Sicherheitslabor der Stufe 4 einen Unfall zu haben. Und das Letzte, was man brauchen konnte, war ein Wissenschaftler, der mit »heißen« Proben herumpfuschte.

Eines Tags ging Lisa Hensley wieder einmal zur regelmäßigen Abteilungsbesprechung, die in einem fensterlosen Konferenzraum im ersten Stock des Instituts stattfand, und nahm den ihr als jüngerer Wissenschaftlerin zustehenden Platz am unteren Ende des Tisches ein. Die Besprechung dümpelte wie üblich eine Weile dahin, dann blickte Nancy Jaax plötzlich über den ganzen Tisch hinweg Lisa Hensley an und verkündete, dass sie einen anderen Auftrag bekäme. »Ich werde Ihr Arbeitsgebiet anders ausrichten, Lisa«, sagte Nancy Jaax. »Wir werden Sie an den blauen Anzügen ausbilden, und dann fangen Sie an, mit Ebola-Zaire zu arbeiten.«

Nach der Besprechung fühlte sich Lisa Hensley schwindelig, sie war etwas unsicher auf den Beinen. Sie tapste zurück in ihr winziges Büro und ließ sich auf einen Stuhl fallen. Die Kammer war unaufgeräumt und mit Papieren voll gestopft. Es gab einen Computer, ein Stereoradio und Bilder von ihren Eltern und anderen Familienmitgliedern. »Die wollen, dass ich mit Ebola-Zaire anfange?«, dachte sie.

Der Tod tritt bei Ebola fünf bis neun Tage nach den ersten Symptomen ein: Plötzlich quillt Blut aus allen Körperöffnungen, und der Blutdruck kollabiert, was die Armeewissenschaftler mit crash and bleed-out umschreiben. In einigen Fällen kommt es tatsächlich zu fast vollständigem Blutverlust – der Ebola-Exsanguination. Lisa Hensley verdiente 38 000

Dollar im Jahr, aber war es das wert? Wenn man sich mit Ebola infizierte, war alles vorbei.

Ihren Eltern fühlte sich Lisa näher als irgendeinem anderen Menschen auf der Welt. Ihre Mutter, Karen, rief sie dreimal pro Woche an, um zu hören, wie es ihr erging. Lisa berichtete ihr, die Vorgesetzten am Institut hätten ihre Laufbahn in Richtung Ebolaviren umdirigiert.

»Du sollst in ein Stufe-4-Labor gehen und mit *Ebola* arbeiten? Gibt es nichts anderes, was sie dich tun lassen können?«

Lisa versuchte, die Sache herunterzuspielen. »Ach, Mutter. Im Ganzkörperanzug bin ich ziemlich sicher. Wirklich.«

»Mike! Mike! Komm, red mit deiner Tochter!«

Lisas Vater meinte, das sei eine gute Karrierechance, und sie beschlossen, ihrer Mutter Karen die Labors zu zeigen, damit sie sich davon überzeugen konnte, dass alles ungefährlich war.

Die Besichtigung verlief nicht ganz so erfolgreich, wie sie gehofft hatten. Karen Hensley ist Ökologin, die Biosicherheit war nicht ihre Welt. Ihr fiel eine Tür auf, an der CRASH DOOR stand. Das klang gar nicht gut, war in Wirklichkeit aber eine Sicherheitseinrichtung. Wenn im Stufe-4-Labor ein Feuer ausbricht oder sonst ein Notfall passiert, kann man durch die Crash-Tür hindurchbrechen und steht, noch immer vom Ganzkörperanzug geschützt, im Gang. (Bis heute wurde am USAMRIID noch keine dieser Türen für solch einen Notfall gebraucht.) Wirklich Sorgen aber machte ihrer Mutter der Umstand, dass die Ränder der Crash-Tür mit braunem Klebeband abgedeckt waren, welches sich rings um den Türrahmen zog. »Warum ist da das Klebeband um diese Tür, Lisa? Versiegeln sie so hier die Türen? Einfach nur mit Klebeband?«

Lisa erklärte ihrer Mutter, dass Sicherheitslabors unter negativem Luftdruck stehen, sodass ständig Luft von außen *hineinströmt*; das Klebeband war nur dazu da, zu verhindern, dass Staub und sonstwie kontaminierendes Material angesaugt wurden und die Experimente wertlos machten. Aber Karen Hensley gefiel das Klebeband einfach nicht. Punkt. Dann fand sie heraus, was man unter dem Biosicherheitsschutzanzug trägt: Chirurgenhemd und -hose aus grüner Baumwolle, Chirurgenhandschuhe aus Latex und Socken. Das war alles. Unterwäsche ist in einem Hochsicherheitslabor verboten. Karen Hensley schämte sich für ihre Tochter. Sie konnte sich nicht vorstellen, wie man eine Frau dazu bringen konnte, ohne BH in einem Labor zu arbeiten.

LISA HENSLEY WURDE von einem älteren Wissenschaftler, der wie sie gleich nach der Promotion zum USAMRIID gekommen war, am blauen Anzug ausgebildet; sein Name war Steven J. Hatfill. Er war groß, muskulös, Mitte vierzig und trug einen Bart. Hatfill hatte bei den U. S. Special Forces gedient und war jetzt als Arzt hier, aber als Zivilist. Er zeigte ihr, wie man den Anzug anlegt, wie man den Sicherheitscheck auf Lecks durchführt, wie man den Anzug instandhält und wie man beim Hinein- und Hinausgehen die Desinfektionsdusche in der Luftschleuse der Sicherheitsstufe 4 benutzt. Am Institut war Steve Hatfill als »Blaumann-Cowboy« bekannt. Wenn er den blauen Anzug trug, schien er keine Furcht zu kennen; er arbeitete gern in der Sicherheitsstufe 4. Es gelüstete ihn nach Abenteuern: Er war als Söldner nach Afrika gegangen, wo er, wie er erzählte, in Rhodesien bei der weißen Special Air Squadron – SAS – gedient hatte, als schwarze Rebellen versuchten, die weiße Regierung Rhodesiens zu stürzen. Später studierte er in Zimbabwe Medizin, dann arbeitete er anderthalb Jahre lang mit einem Team südafrikanischer Wissenschaftler als Arzt in der Antarktis. Hatfill war davon überzeugt, dass es sehr wahrscheinlich zu bioterroristischen Anschlägen kommen würde. Den Notstandsplanern von New York City diente er als Berater, und das Dach seines Autos zierte ein reflektierender Klebestreifen, damit Polizeihubschrauber im Fall eines Bionotstands ihn schnell ausfindig machen könnten.

Lisa Hensley fand Steve Hatfill sympathisch, amüsant und ziemlich originell. Er war intelligent, leistete im Labor Hervorragendes und brachte ihr verschiedene Techniken bei. Er untersuchte die Blutgerinnung von Affen, die mit Ebolaviren infiziert waren. Ebolablut gerinnt normalerweise nicht, es bleibt flüssig, doch um es im Labor untersuchen zu können, muss es geronnen sein; er zeigte ihr, wie man das hinbekommt. Er hatte in seinem Stufe-4-Labor alle möglichen technischen Apparate – Analysemaschinen und Ähnliches.

Während einer der ersten Übungsstunden sah Lisa Hensley zu Hatfill hinüber und bemerkte, dass er in seinem Schutzanzug einen Buckel machte. Ein Arm des Anzugs hing schlaff herab, als hätte er einen Schlaganfall gehabt. Zunächst war ihr nicht klar, was da vor sich ging: War er am Ersticken, oder was? In Wirklichkeit hatte Hatfill nur im Inneren seines Anzugs den Arm aus dem Ärmel gezogen und aß einen Schokoriegel.

LISA HENSLEY MACHTE am Institut schnell Karriere. Postdoktoranden wie sie kann man nicht halten, wenn sie sich zu langweilen beginnen, und so wurde sie Peter Jahrlings Arbeitsgruppe zugewiesen. Jahrling hatte zwar zunehmend mit

Pocken und Politik zu tun, seine Ebolaforschung aber nicht aufgegeben, und er arbeitete dabei eng mit Tom Geisbert zusammen. Sie waren nicht nur Kollegen, sondern Freunde geworden. Lisa Hensley arbeitete mit Geisbert, der in der Sicherheitsstufe 4 Experimente mit Ebola am Laufen hatte. Sie untersuchte im Labor Blutproben von Affen, die mit Ebola infiziert waren. Ganz allein begann sie Tests zu entwickeln, um Ebolaviren im Innern einzelner Zellen zu entdecken. Die Tests ließen infizierte Zellen unter dem Fluoreszenzmikroskop rot oder grün aufleuchten. Man konnte zusehen, wie Ebolaviren in die Zellen des Immunsystems eindrangen und irgendwie so herumtricksten, dass offensichtlich ein Zytokinensturm ausgelöst wurde. Nach und nach fand sie immer mehr darüber heraus, wie Ebola das menschliche Immunsystem überwältigt. Das war wichtig, denn wenn man nicht weiß, wie die Viren ihre Opfer umbringen, kann es vielleicht nie einen Impfstoff oder ein Heilmittel gegen Ebola geben.

Mittlerweile mochte es Lisa Hensley, in Ruhe und allein in einem Schutzanzug in der Sicherheitsstufe 4 zu arbeiten; niemand störte sie, um sie herum waren nur die grüngestrichenen Wände aus Hohlblocksteinen und ihre Gefäße mit Ebola. Sie fühlte sich in ihrem Anzug geborgen, auch wenn die Räumlichkeiten »heiß« von Viren waren. Es war ganz ähnlich wie bei einem Tauchgang. Der Schutzanzug war ein Zufluchtsort, der sie vom Lärm der Außenwelt abschottete. Man konnte einfach seine Arbeit tun, ohne von Telefonanrufen oder Leuten mit lästigen Fragen gestört zu werden, und man konnte die Geheimnisse der Natur ein Stückchen weiter lüften.

Lisa Hensley züchtete Ebolaviren in Zellkulturen heran. Die Viren wachsen dabei in so genannten Wellplatten, Plastiktabletts mit regelmäßig angeordneten kleinen Vertiefungen. Diese Vertiefungen enthalten eine Nährflüssigkeit für Zellkulturen, und auf dem Boden liegt eine Schicht lebender menschlicher Zellen, die von der Flüssigkeit umspült werden. (Die Zellen heißen »HeLa-Zellen«; es sind Gebärmutterhalskrebs-Zellen, die von einer Afroamerikanerin namens Henrietta Lacks stammen, die 1951 in Baltimore starb. Ihre Krebszellen sind zu einem Eckpfeiler der medizinischen Forschung geworden und haben schon viele Leben gerettet.) Lisa Hensley infizierte die Zellkulturen mit Ebola, und binnen einiger Tage begannen darauf Viruspartikel zu sprießen. Ebolapartikel sind lange dünne Fäden, die wie Haare aus den Zellen wachsen. Die Fäden brechen ab und treiben in der Flüssigkeit davon. Die Viren vermehren sich in den Wellplatten bestens, und nach ein paar Tagen ist die Flüssigkeit zu einer Virussuppe voller Ebolapartikel geworden.

Lisa Hensley verstand sich gut auf die Zubereitung angereicherter Ebolasuppen. Mit einer Pipette transportierte sie Tröpfchen von Ebolasuppe von Vertiefung zu Vertiefung, von Röhrchen zu Röhrchen. Sie hielt die Pipette mit ihrem dicken gelben Gummihandschuh fest, drückte mit dem Daumen oben darauf, saugte eine kleine Menge Ebolasuppe an und ließ sie dann in ein Röhrchen tröpfeln.

Ebolasuppe ist blassrot, etwa wie ein verwässerter Rubin, und kristallklar. Eine Wellplatte voller Ebolasuppe fasst bis zu fünf Millionen tödliche Dosen des Virus – theoretisch genug, um die halbe Bevölkerung von New York City verbluten zu lassen. Und doch ist die Handhabung der Suppe nicht gefährlicher, als über eine stark befahrene Straße zu gehen. Auch dabei kann man umkommen, wenn man vor einem Bus auf die Fahrbahn tritt; aber vorsichtige Menschen achten darauf, wohin sie ihre Schritte lenken.

Lisa Hensley trug Ohrstöpsel, und sie hörte nichts als das entfernte Rauschen der kühlen, sterilen Luft in ihrem Schutzanzug. Ein bisschen klang es wie eine Meeresbrandung. Sie arbeitete in ihrem Schutzanzug so viele Stunden mit Ebola, dass sie wieder diese Träume bekam. Darin übertrug Lisa Tröpfchen von Ebolasuppe von Vertiefung zu Vertiefung, von Röhrchen zu Röhrchen, sie hantierte immer schneller und schneller und versuchte mit einem Experiment fertig zu werden, doch nie hatte sie genug Zeit, herauszufinden, was sie über die Viren in Erfahrung bringen wollte. In ihren Träumen hatte Lisa die Viren stets unter Kontrolle, nie hatte Ebola Kontrolle über sie.

PANIK IN DER GRAUZONE

12. JANUAR 2000

LISA HENSLEY ARBEITETE ALLEIN in ihrem blauen Schutzanzug im »heißen« Trakt AA4, der fast in der Mitte des Instituts liegt. Es war gegen drei Uhr nachmittags. Seit Stunden hatte sie mit Ebolasuppe hantiert. Ihr ging es nicht gut: Sie war erkältet und fühlte sich zerschlagen, als würde sie leichtes Fieber bekommen. Wahrscheinlich hatte sie sich eine Grippe eingefangen, aber sie war mitten in einem Experiment und konnte das nicht einfach abbrechen, nur weil sie sich krank fühlte. Die Daten würden verloren gehen, wenn sie jetzt heimging.

Mit ihrem dicken Gummihandschuh ergriff sie eine abgerundete Kinderschere. (Spitze Scheren sind in der Sicherheitsstufe 4 verboten.) Um eine Flasche zu öffnen, versuchte sie mit der Schere die Verschlusslasche aufzuhebeln. Plötzlich rutschte sie ab, und die stumpfe Spitze der Schere bohrte sich in den Mittelfinger ihres rechten Handschuhs. Nahe ihres Fingernagels spürte sie einen stechenden Schmerz.

Sie hielt den Außenhandschuh ihres Schutzanzugs dicht vor das Klarsichtfenster ihres Kopfschutzes. Was war passiert? Hatte sie den Handschuh durchlöchert? Das gelbe Gummimaterial war nass und wie sie ihn auch im Licht drehte und wendete, sie konnte nicht sagen, ob ein Riss im Gummi war oder nicht.

Unter den Außenhandschuhen trug sie Chirurgenhandschuhe aus Latex, die eine weitere Schutzbarriere darstellten. Wie Dr. Hatfill, als er in seinem Anzug den Schokoriegel aß, wand sie Arm und Hand aus dem Ärmel des Schutzanzugs, hielt sich die Hand im Innern Zentimeter vor die Augen und untersuchte den Latexhandschuh nach Beschädigungen.

Das Material war durchscheinend. Darunter sah sie Blut aus ihrem Finger quellen und sich entlang des Nagelbetts verteilen. Unter dem Latex breitete sich ein roter Fleck aus. Ihr Finger tat weh.

Man geht davon aus, dass ein einziges Ebolaviruspartikel, das in die Blutbahn gelangt, schon tödlich sein kann.

Lisa Hensley fühlte plötzlich eine Angst in sich hochkommen, die sich zur leichten Panik steigerte. »Was habe ich als Letztes angefasst? Was habe ich gerade gemacht? Mit was ist die Schere in Berührung gekommen? Ist Virussuppe auf die Schere gelangt?« Wenn man Angst hat, fällt das Denken schwer. Sie hatte so etwas wie einen Filmriss. Sie konnte sich nicht erinnern, was sie mit ihren Händen getan hatte. Und da war niemand, den sie hätte fragen können.

Im Stillen sagte sie zu sich selbst: »Krieg nicht die Panik, beruhig dich. Habe ich Löcher in beide Handschuhe gerissen? Oder habe ich nur die Nagelhaut eingeritzt?« Sie steckte ihren Arm wieder in den Ärmel und fummelte ihre Finger in den äußeren Handschuh.

Zeit, hier rauszukommen.

Sie öffnete die luftdichte Tür zur Dekontaminationsdusche, ging hindurch, verschloss und verriegelte sie. Sie zog an der Kette der Dusche, und ein Schauer von Chemikalien prasselte auf ihren Schutzanzug. Während der chemischen

Dusche merkte sie, dass sie erhöhte Temperatur zu haben schien. »Na, prima«, dachte sie. »Mir geht es schon jetzt nicht gut, und dann werden sie meine Temperatur messen und mich einsperren.« Sie zermarterte ihr Hirn und versuchte sich zu erinnern, was sie mit ihrer Hand getan hatte. Ihr Handschuh war nass und rutschig gewesen … nass von Reinigungsmitteln. Einige Reinigungsmittel vernichten Ebolapartikel. Wenn also Ebola auf ihrem Handschuh gewesen war, hatte die Reinigungsflüssigkeit die Erreger vielleicht neutralisiert. Die Dusche versiegte, sie öffnete die Ausgangstür, betrat den Vorbereitungsraum der Sicherheitsstufe 3 und zog ihren Schutzanzug aus.

Der Vorbereitungsraum ist eine Grauzone zwischen dem »heißen« Bereich drinnen und dem »kalten« draußen. Jede Menge Ausrüstung lagert hier, und an der einen Wand ist eine Reihe von Haken, an denen die blauen Schutzanzüge aller Wissenschaftler hängen, die in dem Trakt arbeiten. In dieser Grauzone befand sich die Labortechnikerin Joan Geisbert. Sie ist eine schlanke, stille Frau mit dunklen, lockigen Haaren, dunklen Augen; eine ernste und intelligente Person und die Frau von Tom Geisbert, Lisa Hensleys Chef. Joan Geisbert hatte jahrelange Erfahrung mit der Arbeit in der Sicherheitsstufe 4, war Expertin für diesen Bereich. Lisa Hensley vertraute ihr, aber sie meinte, es wäre besser, nichts zu sagen.

»Das ist keine große Sache«, sagte sie zu sich. Sie zog den Chirurgenhandschuh aus und wusch sich mit desinfizierender Seife die Hände.

Sie musste wissen, ob der innere Latexhandschuh ein Loch hatte. Das war die entscheidende Frage. Ihr Finger hatte geblutet, und wenn da ein Loch im Handschuh war, war es wahrscheinlich, dass sie sich die Haut mit der Schere verletzt hatte. Die Spitze konnte mit Ebolaviren kontaminiert gewesen sein. Sich die Hände zu waschen, hätte keinen Zweck mehr, wenn ein oder zwei Partikel bereits in ihre Blutbahn gelangt waren.

Joan Geisbert war mit anderem beschäftigt und beachtete sie nicht.

Um einen Chirurgenhandschuh auf Löcher zu überprüfen, hält man ihn unter einen Wasserhahn und lässt ihn voll laufen. Wenn er ein Loch hat, tritt ein dünner Wasserstrahl aus. Lisa Hensley ging zu einem Waschbecken, füllte den Handschuh mit Wasser und hielt ihn hoch. Da war nichts, kein Leck ... Doch als sie den Handschuh drückte, sickerten durch ein Loch im Finger Wassertröpfchen.

Alles klar. Sie hatte sich, umgeben von Ebola-Zaire, in den Finger geschnitten.

»He, Joan? Ich glaube, ich habe Mist gemacht.«

»Lass mich mal sehen.« Joan Geisbert trat ans Waschbecken und untersuchte den Finger und das Loch im Handschuh, während Lisa Hensley ihr erzählte, was passiert war.

Alarmiert blickte Joan Geisbert sie an.

»Oh, mein Gott«, dachte Hensley.

»Zieh dich an und melde dich auf Station 200. Ich rufe Tom an, damit er dorthin kommt.«

Station 200 ist ein Hochsicherheits-Krankentrakt der Stufe 4; am Institut ist er auch als »Slammer« (Knast) bekannt. Wer immer möglicherweise mit einem »heißen« Erreger in Berührung gekommen ist, muss dort vielleicht Wochen in Quarantäne verbringen, und wenn jemand erkrankt, kümmern sich Schwestern und Ärzte in Stufe-4-Schutzanzügen um sie oder ihn.

Lisa Hensley duschte, diesmal mit Wasser, zog sich ihre Alltagskleidung an und meldete sich auf Station 200. Tom Geisbert wartete bereits auf sie. Er war erregt und nervös. Man hatte Peter Jahrling angepiepst; er hatte eine Besprechung in Washington abgebrochen und fuhr nun so schnell wie möglich zum Institut zurück. Plötzlich war die Station voller Ärzte, Armeeoffiziere, Krankenschwestern, Soldaten und Labortechniker. Ein Untersuchungsteam wurde gebildet und examinierte den Schnitt an ihrem Finger. Sie wollten wissen, was sie gerade mit den Händen getan hatte, ehe sie sich in den Handschuh schnitt. Sie maßen ihre Temperatur und stellten ein leichtes Fieber fest. Sie erklärte, sie glaube, sie sei nur erkältet. Sie stachen ihr Nadeln in den Arm und zapften ihr viele Röhrchen Blut ab. Sie war zu nervös, um auf dem Untersuchungstisch liegen zu bleiben und lehnte sich nur dagegen, anschließend ging sie im Raum auf und ab.

Tom Geisbert nahm einen Major namens John Nerges zur Seite. »Können Sie bei ihr bleiben?«, fragte er. »Sprechen Sie mit ihr, bringen Sie sie auf andere Gedanken.« John Nerges ist ein großer, netter Mann, und er machte sich um Lisa Hensley Sorgen, aber er plauderte ununterbrochen mit ihr und riss Witze.

In der Zwischenzeit ging das Untersuchungsteam mit Lisas Latexhandschuh in einen anderen Raum und untersuchte das Loch. Sie maßen den Abstand zwischen dem Loch und dem Riss an ihrem Finger. Vielleicht hatte die Schere ja gar nicht das Loch verursacht. Außerhalb ihrer Hörweite besprachen sie sich. Sie ging den Gang auf und ab, Major Nerges immer neben ihr. »Kann ich Ihnen eine Limo oder so holen?«, wollte er wissen.

»Ja, bitte.«

Immer wenn sie an der Eingangstür vorbeikam, konnte sie in den Slammer blicken. Da stand ein Bett unter einem Bioisolationszelt, und auf dem Bett lag eine lebensgroße Puppe.

Die Soldaten, die das USAMRIID ausbildete, übten mit der Puppe, wie man mit ansteckenden Patienten umgeht. Major Nerges kam mit einer Diät-Pepsi zurück. »Keine große Sache«, sagte er. Sie öffnete die Dose und sah, dass ein Soldat in den Slammer gegangen war und das Bioisolationszelt aufgemacht hatte.

Er hob die Puppe hoch und trug sie auf der Schulter davon. Lisa Hensley drehte sich um zu Major Nerges: »Wenn das keine große Sache ist, warum trägt er dann die Puppe fort?«

Major Nerges ging zu dem Einfaltspinsel hinüber und gab ihm einen leichten Schlag auf den Hinterkopf. »Du Idiot, sie steht doch gerade da drüben«, grunzte er.

NACHDEM IHR HANDSCHUH und ihre Hand untersucht worden waren und man sie zwei Stunden lang befragt hatte, kam das Untersuchungsteam zu dem Schluss, es bestünde nur eine geringe Wahrscheinlichkeit, dass Lisa Hensley sich mit Ebolaviren infiziert hatte. Ihr Handschuh war von Reinigungsmitteln nass gewesen, und die hatten höchstwahrscheinlich die möglicherweise vorhandenen Virenpartikel abgetötet. Lisa durfte nach Hause gehen und sich ausruhen. Allerdings musste sie sich die nächsten drei Wochen lang zweimal täglich bei einem Armeearzt melden.

Sie war sich nicht sicher, ob sie ihrer Mutter Bescheid geben sollte. Sie ging zu einem Telefon in der Nähe des Slammers und wählte die Nummer ihrer Eltern in Chapel Hill. Unglücklicherweise nahm ihre Mutter ab.

»Hi, Mom. Ich muss mit Dad reden, was Wissenschaftliches.«

Sofort war ihr Vater am Apparat und Lisa erzählte ihm, was passiert war.

Er redete lange beruhigend auf sie ein. »Lass uns deiner Mutter nichts davon sagen. Ich rufe dich jeden Tag an.« Er machte sich Sorgen, sagte jedoch: »Ich glaube, du musst das wegstecken und wieder da reingehen und dein Experiment zu Ende bringen.«

»Ich weiß. Ich weiß. Ich mach das.«

Sonst wäre sie vielleicht nie wieder dorthin zurückgegangen.

Um sechs Uhr, als die meisten Mitarbeiter schon heimgegangen waren, betrat sie wieder den Umkleideraum von Trakt AA4, legte die Chirurgenkleidung und ihren Schutzanzug an und stellte sich vor die Tür, die den Übergang zur Biosicherheitsstufe 4 darstellte. Sie musste nur am Griff drehen und die Tür öffnen. Das war nicht schwierig. Der Vorbereitungsraum war leer, alles war still, sie hörte nur ihren eigenen Atem, der von innen das Schutzvisier beschlagen ließ. Durch den Schleier sah sie auf der Stahltür das rot gezackte Symbol für biologische Gefahrstoffe. »Steck es weg und dreh den Griff!«

Peter Jahrling war im Institut eingetroffen und machte sich auf die Suche nach Lisa Hensley. In ihrem Büro war sie nicht, also ging er zu Tom Geisbert: »Um Himmels willen, Tom, vielleicht geht sie nie wieder ins Labor zurück. Hat sie geweint? Wo ist sie?«

»Sie ist in AA4, Pete.«

»Du machst Witze.«

Die Tür war schwer, und sie öffnete sich nur langsam. Lisa verriegelte sie hinter sich und wechselte durch die Luftschleuse auf die »heiße« Seite.

Oben in Geisberts Büro sagte Jahrling: »Würde es dir und Joan etwas ausmachen, ihr den Vortrag zu halten?«

»Was für einen Vortrag, Pete?«

»Den, den ich ihr nicht halten möchte. Darüber, dass sie während der Inkubationszeit von Ebola keinerlei Körperflüssigkeiten mit irgendjemandem austauschen darf.«

Eine Stunde später verließ Lisa Hensley fröstelnd und zitternd den »heißen« Trakt; sie fühlte sich ein bisschen fiebrig und vielleicht auch ein bisschen wacklig, aber sie hatte ihr Experiment zu Ende gebracht.

Joan und Tom Geisbert warteten auf der »kalten« Seite auf sie. Sie gingen mit ihr in ein mexikanisches Restaurant, spendierten ihr das Abendessen und zwei Bier. Das Bier tat seine Wirkung. Tom und Joan sahen sich an, dann sagte Tom zu Lisa: »Ich soll dir den Vortrag darüber halten, dass du eine Zeit lang keine Körperflüssigkeiten mit irgendjemandem austauschen darfst.«

»Ja?«

»Das war der Vortrag.«

»Du meinst, wenn ich einen Kerl küsse, darf keine Spucke fließen?«

Tom wurde rot, und Joan brach in schallendes Gelächter aus.

Lisa versicherte ihnen, dass das gerade kein Thema war. In Wahrheit hatte sie sich aber für den späteren Abend mit jemandem verabredet – sie wollte mit einem Mann ausgehen, den sie noch nicht sonderlich gut kannte. Schließlich rief sie ihn an und fragte ihn, ob es ihm etwas ausmache, das Rendezvous zu verschieben, da sie sich möglicherweise gerade mit Ebola infiziert hätte.

Er war voller Verständnis.

Sie fuhr zu ihrem Apartment zurück, das ihr bitterkalt vorkam; also stellte sie einen Heizlüfter auf den Boden neben die Couch ihrer Großmutter, schaltete ihn an und legte sich in eine Decke gewickelt auf das Sofa. Ihre Katze Addy schmiegte sich an sie. Dann rief Lisa ihre engsten Freunde an und verbrachte den größten Teil der Nacht in Gespräche vertieft auf der Couch. Eine Zeit lang schlief sie, dann schreckte sie aus einem Alptraum voll herumwirbelnder blauer Schutzanzüge hoch. Sie war glühend heiß, ihr Hals ausgetrocknet, sie hatte Fieber »Wo bin ich?« – und sie entdeckte Addy, die neben ihr schnurrte.

LISA HENSLEY SETZTE IHRE ARBEIT mit Ebolaviren fort und kümmerte sich nicht sonderlich um die hitzige Debatte zwischen Pockenexperten, ob Variola leben oder sterben solle. Das Pockenvirus war für sie ein Relikt der Vergangenheit, etwas, das nach siebziger Jahren klang, wie eine Platte von Debbie Boone. Sie interessierte sich mehr für Artensprünge von Viren, die sich gerade jetzt entwickelten.

Sie dachte auch über Kinder nach: Was sollte eine Wissenschaftlerin auf der Überholspur wohl mit Kindern anfangen? Sie begann regelmäßig Volleyball zu spielen, und lernte einen Mann namens Robert Tealle kennen, der ihre bessere Hälfte wurde. Er war in der Bauindustrie tätig und arbeitete als Generalunternehmer in der Gegend von Frederick – ein kluger Mann, aber kein Wissenschaftler. Lisa Hensley lud die Couch ihrer Großmutter in einen Anhänger und bezog ein Apartment in Frederick. Zwischen ihr und Tealle entwickelte sich eine ganz enge Beziehung. Es war das Größte auf der Welt, nach einem Tag im blauen Schutzanzug nach Hause gehen und mit einem normalen Kerl über normale Dinge reden zu können.

Ein Fehlschlag in Atlanta

FRÜHJAHR 2000

NACHDEM DER WHO-AUSSCHUSS für Forschungen mit lebenden Pocken noch eine Frist von drei Jahren gesetzt hatte, erstellten Peter Jahrling und John Huggins einen Plan, wie sie versuchen wollten, Affen mit dem Virus zu infizieren. Die Food and Drug Administration besteht seit langem darauf, dass neue Arzneimittel gegen Erkrankungen beim Menschen auch an Menschen getestet werden müssen, bevor sie freigegeben werden. Im Fall von Pocken ist das nicht möglich. Da die Pocken ausgerottet sind, ist niemand damit infiziert, und legal kann man nicht einfach Leute nur zu Testzwecken mit einer tödlichen Krankheit anstecken. Hinsichtlich der Pocken steckte die FDA also in einer Zwickmühle. Folglich veröffentlichte sie den Entwurf einer neuen Regelung, die Animal Efficacy Rule, der zufolge man bei exotischen Bedrohungen wie etwa Pocken neue Arzneimittel oder Impfstoffe freigeben würde, wenn sie an *zwei* verschiedenen Tierarten, die die Krankheit hatten, getestet wurden und wenn die tierische Erkrankung der menschlichen ähnelte – wenn es sozusagen ein Tiermodell der Krankheit gab.

Peter Jahrling wollte also ein Tiermodell der Humanpocken entwickeln, an dem man Arzneimittel testen und das die FDA akzeptieren konnte. Weil es am USAMRIID keine Pocken gibt, stellte Jahrling ein Forschungsteam zusammen und flog mit ihm nach Atlanta. Von den CDC-Oberen bekam er die Genehmigung, den Pocken-Gefrierbehälter aus seinem Versteck zu holen, sein Team Variolaviren entnehmen zu lassen, sie aufzutauen und zu versuchen, Affen damit zu infizieren. Jahrling beschloss, die Affen in der Luft schwebende Pockenpartikel einatmen zu lassen, um einen ähnlichen Ansteckungsweg wie beim Menschen zu haben.

Die USAMRIID-Wissenschaftler bauten eine tragbare Aerosolkammer, die sie den »Affenkasten« nannten. Die Vorrichtung war ziemlich groß, aus Stahl und Plastik gefertigt, und stand auf Rädern, damit man sie transportieren konnte. Mit Lastwagen brachten sie den Affenkasten sowie eine Anzahl Affen nach Atlanta, wo sie ihre Ausrüstung im CDC-Hochsicherheitslabor aufbauten. Jahrling und Huggins setzten die Affen für Menschen infektiöser Dosen von Humanpocken aus, in millionenfacher Konzentration. Dann kehrte Jahrling nach Fort Detrick zurück, um sich um andere Dinge zu kümmern, und John Huggins blieb in Atlanta, um die Affen zu beobachten. Ein paar Tage nachdem sie genügend Pocken eingeatmet hatten, um eine ganze Stadt auszulöschen, bekamen einige der Affen einen Ausschlag auf der Brust, einige wenige auch ein paar Pusteln. Aber nach ein, zwei Tagen hatten sich die Affen erholt.

Jahrling war verzweifelt, als das Experiment im Sande zu verlaufen drohte. Er befürchtete, D. A. Henderson würde den Versuch als Fehlschlag werten und mit einem »Ich hab's ja gleich gesagt« verkünden, damit sei nur die weit verbreitete Überzeugung bestätigt, dass man niemals Tiere mit menschlichen Pocken infizieren könne. Die Frist lief ab. Ein Jahr war vergangen, seit die WHO den Stichtag für die Zerstörung der Pockenviren hinausgeschoben hatte, und Jahrling brauchte Ergebnisse, die zumindest vage erfolgverspechend aussahen, sonst würde die WHO ihm vielleicht nicht gestatten, weiter zu experimentieren. Er brauchte jemanden, der nach Atlanta flog, den Affen Blutproben entnahm und sie an Ort und Stelle untersuchte. Vielleicht würde das etwas bringen. Er bat Joan Geisbert, aber deren Sohn stand kurz vor der Abschlussfeier der High School in Frederick, und da wollte sie um jeden Preis dabei sein. Wahrscheinlich würde auch Lisa Hensley die Untersuchungen durchführen können, doch sie steckte bis über beide Ohren in Ebolaexperimenten und hatte ziemlich deutlich gesagt, dass sie mit Pocken nichts zu tun haben wollte. Trotzdem fragte er sie.

»Gut, ich mach das, Sir«, sagte sie.

Diese Antwort gab Jahrling zu denken. Wenn Lisa Hensley nach Atlanta ging und mit Pocken zu arbeiten begann, was würde dann passieren, wenn ihr die Sache Spaß machte? Was, wenn die Leute an den CDC von ihren Fähigkeiten beeindruckt waren? Im Vertrauen erzählte er Tom Geisbert, er mache sich Sorgen, dass die CDC-Leute versuchen könnten, Lisa abzuwerben. Die Beziehungen zwischen dem USAM-RIID und den CDC waren schon des Öfteren angespannt gewesen. Jahrling eröffnete Lisa Hensley, dass er sie nach Atlanta begleiten würde.

Lisa Hensley war wütend, und wenn sie wütend war, bat sie in der Regel Tom Geisbert um Rat. Sie platzte in sein Büro und fragte: »Glaubt er, dass ich in Atlanta einen Babysitter brauche?« Geisbert erklärte ihr, dass Jahrling wegen möglicher Abwerbeversuche durch die CDC besorgt war.

Jahrling und Lisa Hensley flogen Anfang Mai 2000 nach Atlanta. Während des Fluges saßen sie nebeneinander in der

Regierungsmaschine, und Lisa fühlte sich ungemütlich, es hatte ihr irgendwie die Sprache verschlagen. Bei den CDC angekommen zogen sie die blauen Schutzanzüge an und betraten das Hochsicherheitslabor. Den ganzen Tag lang nahm Lisa Hensley Blutproben von Affen, die zehn Millionen Dosen Menschenpocken eingeatmet hatten und sich offensichtlich wohl fühlten.

Drei Tage später war Lisa Hensley mit den Rohdaten ihrer Tests wieder in Fort Detrick. Einen Monat später flog Jahrling nach Genf und präsentierte die Ergebnisse dem Ausschuss, dem Ad Hoc Committee on Orthopoxvirus. Er argumentierte, die Daten seien »vielsagend«, was bedeutete, dass das Experiment ein Reinfall war. D. A. Henderson hielt dagegen, dass es Jahrling niemals gelingen würde, Affen mit Humanpocken zu infizieren, dass das einfach nicht funktionieren würde. Jahrling erbat eine zweite Chance, und die Ausschussmitglieder kamen überein, dass er es noch einmal versuchen dürfte – zu einem späteren Zeitpunkt.

Dann kam aus dem Nichts eine Entdeckung, die die Pockenexperten bis ins Mark erschütterte.

NUKLEARPOCKEN

2.–3. SEPTEMBER 2000

EIN PAAR MONATE nach dem Fehlschlag des Experiments mit dem Affenmodell flog Peter Jahrling an einem heißen Samstag Anfang September 2000 nach Montpellier in Frankreich, um das 13. Internationale Pockenvirus-Symposium zu besuchen. Es fand in Le Corum statt, einem modernen Konferenzzentrum mitten in der Stadt. Über 600 Pockenvirusexperten aus der ganzen Welt drängten sich in den Räumlichkeiten, und sehr viele von ihnen vertraten sich kettenrauchend in den Foyers die Beine. Am Sonntagnachmittag schlenderte Jahrling durch einen Vorraum, in dem Kollegen ihre Poster präsentierten.

Eine Posterpräsentation funktioniert ganz ähnlich wie Schulkinder ihre Arbeiten vorstellen. Gegenstand ist in der Regel ein Experiment, das eigentlich nicht wichtig genug ist, um mit einem eigenen Referat präsentiert zu werden. Der jeweilige Wissenschaftler fertigt ein Poster an, das das Experiment zusammenfasst, hängt es auf und stellt sich daneben, um Fragen zu beantworten.

50 oder 60 Poster hingen da an schwarzen Brettern. Zufällig traf Jahrling Richard Moyer, einen amerikanischen Pockenvirenexperten, der Vorsitzender der Abteilung für Mole-

kulargenetik an der University of Florida in Gainesville war. Das Foyer war voller Lärm und Zigarettenrauch, aber sie wollten sich unterhalten, also suchten sie sich ein Poster, das niemanden interessierte. Jahrling und Moyer positionierten sich seitlich davon, damit sie den Wissenschaftler nicht störten, der neben dem Poster stand, und unterhielten sich über ein paar Dinge, die sie in Erfahrung gebracht hatten. Moyer ließ währenddessen seine Augen über das Poster schweifen. Plötzlich hörte er auf zu reden.

Das auf dem Poster beschriebene Experiment war von einer Gruppe australischer Regierungswissenschaftler vom Co-operative Research Centre for the Biological Control of Pest Animals in Canberra durchgeführt worden. Sie hatten versucht, mit Hilfe von Viren Mäusepopulationen einzudämmen.

Der leitende Wissenschaftler, Ronald J. Jackson, stand neben dem Poster. Jackson ist groß, hat ein rundliches Gesicht, dunkle, kurze Haare und einen haselnussbraunen Teint. Er sah sympathisch aus, trug ein gelbes, kurzärmeliges Hemd und braune Hosen.

Die australische Gruppe hatte mit dem Mäusepockenvirus gearbeitet, das eng mit dem der Humanpocken verwandt ist. Mit Mäusepocken, wissenschaftlich Ectromelia genannt, können sich Menschen nicht infizieren, sie erkranken nicht daran; aber für einige Mäusearten sind sie tödlich. Die australische Gruppe hatte Mäuse mit gentechnisch veränderten Mäusepockenviren infiziert, die die Mäuse steril machen sollten. Doch die genmanipulierten Mäusepocken hatten die Mäuse umgebracht.

Von Natur aus waren die Mäuse gegen Mäusepocken resistent, einige von ihnen waren auch geimpft worden. Trotzdem hatte sie das genmanipulierte Virus dahingerafft. Es hatte 100 Prozent der von Natur aus resistenten Mäuse und 60 Prozent der immunisierten ausgelöscht.

Die australischen Wissenschaftler hatten ein einziges Fremdgen, das IL-4-Mäusegen, in natürliche Mäusepockenviren eingebaut. Das IL-4-Mäusegen produziert ein Protein namens Interleukin-4, ein Zytokin, das im Immunsystem als Signalstoff fungiert. Indem sie ein Mäusegen in natürliche Mäusepockenviren einbauten, hatten die Forscher supertödliche, vakzinresistente Mäusepocken erschaffen.

Wenn man für Mäuse Pocken fabrizieren konnte, die den Vakzinschutz durchbrachen, dann könnte das vermutlich auch für Menschen gelingen.

»Mein Gott, Peter, kapierst du, was diese Volldeppen da gemacht haben?«, platzte es aus Moyer heraus.

Jahrling starrte das Poster an. Er begriff den entscheidenden Punkt sofort: Die Australier hatten gentechnisch ein Pockenvirus erzeugt, das den Impfschutz überwältigen konnte, und es war ihnen schlicht dadurch gelungen, dass sie ein einziges Mäusegen in das Virus einbauten. Ein einziges Mäusegen den Pocken hinzugefügt. Ein Kinderspiel. »Verdammte Scheiße«, sagte er.

»Dieses Virus hat die immunisierten Tiere einfach umgebracht«, flüsterte Moyer mit gedämpfter Stimme Jahrling zu und starrte den Mäuseexperten aus Australien an, der sie hoffnungsfroh anblickte wie ein Verkäufer, der zu wenig Kunden hat. Aber die beiden Amerikaner gingen weiter. »Wenn ich ein Bioterrorist wäre, Peter, würde ich das Poster abreißen und mit nach Hause nehmen.« Moyer drehte sich noch einmal nach dem Australier um. »Vielleicht sollte man das Poster auf der Stelle abnehmen. Ich frage mich, ob die Impfstrategie gegen Humanpocken überhaupt noch funktionieren würde«, ergänzte Moyer.

JAHRLING GING IN SEIN HOTELZIMMER und spielte in Gedanken mit leeren Bierdosen Fußball. Für ihn wirkte das Poster wie der Bauplan für das biologische Äquivalent einer Nuklearbombe. Die Konferenz wurde auch von Leuten aus Ländern besucht, die im Verdacht standen, heimlich Pocken zu einer Waffe weiterzuentwickeln, und es gab keinen Zweifel, dass Gentechnologie etwas war, das dabei eine wichtige Rolle spielte. Dieses Poster könnte ihnen die entscheidende Idee liefern, wie man vakzinresistente Humanpocken produziert. Er machte sich vor allem wegen der Wissenschaftler von Vector Sorgen. Auch Lew Sandachtschiew ging da herum und reicherte mit dem blauen Qualm seiner russischen Zigaretten den Mief im Konferenzzentrum weiter an.

Am späten Nachmittag stand eine Busfahrt zum Pont du Gard, dem berühmten römischen Aquädukt, der nahe Nîmes das Tal des Gard überspannt, auf dem Programm. Jahrling ging hinunter und traf Dick Moyer. Sie bestiegen den Bus und setzten sich nebeneinander. Dann bemerkte Moyer Ron Jackson, der allein hinten im Bus saß. »Bis später«, sagte Moyer und eilte den Gang entlang und nahm den Sitzplatz neben Jackson ein.

»Ihr Poster ist eine der besten Präsentationen bei der Konferenz«, sagte er, um das Eis zu brechen.

Der Bus kurvte durch die herrliche Landschaft des Languedoc, an Olivenhainen und Kalksteinfelsen vorbei. Moyer fand, Jackson sei ein »netter Kerl, etwas schüchtern und ein guter Wissenschaftler«. Sie sprachen darüber, wie genau die genmanipulierten Pocken die immunen Mäuse umgebracht hatten. Moyer wollte vor allem ganz präzise wissen, wie ein Pockenvirus einen Sturm im Immunsystem auslösen und den Impfschutz überwältigen konnte. »Ron Jackson und seine Gruppe wussten, was sie getan hatten«, erzählte er später. »Jeder, der auf diesem Gebiet arbeitet, hätte wohl als geistig zurückgeblieben eingeschätzt werden müssen, wenn er nicht gesehen hätte, was das Experiment für die Impfung gegen Humanpocken bedeutete. Sie waren Profis, und sie erkannten es. Sie waren hin und her gerissen, ob sie das Ergebnis ihres Experiments veröffentlichen sollten. Und noch immer kann ich nicht glauben, dass sie es dann tatsächlich an die Öffentlichkeit brachten.«

Vakzinresistente Pocken würden bedeuten, dass der schlimmste Alptraum aller Experten Wirklichkeit würde: Sie müssten versuchen, ein genetisch verändertes Virus mit einem Impfstoff zu bekämpfen, der bereits 1796 entwickelt worden war.

DIE AUSTRALISCHEN FORSCHER arbeiteten für die Regierung, und sie hatten die Behörden gefragt, was sie tun sollten. Informationen verbreiten sich über das Internet sehr schnell. Gerüchte über ihr Experiment konnten durchsickern, selbst wenn sie es nicht veröffentlichten. Ein IL-4-Gen in ein Pockenvirus einzubauen war so einfach, dass ein graduierter Student im Praktikum das wahrscheinlich hinbekäme. Viren gentechnisch zu verändern war ein Standardverfahren geworden, man konnte sich die erforderliche Ausrüstung per Post kommen lassen. Es wurde immer leichter, die Gene eines Virus ständig zu verändern, und Pockenviren waren mit am leichtesten im Labor zu manipulieren.

Ron Jackson und seine Kollegen – in der Hauptsache ein Molekularbiologe namens Ian Ramshaw, der für die technische Seite des Virenumbaus verantwortlich zeichnete – besprachen ihr Problem mit einem der führenden Pocken-

Eradikatoren, dem australischen Pockenvirologen Frank Fenner. Fenner hatte schon früh wichtige Beiträge zur Erforschung des Mäusepockenvirus geleistet, und er ist der Hauptautor des Großen Roten Buchs »Die Pocken und ihre Ausrottung«. Er riet ihnen zur Veröffentlichung. Er meinte Grund zu der Annahme zu haben, dass IL-4-Humanpocken – Humanpocken mit eingespleißtem menschlichem IL-4-Gen – vielleicht nicht dasselbe bewirkten wie IL-4-Mäusepocken bei Mäusen. Darüber hinaus glaubte er, dass gentechnisch veränderte Humanpocken, die sich in einer geimpften Bevölkerung ausbreiten könnten, als biologische Waffe nicht sinnvoll wären, weil sie zu schnell zu viele Menschen töten und sich daher nicht mehr sonderlich gut ausbreiten würden – und weil sie auch die Leute töten könnten, die sie hergestellt hatten. Fenner war zudem der Ansicht, dass eine Terroristengruppe oder ein Staat die genmanipulierten Pocken auch an Menschen testen müsste, um sicher sein zu können, dass sie funktionierten. Und das war eine schwer zu nehmende Hürde, hatte er überlegt.

Für Jackson und Ramshaw war ein wichtiges Argument für die Veröffentlichung ihrer Arbeit, einfach die Welt daran zu erinnern, dass genmanipulierte Viruswaffen durchaus im Bereich des Möglichen liegen. Sie wollten die Gemeinde der Biologen auffordern, nicht länger vorzugeben, dass dieses Problem nicht existiere, sondern stattdessen damit anzufangen, es zu diskutieren und anzugehen.

Im Februar 2001 wurden die Ergebnisse von Jackson und Ramshaw schließlich im *Journal of Virology* veröffentlicht; nur kurz erregten sie die Aufmerksamkeit von Öffentlichkeit und Medien. Damit wurde auch die Technik, wie man ein vermutlich vakzinresistentes Super-Mäusepockenvirus fabriziert, weltweit im Internet verbreitet.

Bei den amerikanischen Geheimdiensten rief das Experiment von Jackson und Ramshaw einiges an Unbehagen hervor. Den Biologen der CIA war offensichtlich bewusst, was die Veröffentlichung bedeutete, wies sie doch auf eine Schwachstelle der Regierungspläne hin, einen Vorrat an Pockenvakzin anzulegen. Der Aufsatz wurde im Nationalen Sicherheitsrat (National Security Council, NSC) diskutiert. Ein Mitglied des NSC glaubte, die australischen Wissenschaftler hätten ihre Experimente aus wissenschaftlicher Geltungssucht bewusst öffentlich gemacht. Den Australiern solchen Zynismus zu unterstellen, war unvernünftig, doch spiegelte sich darin das Unbehagen, mit dem Geheimdienstkreise die Möglichkeit von genmanipulierten Viruswaffen betrachteten.

Nach ein paar Interviews mit Journalisten entschieden Jackson und seine Mitarbeiter, andere für sie sprechen zu lassen. Dr. Annabelle Duncan, eine australische Regierungswissenschaftlerin, argumentierte, die Forscher hätten keinen Fehler gemacht, unerwartete Erkenntnisse seien ein normaler Teil der wissenschaftlichen Arbeit.

»Besonders hasserfüllte E-Mails bekam ich von Leuten aus den Vereinigten Staaten«, erzählte sie. »Es wäre aber dumm und riskant gewesen, den Aufsatz nicht zu veröffentlichen, denn das hätte impliziert, dass wir etwas Gefährliches tun.«

Sie beharrte auf dem Standpunkt, dass die Gruppe von den Ergebnissen überrascht gewesen war und niemals geglaubt hatte, dass die immunisierten Mäuse sterben würden, und dies scheint die Wahrheit zu sein. Im Grunde genommen hatte das Team von Jackson und Ramshaw einen Laborunfall mit genmanipulierten Viren gehabt und entschieden, der Welt mitzuteilen, was passiert war.

EINEN MONAT SPÄTER erteilten CDC-Vertreter der US-Armee die Genehmigung, mit einem zweiten Experiment auszuprobieren, ob man irgendwie ein Affenmodell für Humanpocken entwickeln kann. Peter Jahrling übertrug Lisa Hensley die Verantwortung für das Experiment.

EINE KLEINE AUSEINANDERSETZUNG

29. MAI 2001

UM ACHT UHR ABENDS packte Peter Jahrling im Wohnzimmer einen zerbeulten Koffer. Die Sonne war untergegangen, aber die Vögel sangen noch, und der Himmel versprach den Frühling. Jahrling musste einen Flug nach Atlanta erwischen. Das Schlafzimmer der Eheleute ist klein, und seine Frau Daria hatte ihren Mann gebeten, seine Sachen nicht dort zu packen. »Dein Koffer ist schon Gott weiß wo gewesen, etwa in Sibirien. Du zerrst ihn Straßen entlang, wo Hunde Gassi geführt werden«, hatte sie gesagt. »Ich will das Ding nicht auf unserem Bett haben.«

Also packte er auf dem Teppich vor dem Fernseher, der lief, obwohl niemand hinsah. Daria eilte mit einem Plastikkorb durchs Haus und sammelte in den Kinderzimmern die Wäsche ein. Ihre fünfjährige Tochter Kira lümmelte in einem Häschenanzug auf der Couch und malte mit Kreide auf einem Stück Papier.

Daria hielt mit dem Wäschekorb in den Händen kurz inne. »Peter, wie lange bist du diesmal weg?« Sie ist eine pragmatische Frau mit zwanglosen Umgangsformen. An der örtlichen High School unterrichtet sie Englisch: Shakespeare, T. S. Eliot und die Dichter des Imagismus.

»Hängt davon ab, wie es läuft«, gab er zurück. Er stopfte T-Shirts und Shorts in den Koffer.

»Ich dachte, du gehst nicht mehr mit dem Schutzanzug ins Labor. Hast du nicht Leute, die die Arbeit für dich tun können?«

Er legte einen hellblauen Synthetik-Sportmantel in den Koffer. »Ehrlich gesagt – ich bin der Einzige, der den Ehrgeiz hat, dass am Ende alles richtig zusammenpasst.«

Daria trug die Wäsche hinunter und stellte die Waschmaschine an. Peter war gegen alles immun – erst kürzlich war er wieder gegen Milzbrand und Pocken geimpft worden –, sie und die Kinder waren es aber nicht. Ihrer Schwester hatte sie gesagt, sie wünschte, dass sie alle ein bisschen von Peters Blut in sich hätten. Sie ging wieder nach oben.

Kira sprang von der Couch und lief mit dem Papierbogen in der Hand zu ihrem Vater. »Daddy, ich brauche ein Klemmbrett.«

Peter ging in sein Arbeitszimmer und holte ein Klemmbrett. Sie hängte das Bild daran auf und zeigte es ihm.

»He, das ist hübsch, Kira.«

»Geh dir die Zähne putzen, Kleines«, sagte Daria zu Kira. Kira schwirrte ins Bad ab.

»Sie wird mir fehlen.«

»Du siehst sie ja nie. Immer kommst du so spät von der Arbeit, dass sie schon im Bett ist.«

»Ich kann dir nichts weiter sagen, als dass es Gründe dafür gibt, Gegenmaßnahmen gegen Pocken zu entwickeln. Wir alle wissen, dass es Verrückte gibt.«

Ein Großteil ihrer Kommunikation verlief ohne Worte. Sie lächelte ihn mit einer Mischung aus Ungeduld, Verdruss und sarkastischem Humor an, ein Gesichtsausdruck, der, wie beide wussten, bedeutete: »Du lebst in deiner Welt, Peter.«

Er brachte Kira zu Bett, las ihr noch eine Geschichte vor und kam um Mitternacht in Atlanta an.

CHAOS IN STUFE 4

DAS AFFENMODELL-TEAM wohnte in einem Hotel in den Außenbezirken, nicht weit von den CDC entfernt. Im Frühstücksraum des Hotels tranken sie bei Sonnenaufgang Kaffee und aßen Bagels, Rührei und Obst. Das Team bestand aus Peter Jahrling, John Huggins, Lisa Hensley und einem Veterinärpathologen der Armee, Lieutenant Colonel Mark Martinez. Ferner zählten dazu ein Tierpfleger namens James Stockman und zwei Veterinärtechniker, Joshua Shamblin und Sergeant Rafael Herrera. Ein zweites Wissenschaftlerteam unter Leitung der Biologin Louise Pitt kümmerte sich um den Affenkasten. Dies war Biologie großen Stils – teuer und komplex. Alle im Raum waren nervös und angespannt.

Lisa Hensley ist ein Morgenmuffel und frühstückt nie. Sie kaufte sich eine Diät-Cola und fuhr mit Sergeant Herrera in einem Mietwagen zu den CDC. Es war ein frischer, angenehmer Morgen, die Sonne blinzelte durch die Zwergkastanien und Loblolly-Kiefern, die Luft von Georgia roch schon ein bisschen nach Sommer. Sie fuhren durch eine Senke und dann einen Hügel hoch, bogen auf das CDC-Gelände ein und zeigten einem Wachmann ihre Ausweise. »Gastwissenschaftler« stand darauf.

Sie gingen durch eine Sicherheitstür, überquerten ein Freigelände, überwanden eine weitere Sicherheitskontrolle und kamen schließlich in den Hochsicherheitstrakt, das Maximum Containment Lab oder kurz MCL. Es ist ein sechsstöckiges Gebäude, wirkt aber nicht so groß; es ist an einen Berghang gebaut, und drei der Etagen liegen zum Teil unter der Erde. Seitlich grenzt es an ein größeres Gebäude, das Building 15. Das MCL hat leicht violette Rauchglasfenster, sodass es an ein beleuchtetes Aquarium erinnert. Überall standen Videokameras und bewaffnete Wachen. Der Variola-Gefrierbehälter war aus seinem üblichen Versteck – oder seinen Verstecken – geholt worden, und der Sicherheitsdienst beobachtete mit einer live geschalteten Kamera ständig das Gefriergerät in der »heißen« Zone.

Die CDC-Oberen hatten befunden, dass die Leute von der Armee in einem Korridor des Unter-Untergeschosses arbeiten könnten. Das Militärteam beschlich das Gefühl, ein bisschen schikaniert zu werden, denn es war klar, dass nicht jeder an den CDC froh darüber war, dass sie hier waren und mit Pocken arbeiteten. Die CDC waren als Institution stolz darauf, bei der Ausrottung der Pocken eine führende Rolle gespielt zu haben, und unterschwellig hatten viele Mitarbeiter das Gefühl, dass es irgendwie nicht richtig war, Variolaviren aufzutauen und mit ihnen zu experimentieren.

Der Arbeitsbereich der Armeeleute bestand aus drei kleinen Schreibtischen, die im Korridor aufgereiht waren; Tageslicht fiel durch Kellerfenster, durch die man die Reifen geparkter Autos sah. Lisa Hensley setzte sich an einen Tisch, nahm die Diät-Cola aus der Tasche, riss sie auf und nippte daran.

Die anderen kamen hinzu, aber es gab nicht genügend Tische, also tranken sie im Stehen Kaffee aus Styroporbechern.

Die Tierpfleger sollten als Erste hineingehen, um die Affen zu füttern. Lisa Hensley wartete eine Weile, dann ging sie drei Treppen hoch und durch eine weitere Sicherheitskontrolle zu einer Eingangstür, die ins Reich der Pocken führte. Das MCL war in zwei getrennte »heiße« Zonen unterteilt, East und West. Durch eine schmale Tür kam sie ins MCL-West und dann in einen kleinen Umkleideraum, wo sie sich auszog.

An ihrem linken Oberarm prangte eine kreisförmige, frische Narbe – das Zeichen einer kürzlich erfolgten Pockenimpfung. Sie nahm einen grünen Chirurgenoverall aus Baumwolle von einem Regal, zog ihn an und knöpfte ihn zu. Das Gewebe war verblasst und mürbe: Unzählige Male war es in einem Autoklaven sterilisiert worden. In einem anderen Regal lagen gleichfalls sterilisierte Sportsocken, die im Lauf der Zeit spröde und bräunlich geworden waren. Sie durchstöberte den Vorrat nach einem Paar, das weniger kratzig war. Barfuß mit den Socken in der Hand ging sie durch eine feuchte Duschbox und öffnete eine Tür. Sie führte in eine Ausrüstungskammer. Sie durchquerte diese, stieß eine weitere Tür auf und kam in den Raum mit den Schutzanzügen. Hier, im letzten Raum vor der »heißen« Seite, galt Sicherheitsstufe 3. An der Wand hingen dicht an dicht an Haken die blauen Ganzkörperanzüge. Jeder trug den Namen seines Besitzers. Die meisten gehörten CDC-Wissenschaftlern. Sie waren schon arg strapaziert – einige von ihnen waren am Hosenboden mit schwarzem Klebeband geflickt. (Wenn man viel darin sitzt, kommt es im Gesäßbereich leicht zu Löchern.)

Ihr Schutzanzug war brandneu. Sie mochte den Geruch des neuen Materials. Sie zog die Chirurgenhandschuhe an, befestigte die Stulpen mit Klebeband an den Ärmeln ihres

Unterzeugs, trug den Anzug zurück in die Ausrüstungskammer, wo sie sich auf eine Kiste setzte und die Beine in den Anzug steckte. Sie stand auf, zog den Gesichtsschutz über den Kopf und schloss die Frontverriegelung, die automatisch einrastete. Sie suchte sich einen Luftregulator aus – einen stählernen Kanister mit einem Schulterriemen –, hing ihn sich um und stöpselte ihn an den Anzug.

An der inneren Seite des Raums befand sich eine Tür aus rostfreiem Stahl mit dem roten Symbol für biologische Gefahrstoffe. Lisa zwängte sich in die luftdichte Dekontaminationsdusche, verschloss die äußere Tür, öffnete die innere und betrat die »heiße« Seite. Sie war jetzt in einem kleinen Raum voller Überstiefel. Sie zog ein Paar an, das ungefähr ihre Größe hatte. Die Stiefel sollten verhindern, dass die Füße des Anzugs Löcher bekamen. Dann betrat sie durch eine Schwingtür den Hauptraum von MCL-West.

Er war ungefähr zwölf Meter lang und L-förmig. Die Wände waren grellweiß gekachelt, und auch das Licht war grell. Rote Luftschläuche hingen spiralförmig von der Decke herab. An der einen Wand stand eine Reihe von Gefriergeräten, und in einem davon waren die Pocken. Lisa Hensley bewegte sich durch den Raum. In Sicherheitsstufe 4 geht man nicht, man schlurft eher. Sie schob sich durch eine Tür und betrat ein Labor. Das sollte für die Dauer des Experiments ihr Arbeitsplatz sein. Sie stellte sich auf die Zehenspitzen, zog einen Luftschlauch heran und stöpselte ihn an ihren Regulator. Es zischte, ihr Anzug wurde aufgepumpt und trockene, kühle Luft strich ihr über das Gesicht. Den Vormittag verbrachte sie damit, Testanordnungen aufzubauen, um bereit zu sein, wenn die Variolaviren erwachten.

Am entgegengesetzten Ende des Hauptraums war eine schwere Stahltür, und dahinter befand sich der Raum mit den Tieren, der jetzt von Menschen in Schutzanzügen wimmelte. In dem Raum standen vier Reihen Affenkäfige. Die Tiere waren ruhig, sie schrien nicht viel, denn sie lebten seit Wochen im Sicherheitsbereich 4 und hatten sich daran gewöhnt, dass sie von Menschen in Schutzanzügen umgeben waren. Jede Käfigreihe stand unter einem Plastikzelt, damit, falls einer der Affen erkrankte, die Pocken nicht von einer Reihe zur anderen gelangen konnten. Acht Affen lebten in den Käfigen. Es handelte sich um Javamakaken aus Südostasien. Sie hatten graubraunes Fell, spitze Ohren und scharfe Reißzähne. Jim Stockman, der Tierpfleger, hatte ihnen zum Frühstück Affenbiskuits gegeben. Ein paar davon hatten sie gefressen, andere auf den Boden geworfen. Stockman hatte wieder sauber gemacht. Alle Käfige waren mit Vorhängeschlössern aus Messing gesichert – einen Riegel bekommen Javamakaken im Handumdrehen auf.

Mark Martinez, der Veterinärpathologe, war ebenfalls im Affenraum und traf Vorbereitungen. Martinez ist ein leise sprechender Mann von Mitte vierzig mit braunen Augen hinter einer Nickelbrille. Jahre zuvor hatte er an der Luftwaffenschule in Fort Benning, Georgia, gearbeitet. Eines Tages war er auf dem Stützpunkt spazieren gegangen und hatte einen Hundefriedhof entdeckt, der von Unkraut überwuchert war. Darunter fand er Messingplatten und Grabsteine. Alle trugen die Namen von Hunden mit Geburts- und Todesdatum. Sie waren während des Vietnamkriegs bei Kämpfen umgekommen, nach Hause gebracht, begraben und vergessen worden. Martinez musste daran denken, wie viele der Hunde gestorben waren, als sie in der Schlacht ihre menschlichen Gefährten verteidigten, und er ließ den Friedhof mähen und jäten und die Grabsteine säubern. Schließlich waren die Hunde, meinte er, doch für ihr Vaterland gestorben.

LISA HENSLEY STAND AM LABORTISCH und baute die Ausrüstung auf. Als sie auf ihre Hände blickte, bemerkte sie, dass ihr rechter Außenhandschuh einen Riss am Handgelenk hatte. Der Handschuh war brüchig.

Schlechte Handschuhe konnte sie ganz und gar nicht ausstehen. Zeit, hier rauszukommen.

Sie nahm eine Flasche Lysol, sprühte den Handschuh damit ein und ging zum Ausgang. Sie legte die Überstiefel ab, betrat die Dekontaminationsdusche und zog an einem Griff, um den Reinigungszyklus in Gang zu setzen.

Erst sprühte Wasser, dann Lysol auf sie herab. Nach sieben Minuten drehte sie an einem Griff, um die Dusche abzuschalten. Doch das funktionierte nicht. Das Ventil war in Offenstellung verklemmt, und noch immer wurde sie mit Lysol geduscht.

»Verdammter Mist«, sagte sie. Sie ging auf die »heiße« Seite zurück, tippte dem Veterinärtechniker, Josh Shamblin, auf die Schulter und deutete auf die luftdichte Tür. »Sie läuft. Sie hört nicht auf.« Sie musste schreien, da beide wegen der Geräuschkulisse in ihren Schutzanzügen Ohrstöpsel trugen; es war nützlich, wenn man Lippen lesen konnte.

Er sagte zu ihr: »Hol Jim!«

Jim Stockman hatte schon früher im MCL-West gearbeitet, er wusste, wie man die Dekontaminationsdusche abstellt. Er stieg hinein und versuchte im Sprühnebel herumhämmernd, den Mechanismus zu reparieren.

Mittlerweile war Peter Jahrling mit John Huggins in der Grauzone angekommen, und sie starrten Stockman durch ein Fenster in der luftdichten Tür an. »Was zum Teufel machen Sie da?«, formte Jahrling mit den Lippen.

»Reparieren.«

Plötzlich quoll aus den Abflüssen im Fußboden des Hauptraums garstiger gelber Schaum: verschmutztes Lysol, das aus den überlasteten Abflussrohren zurückdrängte.

Rafael Herrera kam, so schnell es in dem Anzug ging, aus seinem Arbeitsbereich herbeigelaufen und rief:»Wir haben eine Überschwemmung hier drin!«

Lisa Hensley ging zum Fenster der Dusche und klopfte an das Glas.»Jim! Jim! Schau her!« Mark Martinez und die anderen rutschten und schlingerten jetzt im Hauptraum umher, gedämpft, wie aus der Ferne klangen ihre Stimmen, wenn sie sich in ihren Anzügen etwas zubrüllten. Einer von ihnen nahm den Hörer eines Wandtelefons und rief den für die Sicherheitsstufe 4 der CDC zuständigen Hausmeisterdienst an:»Wir haben hier eine Lysolüberschwemmung! Die Abflussrohre sind verstopft!«

Die Affen fanden das alles wahrscheinlich ziemlich unterhaltsam.

Endlich stoppte die Dusche. Stockman öffnete die luftdichte Tür – und ein weiterer Lysolschwall ergoss sich in den Raum. Sie trieben einen Sears-Werkstattsauger auf und säuberten damit die »heiße« Zone von der Überschwemmung.

Es war ein langer Tag gewesen. Das Team fuhr zurück ins Hotel, die meisten gingen geradewegs ins Bett. Lisa Hensley blieb noch auf und rief Rob Tealle an. Sie berichtete ihm, dass abgesehen von einer Überschwemmung des Labors alles in Ordnung sei. Er hatte die Errichtung einiger Häuser geplant, aber das Projekt hatte sich zerschlagen. Jetzt überlegte er, sein Geschäft auf die Möbelproduktion zu verlagern. Es war ein kurzes Gespräch.

Das Erwachen

31. MAI 2001 (TAG 0)

AM NÄCHSTEN MORGEN um acht Uhr durchquerte John
Huggins in einem blauen Schutzanzug den Hauptraum des
MCL-West, ging zu einer bestimmten Stelle und holte den
Pocken-Schlüssel. Huggins ist ein ruhiger, besonnener
untersetzter Mann mit einer spitzen Nase, Schildpattbrille
und dunklen, gewellten Haaren, die an den Schläfen grau
zu werden beginnen. Er trat vor eine Ansammlung von
Gefriergeräten unterschiedlichen Typs, die an einer Wand
aufgereiht standen. Da waren Tiefkühltruhen sowie Tief-
kühlschränke, die Küchengeräten ähnelten, und mehrere zy-
lindrische Tanks aus rostfreiem Stahl auf Rädern – die mit
flüssigem Stickstoff gekühlten Typen. Alle Gefriergeräte hatten Digitaldisplays, die die Temperatur und den Status des
Geräts anzeigten.

Die Stickstoff-Gefriergeräte waren neu und glänzten und
sahen ein bisschen wie die Druckkessel von Atomreaktoren
aus. In jedem stand innen unten am Boden ein paar Zentimeter hoch flüssiger Stickstoff. Und in einem von ihnen
waren die Pocken.

Mit monströsen Stahlketten waren die Gefriergeräte an
der Wand gesichert. Huggins schlurfte zum Pocken-Gefrier-

gerät, steckte den Pocken-Schlüssel in eine Art Schloss, ein Alarmsystem wurde abgeschaltet, und das Schloss gab nach. An der Wand in der Nähe des Pocken-Gefriergeräts befand sich ein roter Panikknopf. Wenn die Wissenschaftler in ihren Schutzanzügen in der Nähe des Pocken-Gefriergeräts herumstapften, hatten sie immer Angst, dass sie zufällig an den Panikknopf kommen und eine halbe Armee auf den Plan rufen könnten.

Huggins zog einen Frotteehandschuh über den rechten Gummihandschuh seines Schutzanzugs, lupfte den mit einem Scharnier befestigten kreisrunden Deckel des Gefriergeräts und drückte ihn nach oben und hinten, bis er mit einem metallischen Klirren offen stand. Es gab ein zischendes Geräusch, eine weiße Wolke von Stickstoffdampf quoll oben aus dem Gefriergerät, lief an den Seiten hinunter und breitete sich am Fußboden aus, wo sie seine Beine umspielte. Er konnte die weißen Pappschachteln im Innern des Geräts durch den Nebel kaum ausmachen. Rund drei Minuten hatte er Zeit, die gewünschten Röhrchen herauszuholen, dann würde der flüssige Stickstoff unten im Gerät schlagartig verdampfen und Unmengen Nebel produzieren. Die Schachteln steckten eine über der anderen in einem Stahlgestell.

Er konnte nichts sehen. Er griff in den Nebel und ertastete sich seinen Weg. Er zählte eine bestimmte Anzahl Schachteln nach unten ab und holte eine aus dem Gestell. Er hob ihren Deckel – wobei er durch die Schwaden immer noch nicht sehen konnte. Die Schachtel war im Innern durch Längs- und Querkartons unterteilt, und mit den Fingerspitzen zählte er eine bestimmte Anzahl von Reihen quer, dann eine andere Anzahl längs. Fünf Röhrchen holte er heraus. Er steckte sie in ein Plastikgestell, ließ den Deckel des

Gefriergeräts mit einem Klacken wieder einrasten und schloss ab.

Die Röhrchen enthielten Pocken-»Samen«. Jedes Samenkorn wiederum bestand aus einem Klümpchen tiefgefrorener, angereicherter Pockensuppe von der Größe eines Bleistiftstummels.

Mit dem Plastikgestell voll Röhrchen in der einen Hand brachte er den Pocken-Schlüssel zurück in sein Versteck. Dann trug er die Proben in einen anderen Raum, wo er sie in ein Gefäß mit Wasser legte, das bei 37 °C gehalten wurde – der Temperatur von Blut.

Während John Huggins die Pocken auftaute, öffnete sich die luftdichte Tür, und Peter Jahrling kam auf die »heiße« Seite. Er trug einen Delta-Schutzanzug – keinen blauen, sondern ein französisches Modell in gleißendem Orange. Die anderen Wissenschaftler fanden, dass Jahrling einfach bärenstark aussah: Haute Couture in Sicherheitsstufe 4.

Jahrling schlurfte zu Huggins hinüber: »Wie läuft's?«

»In fünf Minuten fertig.«

Jahrlings Herz pochte heftig. So musste sich ein Raketenstart bei der NASA anfühlen, dachte er. Es schien klar, dass im Fall eines Fehlschlags die WHO keine Tierexperimente mit Pocken mehr erlauben würde. Das könne die Entwicklung neuer Arzneimittel gegen Pocken auf absehbare Zeit bremsen.

Er ließ Huggins mit den Pocken allein und ging nachsehen, was Lisa Hensley in ihrem Labor machte. Jahrling schrie: »Sind alle Röhrchen etikettiert, Lisa? Sind sie in der richtigen Reihenfolge sortiert? Sie sollten bereit sein, wenn John die Variolaviren bringt.«

»Nee, ich habe mir gedacht, ich warte bis zur letzten Minute.« Sie grinste ihn an.

Er fand das nicht witzig:»Sie sollten so wenig wie möglich dem Zufall überlassen, Lisa.«

»Oh-äh, ja, Sir«, sagte sie, dachte aber:»Nun mach mal halblang, Dr. Jahrling!«

Huggins nahm die Röhrchen aus dem warmen Wasser. Die»Samen« waren zu einer rosa, milchigen Flüssigkeit geschmolzen, die wie Perlmutt leicht opaleszierte. Es war dasselbe Schillern wie bei dem eitrigen Ausfluss menschlicher Pockenopfer. Er hielt die Röhrchen gegen das Licht, kippte sie leicht und beobachtete dabei den Inhalt genau, um zu prüfen, ob er vollständig aufgetaut war.

Der Stamm hieß Harper. Er kam von einer Probe, die man 1951 einem infizierten amerikanischen Soldaten entnommen hatte, der möglicherweise Harper hieß; irgendwie war er schließlich in die japanische Pockensammlung geraten, die Dr. Isao Arita betreute, einer der führenden Eradikatoren. Nach Beendigung des Programms war der Harper-Stamm an die CDC abgeliefert worden. Wissenschaftler hielten ihn für einen»sehr heißen« Stamm.

John Huggins öffnete die Röhrchen und entnahm mit einer Pipette etwas Flüssigkeit, die er auf vier Spritzen verteilte. Er war nervös und bekam schwitzige Hände, als er die Spritzen lud. Jede enthielt eine Milliarde Partikel, möglicherweise dreihundert Millionen Pockenfälle in einer einzigen Spritze, genug, um ganz Nordamerika plattzumachen. Es war»heißes Material«, und das ließ sein Herz rasen. Huggins hatte früher schon mit angereicherten Variolazuchtstämmen hantiert – ja, gerade diesen hier hatte er erst vor wenigen Tagen im MCL in Viruskulturen gezüchtet –, doch wie oft er auch mit der Pockenflüssigkeit arbeitete, nie konnte er dabei die Ruhe bewahren. Er konnte die infektiöse Explosivkraft dieser Spritzen förmlich spüren. Viele Male war er geimpft worden, doch der kleinste Stich mit einer Spritze voll angereicherter Harper-Pocken würde wahrscheinlich genügen, um seinen Impfschutz zu durchbrechen wie eine Gewehrkugel Toilettenpapier zerfetzt.

Nach den vier Spritzen füllte er auch noch vier Röhrchen mit der Harper-Flüssigkeit. Er legte sie zusammen mit den Spritzen auf ein Tablett und trug dieses in den Raum mit den Tieren; er ging langsam und achtete sorgfältig darauf, wohin er die Füße setzte; das Tablett hielt er, als läge eine Atombombe darauf.

DER AFFENRAUM WAR voller Armeewissenschaftler und Techniker in blauen Schutzanzügen, die auf die Ankunft des Harper-Stamms warteten. Alle waren an die von der Decke hängenden Luftschläuche angeschlossen. Die Affen machten Lärm, sie quiekten und schrien. Im oberen linken Käfig der ersten Reihe beobachtete ein großer männlicher Javamakak, Affe C099, die Menschen. Es war ein aufgewecktes Tier, ruhiger und neugieriger als die anderen.

Stockman und Martinez war dieser Affe bereits aufgefallen. Sie hatten viele Jahre Erfahrung und erkannten leicht die unterschiedlichen Charaktere ihrer Tiere. Affe C099 hatte eine blasse Schnauze mit weißrosa Haut und nur wenig Gesichtsbehaarung, was für einen Javamakak ungewöhnlich war. Er wirkte dadurch menschlicher als die anderen. Er war eine Führungspersönlichkeit, hatte mehr Selbstvertrauen, war eines der größten Männchen der Gruppe. Und er hatte große, scharfe Reißzähne: keiner, mit dem man sich Ärger einhandeln wollte.

Stockman löste ein paar Riegel am Käfig von Affe C099 und schob eine bewegliche Platte nach vorn, sodass der Affe dicht an die Vorderseite des Käfigs gedrängt wurde. Stockman arbeitete langsam und vorsichtig, er versuchte, den Affen nicht zu beunruhigen. Während Stockman den Affen gegen die Gitterstäbe gedrückt hielt, nahm Josh Shamblin eine Spritze und injizierte dem Tier ein Betäubungsmittel, Telazol, in den Oberschenkel.

Sie warteten ein paar Minuten. Affe C099 wurde träge, fast schlief er ein. Dann öffnete Shamblin das Vorhängeschloss, ergriff das Tier unter den Armen und hob es heraus. Den Affen vor sich haltend, schlurfte er quer durch den Raum.

Inzwischen hatte Huggins ein paar Pockenröhrchen Louise Pitt übergeben, die für den Affenkasten verantwortlich war. Sie leerte die Röhrchen in ein Gerät, das die Flüssigkeit im Innern der Aerosolkammer vernebeln würde. Shamblin gab Louise Pitt den Affen, und sie legte ihn rücklings auf einem Tisch im Innern der Kammer.

Dann hob Louise Pitt den Daumen, und einer aus ihrem Team setzte das Gebläse in Gang. Harper-Pocken wurden in die Luft um den Kopf des Affen gesprüht. 100 Millionen Harper-Partikel atmete der Affe ein. Er musste gähnen, wobei er seine Reißzähne entblößte. Das Betäubungsmittel hatte ihn dösig gemacht.

Der Affe sollte auch noch eine Pocken-Ladung direkt in die Blutbahn bekommen. Shamblin nahm eine Infusionsnadel und schob sie in eine Vene im Oberschenkel des Affen. Er schloss einen dünnen Schlauch daran an, dann nahm er eine der Spritzen mit Harper, entfernte die Kappe und führte die Spritze vorsichtig in den kleinen Schlauch ein. Er injizierte dem Tier rund eine Milliarde infektiöse Harper-Partikel. Dann machte er eine kleine Pause. Josh Shamblin blickte sich um und sah jedem Einzelnen in die Augen, um sicherzugehen, dass alle im Raum bei der Sache waren. Das Rauschen der Luft in den Schutzanzügen war zu laut, um sprechen zu können. Er deutete allen an, dass er jetzt die kontaminierte Nadel aus dem Tier ziehen würde.

Alle, was immer sie gerade taten, hielten inne und erstarrten, einige traten einen Schritt zurück. Erst als Shamblin sicher war, dass ihm die Aufmerksamkeit des gesamten Raums galt, zog er die Nadel aus dem Oberschenkel des Affen. Die Stahlspitze glänzte nass von Affenblut, und alle Menschenaugen im Raum fixierten sie. Vielleicht war dies die verseuchteste Nadel in der gemeinsamen Geschichte von Variola und *Homo sapiens*. Ohne sie mit einer Kappe zu sichern – er würde um keinen Preis mit den Fingern in die Nähe der blutigen Spitze kommen –, machte Shamblin zwei Schritte und ließ die Nadel in einen Biogefahrstoffbehälter fallen. Diese Behälter wurden anschließend noch im Innern des MCL in Autoklaven sterilisiert, und erst danach durften sie aus dem Sicherheitsbereich der Stufe 4 hinaus.

Anschließend trugen sie den großen, schläfrigen, bleichgesichtigen Affen in seinen Käfig zurück und wiederholten den Vorgang dreimal mit weiteren Artgenossen.

Am nächsten Tag infizierten sie die anderen vier Affen mit einem anderen Pockenstamm, dem Dumbell 7124, den Wissenschaftler in der Regel als Indien-Stamm bezeichnen. Er war 1964 im südindischen Vellore von dem britischen Pockenforscher Keith Dumbell eingesammelt worden. Drei Jahre später nahmen sowjetische Wissenschaftler in Vopal, ebenfalls in Indien, Proben des Stammes, der als Indien-1 bekannt werden und zum Ausgangsmaterial für ihre strategische Biowaffe werden sollte. Die russische Regierung hatte sich geweigert, den Indien-1-Stamm mit irgendjemandem zu teilen, Jahrling und seine Gruppe glauben jedoch, dass ihr Indien-Stamm dem russischen Indien-1 ähnlich ist. Sie halten den ihren für den »heißesten« Pockenstamm, den man außerhalb Russlands bekommen kann.

Dieses Experiment unterschied sich von Jahrlings vorangegangenem Versuch, bei dem es seiner Gruppe nicht gelungen war, Affen mit Humanpocken zu infizieren. Seinerzeit hatten sie mit geringeren Dosen gearbeitet und die Viren den Affen nur durch die Luft verabreicht. Diesmal injizierten sie welche auch ins Blut der Affen, und sie verwendeten höhere Dosen. Wenn eine Milliarde Partikel einen Affen nicht irgendwie krankmachten, glaubte Jahrling, dann würde uns die Natur damit sagen wollen, dass Variola sich in überhaupt keiner Spezies vermehren würde – außer der menschlichen.

Die Affen blieben unter Beobachtung, und die Gruppe fragte sich, was passieren würde. Vielleicht würden sich die Harper- und die Indien-Viren in den Affen zu vermehren beginnen, vielleicht auch nicht. Und wenn die Tiere tatsächlich erkrankten, würde niemand wissen, wie diese Krankheit aussah. Es war unmöglich, vorherzusagen, was Variola anstellen würde.

Das Auge des Dämons

TOT

NACHDEM DIE AFFEN in den CDC mit zwei lebenden Pockenstämmen inokuliert worden waren, flogen Peter Jahrling und John Huggins wieder nach Maryland. Lisa Hensley
ließen sie als Versuchsleiterin zurück. Ihr assistierte Mark
Martinez. Jim Stockman und Josh Shamblin halfen den beiden. Innerhalb des Teams stellte sich eine gewisse Routine
ein. Um sieben Uhr morgens trafen sie in den CDC ein und
passierten die Sicherheitskontrollen. Dann zogen Stockman
und Shamblin sich sofort blaue Schutzanzüge an und gingen
ins MCL-West. Jede Nacht warfen die Affen ihre Streu aus
den Käfigen. Ihr »Bettzeug« bestand aus Papierbällchen, und
den Affen machte es offensichtlich Spaß, sie durchs Labor zu
schmeißen. Jeden Morgen musste Stockman das Papier zu-
sammenkehren, die Käfige säubern und den Affen ihre Bis-
kuits geben, wobei ihm Shamblin half, der zugleich alles für
die Blutuntersuchungen einiger Tiere vorbereitete. Im Korridor unten im Keller saßen Lisa Hensley und Martinez vor
ihren Laptop-Computern, sahen die E-Mails durch und
tranken Kaffee und Cola.

Lisa Hensley war inzwischen klar geworden, dass Peter
Jahrling sie über den Tisch gezogen hatte. Sie erkannte jetzt,

dass er ihr die Verantwortung für das Experiment von Anfang an übertragen wollte – aber er hatte ihr nichts davon gesagt. Sie fand das reichlich komisch – Dr. Jahrling hatte befürchtet, dass sie sich weigern würde, mit Pocken zu arbeiten, wenn er sie darum bäte. Und sie sehnte sich tatsächlich nach ihrer Ebolaforschung zurück. Sie fühlte sich in Atlanta einsam. Sie vermisste Rob Tealle, obwohl sie dazu neigte, ihn in einer anderen Schublade ihres Lebens abzulegen, wenn sie mitten in einem großen wissenschaftlichen Projekt steckte. In den Sicherheitsbereich der Stufe 4 zu gehen, wo die Pocken waren, kam ihr ein bisschen vor, als würde sich ein Astronaut für Monate in den Orbit begeben. Die Welt fiel von einem ab, wenn man die Luftschleuse passierte, und man konzentrierte sich ganz auf die anstehende Arbeit. Man lebte Tag für Tag mit der Atemausrüstung, und man beobachtete jede Sekunde, was man mit den Händen tat.

Das MCL-West betrat sie jeden Morgen als Letzte, und stets untersuchte sie die Tiere. Acht Affen waren Pockenviren ausgesetzt gewesen, doch keiner zeigte äußerliche Anzeichen einer Erkrankung.

Affe C099 schien umgänglicher als die anderen. Die Wissenschaftler gewöhnten sich an, ihm Leckerbissen zukommen zu lassen – Marshmallows, Zuckerwatte und Popcorn. Dem Affen gefiel das, und das Experiment wurde davon nicht beeinflusst. Stockman trat mit Zuckerwatte in der Hand an den Käfig, und blitzartig, fast schneller als das Auge es erfassen konnte, schnellte aus dem Käfig eine andere Hand heraus, und der Ballen verschwand im Maul des Affen. Dann wurde die Hand wieder aus dem Käfig herausgestreckt, denn der Affe wollte mehr.

Jeden Tag spritzten die Wissenschaftler einigen der Affen ein Betäubungsmittel, legten sie zur Untersuchung auf einen

Tisch in einem angrenzenden Raum, und Shamblin nahm Blutproben. Mark Martinez füllte sie in eine Reihe Vacutainerröhrchen und gab sie an Lisa Hensley weiter, die sie etikettierte und mit in ihr Labor nahm, wo sie Dutzende von Bluttests vornahm und dabei nach irgendwelchen Veränderungen suchte.

Am Tag 2 des Experiments entdeckte Lisa Hensley Humanpocken-DNS im Blut der Affen. Zuvor war da keine gewesen. Das bedeutete, dass das Virus sich mit an Sicherheit grenzender Wahrscheinlichkeit in den Affen vermehrte.

Jeden Abend fuhr sie ins Hotel zurück. Hatte sie noch Zeit, ging sie in einem nahe gelegenen Park joggen oder sie setzte sich an den Swimmingpool zu den anderen Teammitgliedern, die Bier tranken und sich entspannten, oder man ging gemeinsam Pizza essen. In der Regel trank sie während eines Projekts der Sicherheitsstufe 4 keinen Alkohol. Öfters wärmte sie sich in ihrer Kochnische eine »Healthy-Choice«-Mahlzeit auf, breitete ihre Papiere sowie den Laptop auf dem Sofa aus und arbeitete an ihren Ebolaprojekt-Dateien, manchmal bis spät in die Nacht. Wenn sie Zeit hatte, rief sie Rob Tealle an und erzählte ihm ihre Fortschritte bei den Experimenten oder sie hielt mit ihren Eltern ein Schwätzchen.

Lisa und Tealle hatten sich überlegt, ob sie heiraten sollten. Sie lebten jetzt schon eine ganze Weile zusammen, und Lisa Hensley fühlte eine gewisse Sehnsucht nach Häuslichkeit. Sie ging auf die dreißig zu, und irgendwann wollte sie Kinder haben. Ihre ältere Schwester war Mutter geworden, und diese Rolle füllte sie aus; sie war mit ihrem Kind überglücklich. Lisa hatte über ihrem Schreibtisch im USAMRIID Fotos von ihrer kleinen Nichte hängen.

DER TAG 4, DER 4. JUNI 2001, war zugleich der vierte Tag für die vier Affen, die mit dem Harper-Stamm infiziert worden waren. Für die anderen, die den Indien-Stamm bekommen hatten, war es der dritte Tag. Lisa Hensley und Mark Martinez kamen am frühen Morgen zur Arbeit, klappten die Laptops auf den Schreibtischen im Keller auf und wechselten sich dann an der einzigen Telefondose ab, um die E-Mails zu erledigen. Jim Stockman zog einen blauen Schutzanzug an und ging sich um die Affen kümmern. Wenige Minuten vor acht Uhr klingelte im Korridor ein Telefon, Lisa Hensley nahm ab. Es war Stockman, der aus dem MCL-West anrief.

Er schrie durch das Visier seines Anzugs: »Wir haben hier zwei tote Affen! Mit einem weiteren geht es zu Ende!«

Sie glaubte, Stockman mache Witze. »Ach ja? Gibt's sonst noch was?«, platzte es aus ihr heraus, aber Stockman meinte es todernst, und plötzlich schlug ihr das Herz bis zum Hals. Sie spürte massive Adrenalinstöße in ihrem Körper. Tote Affen.

Martinez sprang auf und verschwand blitzschnell. Er wollte klinische Proben von den Affen nehmen und beeilte sich, in den Schutzanzug zu kommen. Sobald er den Umkleideraum verlassen hatte, folgte Lisa Hensley ihm.

Martinez ging in den Affenraum und blickte durch das Plastikzelt auf die Käfige. Da lagen, zusammengekrümmt, zwei tote Affen, und überall auf der Haut hatten sie unregelmäßige, sternchenförmige rote Flecken.

»Oh, mein Gott …«, dachte er. Die Affen waren regelrecht gesprenkelt – überall in den Gesichtern sah er winzige, nadelspitzengroße Blutungen. Besonders dicht waren sie auf den Augenlidern, auch an den Flanken und den Innenseiten der Oberschenkel. Die blutige Haut war aber glatt, hatte keine Pusteln. Die Tiere hatten die hämorrhagische Verlaufsform. »Mein Gott, schwarze Blattern…«

Die beiden toten Affen gehörten zu der Gruppe, die den Indien-Stamm bekommen hatte. Nie zuvor war auch nur einziger Fall bekannt geworden, dass ein Tier von *irgendeinem* Humanpockenstamm getötet worden war. Zum ersten Mal sahen sie hier, dass sich Variolaviren in todbringender Weise in einer anderen Spezies als der menschlichen vermehrt hatten.

Irgendwie überwältigt und zugleich wissbegierig, was der Indien-Stamm mit den Affen gemacht hatte, nahm Martinez einen Stock und stupste die toten Affen sanft. Er wollte sichergehen, dass sie wirklich tot waren. Ein noch nicht ganz toter Affe mit »heißen« Indien-Pocken und scharfen Reißzähnen wäre extrem gefährlich. Aber das Stupsen mit dem Stab zeigte, dass die Affen mausetot waren. Bei einem von ihnen, einem kleineren Männchen mit der Nummer C171, war bereits die Totenstarre eingetreten.

Martinez war der Pathologe des Teams. Er wollte die Tiere so schnell wie möglich sezieren – er wollte Gewebe sehen. Er untersuchte die Augen. Sie sahen normal aus – keine Blutflecken wie bei Menschen mit schwarzen Blattern. Er beschloss, bei dem schwereren Männchen, Affe C115, eine Nekropsie vorzunehmen – eine Untersuchung *post mortem*. Er trug den Affen in den Nekropsieraum, legte ihn auf einen Metalltisch und suchte seine Instrumente zusammen. Dann schloss er die Tür. Das Tierschutzgesetz verbietet eine Nekropsie oder eine sonstige chirurgische Behandlung an einem Tier in Sichtweite von Tieren derselben Spezies.

LISA HENSLEY GING DIREKT in den Nekropsieraum, ohne zuvor nachzusehen, was mit den anderen Affen war.

Sie wollte mit der Nekropsie so schnell wie möglich voran-kommen.

Martinez hatte bereits angefangen, als sie eintrat. Der Affe lag geöffnet auf dem Tisch; seine Bauchhöhle war geweitet und voller Blutpfützen. Dasselbe passiert bei Menschen, die hämorrhagische Pocken haben. Überall an den inneren Organen, vor allem an den Därmen, waren blutige Flecken.

An einem Ende des Tisches reihte Martinez eine Anzahl Plastikbehälter auf, die er mit Proben von den Organen des Affen füllte. Er arbeitete sehr schnell.

Lisa Hensleys Herz wummerte. An der Wand bei den Affenkäfigen hing ein Notfalltelefon. Sie rief Jahrling an und erreichte ihn in dem Moment, da er sein Büro im USAM-RIID betrat.

Jahrling schrie ins Telefon. Wegen ihrer Ohrstöpsel und dem Rauschen der Luft im Schutzanzug konnte sie ihn kaum hören. Er wollte, dass sie ihn den ganzen Tag über aus dem MCL anrief und berichtete, was immer sie und Martinez sahen. Er klang völlig überdreht.

Der Magen des Affen war blutig, von Pocken zerstört. Die Lungen waren blutig und hämorrhagisch gefleckt. Die Leber war schon in Nekrose übergegangen – größtenteils abgestorben. Überall in dem Affen hatten sich die Viren ausgebreitet.

Zum ersten Mal in ihrem Leben stand Lisa Hensley *Variola major* von Angesicht zu Angesicht gegenüber. Bis sie diesen verbluteten Affen sah, hatte sie keine Vorstellung davon gehabt, wie mächtig dieses Virus war, wie wahrhaft erschreckend. Es war unheimlicher als Ebola, viel unheimlicher, denn dieses Virus war bestens an Menschen angepasst, und es verbreitete sich durch die Luft. Ebolaviren können nur durch direkten Kontakt übertragen werden, und sie sind nicht sonderlich gut an Menschen angepasst. Hier stiegen Variolapartikel aus der Körperhöhle des toten Tieres direkt in die Luft auf.

»Lisa!«, rief Martinez.

Er reichte ihr einen Plastikbehälter mit einem Klumpen dunklen Fleisches von der Größe einer 50-Cent-Münze.

»Was zur Hölle ist das?«, fragte sie.

»Milz.«

Die Milz war ein wolkig gefleckter, übermäßig geschwollener Ball – und größtenteils abgestorben. Sie nahm zwei Skalpelle – in jeder Hand eins, und beugte sich mit seitlich abgespreizten Ellbogen, den Körper zurückhaltend, merkwürdig verkrümmt über die Probe, denn sie wollte nicht mit der Arbeitsfläche in Berührung kommen. Dieses Stück Milz enthielt so viele Variolaviren, dass es für den Tod mehrerer Millionen Menschen gereicht hätte. Winzige Stückchen schnitt sie ab, zerhackte das Gewebe. »Diese Milz ist Matsch«, dachte sie.

Sie arbeitete schnell, denn Martinez sezierte wie ein Wirbelwind, und die Proben begannen sich zu stapeln. Sie stand an einer kleinen Arbeitsbank gegenüber dem Nekropsietisch. Ab und an löste sie ihren Luftschlauch und trug Proben von Blut oder Gewebe zur weiteren Untersuchung in ihr Labor, wo sie das Blut durch eine Zentrifuge jagte, sich anschließend unter einem Mikroskop ansah, rote Blutkörperchen zählte und weiße. Sie eilte hin und her, und ihre Hände waren dabei voller angereichertem Indien-Blut.

Es wurde ein langer Tag; die erste Nekropsie dauerte Stunden, denn was sie in dem Affen sahen, war für die Wissenschaft neu. Gegen Mittag überlegten sie, eine Pause zu machen. Sie wollten etwas essen und auf die Toilette, aber sie wollten sich auch den zweiten toten Affen vornehmen, der noch immer in seinem Käfig lag. Sie beschlossen, einfach weiterzumachen.

Mittlerweile hatte sich in den CDC schnell die Kunde verbreitet, dass im MCL Affen gestorben – an Variola gestorben waren. Ständig klingelte das Notfalltelefon an der Wand neben den Affenkäfigen. Lisa Hensley nahm die Anrufe entgegen. Von überall aus den CDC riefen Menschen an, und ständig meldeten sich Jahrling und Huggins aus Fort Detrick. Was immer die Vorbehalte gewesen sein mochten, Leute von der Armee mit Pocken arbeiten zu lassen, jetzt waren auch die Mitarbeiter der CDC aufgeregt. Ein Ebolaexperte von den CDC namens Pierre Rollin meldete sich freiwillig, um zu helfen, und er brachte ins MCL-West eine Ausrüstung mit, mit der man Gewebe für die Analyse unter dem Elektronenmikroskop präparieren konnte.

Im Käfig oben links im Affenraum betrachtete sich das neugierige Männchen mit den hellen Haaren und dem ungewöhnlichen Gesicht, Affe C099, gelassen die Szenerie. Er sah etwas gerötet aus. Vielleicht würde es auch ihn umhauen. Ein weiterer infizierter Affe sah sehr krank aus und saß am Boden. Die meisten nichtmenschlichen Primaten sitzen nicht gern in der Anwesenheit von Leuten, sondern beeilen sich, auf die Füße zu kommen, wenn man sich ihnen nähert. Nur wenn ein Affe krank ist, bleibt er sitzen. Ein kranker Affe umklammert die Knie und beobachtet die Leute und frisst nicht. Angesichts eines Menschen wird sich ein Affe niemals hinlegen, wenn er das verhindern kann. Wenn ein Affe sehr krank ist, legt er sich zwar hin, wenn man ihm den Rücken zukehrt, aber sobald irgendjemand ihn anblickt, setzt er sich wieder auf.

Der kranke Affe hockte zusammengekauert da und umklammerte seine Knie, sternförmige Flecken waren auf sei-

nen Augenlidern zu erkennen, und als Lisa Hensley sich ab-
wandte, legte sich der Affe in seinem Käfig hin.

Martinez stand neben Lisa Hensley. Er schrie: »Sie werden
alle schnell sterben. Ich wette, in zwei Wochen sind wir hier
weg.«

»Wart's ab«, schrie sie zurück. »Ich wette, ein Einziger wird
überleben. Und wir werden noch eine ganze Weile hier sein,
Mark.«

Sie trugen den zweiten toten Affen in den Nekropsieraum. Martinez war in guter körperlicher Verfassung, aber
der Stress des Sezierens zeichnete ihn nun doch. Er war
Wildwasserkajaklehrer, aber in einem Hochsicherheitslabor
der Stufe 4 Tiere zu sezieren, die an hämorrhagischen Pocken gestorben waren, strapazierte arg seine Vorstellung davon, alles um sich unter Kontrolle zu haben. Er musste äußerst konzentriert arbeiten. Jede Bewegung musste sitzen.
Man musste auf die Hände aufpassen, und man musste sich
ständig glasklar bewusst sein, wer um einen war und was er
tat.

Martinez suchte sich einen Stuhl, trug ihn in den Nekropsieraum und nahm die zweite Nekropsie im Sitzen vor. Das
verhalf ihm zu mehr Konzentration, befand er. Lisa Hensley
musste weiterhin im Laufschritt Proben in ihr Labor bringen, also blieb sie auf den Beinen. Ihr Rücken begann wehzutun, und ihr war eisig kalt. Die Haltung, in der sie die Proben schnitt, strapazierte ihr Rückgrat – mit abgewinkelten
Ellbogen und einem von den Skalpellen fern gehaltenen
Körper im Buckel über die Arbeitsfläche gebeugt, während
sie winzige Scheiben »heißen« Gewebes abschnitt. Irgendetwas in der trockenen Luft im Innern des Anzugs und in der
Klimaanlage des MCL brachte es mit sich, dass sie selbst im
Sommer in Atlanta praktisch an Unterkühlung litt. Ihre

Überstiefel waren aus dünnem Gummi, und sie konnte den Betonboden durch die Socken spüren.

Um drei Uhr nachmittags waren sie mit der zweiten Nekropsie fertig.

»Lass uns danach duschen«, sagte Lisa Hensley, und Martinez nickte.

Doch als sie in den Affenraum zurückkamen, sahen sie schockiert, dass auch der dritte Affe bereits gestorben war. Es war der erste, der am Harper-Stamm starb.

Sie ließen die Pause Pause sein und machten sich an die dritte Nekropsie. Stunde um Stunde zog die Arbeit sich hin, die Sonne näherte sich dem Horizont. Das MCL hatte keine Außenfenster, doch durch ein paar Fenster des Hauptraums konnte man in das verglaste Atrium von Building 15 blicken. Dort wurde es immer dunkler, und die Leute gingen nach Hause. Seit acht Uhr morgens steckten Martinez und Lisa Hensley nun in ihren Schutzanzügen. Sie hatten nichts gegessen, und sie hatten keinen Zwischenstopp auf einer Toilette einlegen können. Die Luft in den Anzügen war knochentrocken, die beiden waren dehydriert und durstig.

Gegen acht Uhr abends löste Martinez plötzlich seinen Luftschlauch und bedeutete Lisa Hensley, dass er hinausginge. Sie glaubte, er hätte Schwierigkeiten mit der Luftzufuhr. Er hastete aus dem Raum in Richtung Luftschleuse. Seine Blase war das Problem.

Unter der chemischen Dusche litt er Qualen. Der Reinigungszyklus ist automatisiert und dauert neun Minuten, und er konnte nicht hinaus, ehe der vorüber war. Danach rannte er durch die Grauzone und riss sich auf dem Weg zur Toilette den Anzug herunter.

Später am Abend kehrte das Team zum Hotel zurück und saß wie betäubt am Swimmingpool. Geschäftsleute gingen vorbei und sprachen über Absätze und Verträge; auf einem kleinen Spielfeld neben dem Pool warf ein Mann Basketbälle auf den Korb; Kinder kreischten im Wasser. Das Leben ging weiter. Der Sinn ihrer Arbeit im »heißen« Labor war, diese Menschen vor Variola zu schützen. Menschen, die wahrscheinlich nie einen Gedanken an diese Krankheit verschwendet hatten und sich kaum vorstellen konnten, was sie bedeutete.

Lisa Hensley ging in ihr Zimmer, legte sich flach auf den Boden und blickte an die Decke; sie versuchte ihre Rückenschmerzen zu lindern. Was sie heute gesehen und getan hatten, war dramatisch und würde international Aufmerksamkeit erregen. Vielleicht würde eine der großen Zeitschriften wie *Science* oder *Nature* etwas darüber bringen, und höchstwahrscheinlich würde das die Pocken-Eradikatoren in helle Aufregung versetzen.

HARPER

4.–20. JUNI 2001

ZWEI TAGE NACH DEM TOD der drei Affen bekam Affe C099, das umgängliche Männchen, entlang der Oberschenkel kleine Pickel, doch er schien nicht sonderlich krank zu sein. Sie betäubten ihn, legten ihn auf den Nekropsietisch und untersuchten ihn. Sie öffneten sein Maul und fanden am Gaumen und an der Innenseite der Lippen kleine Pusteln. Mit einem Tupfer nahmen sie von der Hinterseite des Halses Speichelproben. Sie wollten herausfinden, ob, wie bei Menschen, Viren aus der hinteren Kehle des Affen in die Luft gelangten. Sie brachten ihn in seinen Käfig zurück, und kurz darauf erwachte er. Nach wie vor wirkte er munterer als die schwer Erkrankten.

Im Verlauf der nächsten Tage entwickelte C099 klassische Pocken. Für Lisa Hensley und Martinez sahen sie genau wie menschliche Pocken aus, was bedeutete, dass dies möglicherweise ein Tiermodell für Humanpocken sein konnte, das die Food and Drug Administration akzeptieren könnte.

Während die Pusteln wuchsen und sich über Gesicht, Hände und Füße des Affen ausbreiteten, erkannte das Team, dass die Pusteln kleine Dellen in der Mitte hatten: ein zentrifugaler Pockenausschlag, genau wie ihn Menschen bekommen. Martinez nahm eine Unterwasserkamera ins Labor mit und fotografierte den Affen. Der wasserdichte Fotoapparat war nötig, denn um ihn aus der Sicherheitsstufe 4 wieder herauszubekommen, musste er ihn eine halbe Stunde lang in einen Tank voll Lysol legen.

Die Pusteln drängten sich dicht an dicht an den Extremitäten des Tieres – genau wie bei Menschen mit Pocken. Das Männchen begann den Wissenschaftlern Leid zu tun. Nach dem Virenstamm, den er bekommen hatte, tauften sie den Affen »Harper«.

Hundertfünfzig Pusteln hatte Harper; sie zählten sie, als er betäubt auf dem Tisch lag. Lisa Hensley fand den Anblick des klassischen Krankheitsverlaufs noch schwerer erträglich als den der hämorrhagischen Form, und dieser bleichgesichtige Affe erinnerte sie an ein Kind. Sie zweifelte nicht daran, dass man Tierversuche machen musste, um Menschenleben zu retten, die Suche nach Arzneimitteln gegen HIV war dafür ein ausgezeichnetes Beispiel. Das Pockenexperiment war von den Tierversuchsausschüssen des USAMRIID und der CDC geprüft und genehmigt worden. Jedes Tier, das zweifellos sterben würde, musste auf der Stelle getötet werden, und zwar schmerzlos, damit es nicht unnötig Torturen ausgesetzt war. Harper aber starb nicht. Er durchlitt Höllenqualen, die ein Erbe der Menschheit, nicht der Affen waren.

Am Morgen des 7. Juni kauerte Harper hinten in seinem Käfig; offensichtlich ging es ihm erheblich schlechter. Am schlimmsten betroffen waren seine Hände. Dort waren die Variolapusteln aufgebrochen.

Die Hand ist ein Symbol der Menschheit, Teil dessen, was uns zu Menschen macht. Die Hand, die den Parthenon meißelte, die die Hände Gottes und Adams an der Decke der

Sixtinischen Kapelle malte oder die »König Lear« schrieb – sie war bislang die einzige Hand, die Pocken kennen gelernt hatte. Dieselbe Hand hatte jetzt die Krankheit an Affen weitergegeben.

Die Wissenschaftler machten sich auch um Jim Stockman Sorgen. Er war ein überaus ernsthafter Mann von Mitte fünfzig, der sein ganzes Berufsleben lang mit Tieren gearbeitet hatte und von Natur aus ihnen gegenüber sehr positiv eingestellt war. Sie glaubten, dass es ihm sehr schwer fallen musste, Harper mit Pocken darnieder liegen zu sehen. Der Affe litt unter Flüssigkeitsverlust, denn er konnte kaum schlucken. Stockman kaufte in einer Drogerie eine Flasche »Pedialyte« mit Traubenaroma – ein die physiologischen Verluste ausgleichendes Getränk, das man Kindern mit Durchfall gibt – und hoffte, dass es Harper schmecken würde. Lisa Hensley und Martinez plünderten das Frühstücksbüffet im Hotel und pickten aus dem Obstsalat rote Weintrauben und Stücke von Pfirsichen, Mangos und weichen Bananen heraus, die sie in Styroporbechern mit ins MCL-West nahmen, um sie Harper zu geben.

Stockman goss »Pedialyte« in eine Spritze mit einem langen Plastikröhrchen daran. Der Affe ließ sich die Flüssigkeit ins Maul spritzen. Er schien den Menschen in den Schutzanzügen zu vertrauen. Shamblin und Stockman zerdrückten das Obst, taten etwas davon auf einen Zungenspatel und boten es Harper an. Kauen konnte er nicht, aber er nahm den Brei ins Maul und schluckte ihn. Auch sein Gesäß war voller Pusteln, also organisierte Mark Martinez ein weiches Polster, das er irgendwie dem Affen unterschob, damit er es etwas bequemer hatte. Sie fanden heraus, dass er die roten Weintrauben am liebsten mochte, und so sammelte Lisa Hensley jeden Morgen am Frühstücksbüffet sämtliche Weinbeeren ein. Stockman kaufte tütenweise Marshmallows, da Harper sie zerkauen und hinunterschlucken konnte.

Überall in Harpers Gesicht begannen die Pusteln miteinander zu verschmelzen. Er trat jetzt in das frühe Krustenstadium ein, die gefährlichste Phase der Humanpocken, da dann der Zytokinensturm außer Kontrolle gerät. Um den 10. Juni herum, als der Affe überall verkrustet war, bot Stockman Harper eine ganze Traube an. Er griff danach, nahm sie und steckte sie sich ins Maul.

Es schien Harper etwas besser zu gehen, und die Weintrauben wurden seine ganze Leidenschaft. Wenn er merkte, dass jemand einen Becher davon hatte, streckte er beide mit Schorf und Blasen überzogenen Hände danach aus, dann stopfte er sich Weintrauben in die Backentaschen, bis sie dick und rund waren, um einen Vorrat für später zu haben.

LISA HENSLEY HATTE Peter Jahrling jeden Tag angerufen, und das Team hatte ihm Fotos von Harpers Gesicht per E-Mail geschickt. Ein paar der Bilder nahm Jahrling Ende Juni zu einer Konferenz in Washington an der National Academy of Sciences mit, wo er D. A. Henderson begegnete. Mitglieder der National Academy und führende Biowaffenexperten standen um einen Kaffeeautomaten herum und unterhielten sich. Zwischen Jahrling und Henderson herrschte persönlich eine angespannte bis verbitterte Atmosphäre, seit Jahrling sich dafür ausgesprochen hatte, die Pockenvorräte nicht zu vernichten.

Jahrling reichte Henderson ein Farbfoto von Harper. »Schauen Sie sich das an, D. A.« Überall im Gesicht des Affen prangten Pusteln, und sie hatten kleine Dellen.

Henderson nickte und sagte so etwas wie:»Nun, das sieht genau wie Humanpocken aus.« Er schien damit sagen zu wollen, dass Jahrling nicht mit Humanpocken experimentieren müsse, wenn Affenpocken ihnen so ähnlich waren. »Dreimal dürfen Sie raten, D. A. Es *sind* Humanpocken.« Jahrling zufolge stieß Henderson ihm das Foto in den Bauch, drehte sich auf dem Absatz um und ging ohne ein Wort zu sagen weg. Henderson erklärte, das habe sich niemals so zugetragen.

ES WURDE JULI, und Atlanta kochte vor Hitze. Lisa Hensley litt in ihrem Schutzanzug noch immer an Unterkühlung und sie genoss das feuchtschwüle Klima, wenn sie aus dem MCL herauskam.

Für ein normales Leben hatte sie keine Zeit. Jeden Abend zurück zum Hotel. Eine»Healthy-Choice«-Mahlzeit aufwärmen. Sich flach auf den Boden legen. Rob anrufen. Sie machte sich ihm gegenüber rar, und das war ihr auch bewusst, aber das Experiment war jetzt in voller Fahrt.

Harper war mittlerweile total verschorft, und allmählich erholte er sich. Weiterhin fütterten sie ihn per Hand mit Leckerbissen, aber ihnen war klar, dass er nicht weiterleben durfte. Die Regeln für das Experiment forderten die Euthanasie aller Tiere, um mehr Erkenntnisse über die Auswirkungen der Pocken sammeln zu können. Und es gab auch eine Biosicherheitsvorschrift, der zufolge ein Tier, das mit pathogenem Material der Stufe 4 infiziert war, den Stufe-4-Bereich nicht lebend verlassen durfte. Mit dem Tier würden sonst auch die Pocken herauskommen.

Als Ende Juli der Tag näher rückte, an dem Harper geopfert werden sollte, verkündete Jim Stockman, er habe in

Maryland dringende Geschäfte zu erledigen und müsse nach Hause fliegen. Dann stellte sich heraus, dass auch Josh Shamblin plötzlich ganz schnell heim musste.

In der letzten Nacht gingen die Teammitglieder einer nach dem anderen in den Affenraum und besuchten Harper. Die Pusteln waren fast vollständig ausgeheilt, und er hatte keine Narben. Sie brachten ihm haufenweise Marshmallows, Erdnüsse, Weintrauben und eine Birne – mehr als er fressen konnte. Am nächsten Morgen ließen Lisa Hensley und Martinez Harper einschlafen. Sie verwendeten ein Anästhetikum, das ihm keine Schmerzen bereitete. Er war zuvor schon öfter betäubt worden, sodass er auch diesmal die Prozedur nicht ungewöhnlich fand.

Martinez legte den bewusstlosen Harper auf den Tisch und sah zu, wie er verschied. Er musste den Tod formell feststellen. Lisa Hensley wandte sich ab.

Von den acht Affen, die den Harper- oder Indien-Stamm bekommen hatten, starben sieben, sechs davon an hämorrhagischen Pocken, einer an der klassischen, pustulösen Verlaufsform. Harper hatte als Einziger überlebt.

Das Team infizierte zwei weitere Gruppen von Affen. In der zweiten Runde waren es sechs Tiere, von denen fünf starben. Einer von diesen Affen bekam die pustulösen Pocken, einer der anderen die typischen roten, blutunterlaufenen Augen, die Menschen im Fall von schwarzen Blattern aufweisen. In der dritten und letzten Runde verringerten sie die Dosis und infizierten neun Affen, von denen kein Einziger erkrankte.

Peter Jahrling ist der Meinung, die Experimente seien ein Erfolg gewesen. »Wir konnten den Mythos begraben, dass

Humanpocken nur Menschen infizieren und keine andere Spezies«, erklärte er.»Wir konnten bei den Affen eine Krankheit hervorrufen, deren Verlauf dem der menschlichen Erkrankung ähnelte. Das bedeutet, dass das Verfahren hilfreich sein wird, um für Impfstoffe und antivirale Medikamente die Zulassung der FDA zu bekommen.« Er sagte, der nächste Schritt würde darin bestehen, Affen mit Pocken zu infizieren und sie dann mit dem antiviralen Medikament Cidofovir zu heilen zu versuchen.

Ich fragte Jahrling, wie er das Leiden der Tiere bei seinen Experimenten rechtfertige.»Mein Blutdruck würde um zwanzig Einheiten heruntergehen, wenn wir nicht mit Variola an Affen arbeiten müssten«, sagte er.»Ich habe damit wirklich Probleme. Die Sache ist ja so: Man schaut ihnen in die Augen und sieht, dass sie intelligent sind. Man geht nachts in einen Affenraum und hört sie rufen, und das klingt, als würden Menschen sprechen. Das schafft mich wirklich. Aber bei einem zukünftigen Kampf gegen Pocken werden antivirale Medikamente die entscheidende Rolle spielen, und die FDA fordert, dass die Medikamente an authentischen Humanpockenviren in einem Tier getestet werden. Offen gesagt, ich könnte mit einem antiviralen Medikament leben, das wir nur an menschlichem Gewebe *in vitro* [im Labor] getestet haben und beispielsweise noch an Mäusen, die wir gentechnisch so verändert haben, dass sie ein Immunsystem haben, das dem von Menschen ähnlich ist. Aber Pockenmittel an Mäusen mit menschlichem Immunsystem zu testen wird auf absehbare Zeit von der FDA keinesfalls akzeptiert werden. Zig Affen werden für diese Sache geopfert werden müssen, aber das ist nichts im Vergleich zu zig Millionen Pockenfällen bei Menschen – und ich glaube, dass die Pocken eindeutig eine allgegenwärtige Gefahr darstellen.

Aber ich kann nicht leugnen, dass ich schon einmal an dem Punkt war, wo ich wirklich dachte, ich könnte so nicht weitermachen.«

Lisa Hensley hatte besonders bei Harpers Tod Mitleid und Trauer empfunden, aber sie betrachtete ihre Empfindungen als notwendige Konsequenz ihrer Arbeit als Wissenschaftlerin für die öffentliche Gesundheit. »Jeder, der an Tieren forscht, muss mit seinem eigenen Gewissen ausmachen, was er tut«, sagte sie mir. »Rund 20 Prozent der Bevölkerung können nicht geimpft werden. Sie haben geschwächte Immunsysteme oder Ekzeme oder es handelt sich um schwangere Frauen oder ganz kleine Kinder. Eine große Zahl von Menschen wird also ungeschützt sein, wenn die Pocken zurückkommen. Für mich wären das Verluste, die nicht akzeptabel sind.«

WTC

SEIT ENDE MAI hatte Lisa Hensley ohne Unterbrechung an fünf bis sieben Tagen pro Woche im Schutzanzug mit Pocken gearbeitet. Anfang September luden ihre Eltern sie und Rob Tealle ein, mit ihnen auf den Inseln vor North Carolina Urlaub zu machen, und die beiden sagten zu. Also ließ sie Martinez mit dem Pockenprojekt allein, das sich ohnehin dem Ende zuneigte.

Am 11. September um neun Uhr vormittags sah Stockman nach den Affen und fütterte sie. Eine CDC-Pockenexpertin namens Inger Damon kümmerte sich in einem der Räume um irgendwelche Ausrüstung. Sergeant Rafael Herrera hörte in seinem Schutzanzug über Kopfhörer Radio.

Mark Martinez sezierte gerade einen Affen, da bemerkte er, dass Herrera den Raum betreten hatte. Herreras Augen waren weit aufgerissen, und seine Lippen formten etwas, das er Martinez sagen wollte. Doch der verstand ihn nicht; also nahm Herrera ein Stück Papier und schrieb darauf: »Ein Flugzeug ist ins World Trade Center gekracht.«

»Wirklich?«, schrie Martinez.

Herrera ging hinaus, und Martinez wandte sich wieder seiner Arbeit zu. Wenig später kam Herrera zurück und schrieb auf das Papier: »Noch ein Flugzeug ins WTC gekracht.«

Martinez konnte seine Arbeit nicht unterbrechen, er war mitten in einer Nekropsie.

Herrera verfolgte das weitere Geschehen über das Kopfhörerradio. Er schrieb: »Pentagon«, »Flugzeugabsturz in Pennsylvania«.

Vom Nekropsieraum ging ein Fenster auf den Gang hinaus. Vor diesem tauchte eine Frau auf, wedelte mit den Armen und klopfte ans Glas; dann hielt sie ein Schild hoch: WIR MÜSSEN EVAKUIEREN.

Von höchster Stelle in Washington war der Direktor der CDC, Jeffrey Koplan, gewarnt worden, dass seine Einrichtung jeden Moment Ziel eines Terrorangriffs werden könnte. In diesen Vormittagsstunden des 11. September wusste man noch nicht, wer für die Angriffe verantwortlich war und was für welche vielleicht noch folgen würden. Koplan hatte die Evakuierung aller CDC-Gebäude befohlen.

Jeder CDC-Mitarbeiter wusste, dass das MCL voll »heißer« Variolaviren war. Würde es durch den Absturz eines Flugzeugs oder die Explosion einer Bombe beschädigt oder zerstört, war damit zu rechnen, dass die Pocken freikämen.

Lieutenant Colonel Mark Martinez war zu diesem Zeitpunkt der ranghöchste Offizier im MCL. Er löste seinen Luftschlauch und eilte, so gut es im Schutzanzug ging, durch den gesamten Trakt, bis er die Aufmerksamkeit aller erregt und ihnen gesagt hatte, dass sie evakuiert würden. Das Pocken-Gefriergerät wurde verschlossen und angekettet, aber es blieb keine Zeit, irgendetwas wegen des toten Affen zu unternehmen, der da auf dem Tisch lag.

Martinez befahl den Kollegen, jeweils zu dritt in die Dekontaminationsschleuse zu gehen. In der Dusche gibt es nur zwei Luftschläuche, also wechselten sie sich daran ab. Wegen der Wärme, die ihre Körper abstrahlten, bildete sich in der Dusche Nebel.

Dann tauchte in der Grauzone – Sicherheitsstufe 3 – eine Frau auf und hielt vor das Fenster in der luftdichten Tür ein Schild: NOTFALLMASSNAHMEN ERGREIFEN. Das bedeutete, sie mussten das Hochsicherheitslabor auf der Stelle und ohne die üblichen Prozeduren verlassen. Sie fragten sich, ob ein Flugzeug Kurs auf das Gebäude genommen hatte.

Sie stellten die Dusche ab und zogen den Überflutungshebel. Zig Liter Lysol stürzten mit einem Schlag auf sie herab. Dann rissen sie die luftdichte Tür auf und rannten aus dem Gebäude.

Die Milzbrand-Totenschädel

HENDERSON

FÜNF TAGE NACH DEM EINSTURZ des World Trade Center, am Sonntag, dem 16. September, saß D. A. Henderson um vier Uhr dreißig nachmittags daheim in seinem Lieblingslehnstuhl und schaute auf den japanischen Garten – aber er fand bei dem Anblick keinen inneren Frieden.

Das Telefon klingelte. Gesundheitsminister Tommy Thompson war dran; er rief aus dem Department of Health and Human Services (HHS) auf der Südseite der Mall an. »Können Sie zu einer Besprechung nach Washington kommen?«

»Wann?«

»Heute Abend. Um sieben Uhr. Thema ist: ›Was passiert als Nächstes?‹«, sagte Thompson. »Wir hätten Sie gern dabei.«

Henderson erklärte Nana, was er vorhatte, setzte sich in seinen silbernen Volvo und fuhr nach Washington. Das war das Ende seiner Pläne hinsichtlich des Ruhestands: Er übernahm eine Position in Thompsons Behörde und wurde schließlich zum Direktor des Office of Public Health Emergency Preparedness & Response ernannt. Damit war er praktisch so etwas wie der Bioterrorismus-Zar in der Regierung; er verwaltete einen jährlichen Etat, der auf über drei

Milliarden Dollar anwuchs. Er stand um fünf Uhr morgens auf, nahm einen frühen Zug nach Washington und kam erst spät abends wieder nach Hause. Er war jetzt dreiundsiebzig Jahre alt. Er war überzeugt, es sei nur eine Frage der Zeit, bis es schließlich zu dem bioterroristischen Anschlag käme, mit dem er seit langem gerechnet hatte.

Am Sonntagabend war Henderson nach Washington gefahren, um seine Arbeit für die Regierung aufzunehmen. Am nächsten oder übernächsten Tag – Montag oder Dienstag, den 17. oder 18. September – ging irgendwo in der Gegend von Trenton, New Jersey, jemand zum Briefkasten oder zur Post und schickte Briefe voller trockener, krümeliger, granulierter Milzbranderreger nach New York City: an den NBC-Nachrichtensprecher Tom Brokaw, an CBS, an ABC und an die *New York Post*.

INS U-BOOT

16. OKTOBER 2001

AUCH NACH DEM 11. SEPTEMBER hatte Peter Jahrling so gut wie täglich Kontakt zu Lisa Hensley und dem Affenteam in Atlanta; doch Mitte Oktober zwangen ihn die Untersuchungen der Milzbrandattacken, des ersten großen Falls von Bioterrorismus in den USA, beinahe in die Knie. Am Morgen des 16. – dem Tag, nachdem das Pulver aus dem Brief an Senator Daschle an USAMRIID geliefert worden war – wurde es von John Ezzell untersucht, dem zivilen Mikrobiologen, der es von den FBI-Agenten der Hazardous Materials Response Unit in Empfang genommen hatte. Jahrling aber wollte, dass Tom Geisbert sich die Probe unter dem Elektronenmikroskop ansah, ihm ging es bislang nicht schnell genug voran. Jahrling traf Ezzell auf dem Gang und sagte mit lauter Stimme: »Verdammt, John, wir müssen unbedingt wissen, ob das Pulver mit Pocken versetzt ist.«

Leitende Wissenschaftler des Instituts brüllten sich auf dem Gang wegen einer unbekannten terroristischen Biowaffe an – und die Truppen kamen auf Trab. Ein Techniker eilte in Ezzells Labor und holte zwei Reagenzgläschen mit Proben aus dem Daschle-Brief. Das eine enthielt eine mil-

chig-weiße Flüssigkeit. Sie war das Ergebnis des Schnell-
tests, den die HMRU an Ort und Stelle vorgenommen
hatte. Im anderen Röhrchen befanden sich ein winziges
Häufchen trockener Partikel und eine Papierecke, die vom
Daschle-Umschlag abgeschnitten worden war – das Fetz-
chen hatte ungefähr die Größe eines Druckbuchstabens.
Die Reagenzgläschen steckten in doppelten Plastikbeuteln,
die mit desinfizierenden Chemikalien gefüllt waren. Der
Techniker übergab sie Geisbert, der sie in einen Stufe-4-
Trakt mitnahm, den man »U-Boot« nannte.

Das U-Boot ist das »heiße« Leichenschauhaus des USAM-
RIID. Die Haupteingangstür besteht aus einer massiven
Stahlplatte mit einem Hebel und sieht wie die Druckluke ei-
nes U-Boots aus. Pathologen in Ganzkörperschutzanzügen
hatten ein- oder zweimal im U-Boot die Autopsie eines
Menschen vorgenommen, von dem man annahm, er sei an
einem »heißen« Erreger gestorben; Gelegenheit zu so einer
Untersuchung *post mortem* gab es allerdings nur selten.

Geisbert stieg in den Schutzanzug und betrat durch die
luftdichte Tür mit den Röhrchen voll Daschle-Milzbrand
das U-Boot. Er ging am Autopsieraum vorbei in ein kleines
Labor. Er öffnete das Röhrchen mit der milchigen Milz-
brandflüssigkeit und goss ein Tröpfchen auf eine Wachstafel.
Mit einer Pinzette legte er ein winziges Kupfergitter oben
auf das Tröpfchen und wartete ein paar Minuten, bis die
Flüssigkeit zu einer Kruste auf dem Gitter eingetrocknet
war. Dann steckte er das Gitter in ein Glas mit Chemikalien,
um alle lebenden Anthraxsporen abzutöten. Er duschte, zog
den Anzug aus und normale Kleidung an und trug das Prä-
parat in ein Labor im ersten Stock, wo er das winzige Gitter
in einen Halter legte, den er in ein Elektronenmikroskop
schob – ein Durchstrahlungs-Mikroskop. Es ist zweieinhalb

Meter hoch und kostet eine Viertelmillion Dollar. Geisbert setzte sich an das Gerät und stellte scharf.

Im gesamten Bildfeld sah er von einem Rand bis zum anderen nichts als Anthraxsporen. Sie waren eiförmig, ähnlich wie Rugby-Bälle, nur mit stärker abgerundeten Enden. Die Probe schien ausschließlich aus reinen Sporen zu bestehen.

ANTHRAX ODER MILZBRAND wird von Parasiten hervorgerufen, die natürlicherweise in Huftieren leben. Die Bazillen vermehren sich mittels Sporen: einer winzigen, harten Kapsel, die jahrelang irgendwo im Dreck überdauern kann, bis sie schließlich von einem Schaf oder einer Kuh gefressen wird. Kommt sie mit Lymphe oder Blut in Kontakt, bricht sie auf und keimt zu einer stäbchenförmigen Bazille heran. Aus dem einen Stäbchen werden zwei, aus denen vier, dann acht und so weiter, bis eine astronomische Zahl erreicht ist und die Körperflüssigkeiten des Wirtstieres mit Anthraxbazillen gesättigt sind. Ein Bazillus ist eine lebende Zelle (im Gegensatz zu einem Virus). Sie produziert eigene Energie, und sie nimmt Nährstoffe aus der Umgebung auf. Mit ihrer eigenen Zellmaschinerie stellt sie Kopien von sich her. Ein Virus hingegen bedient sich der Maschinerie und Energie seiner Wirtszelle, um Kopien von sich zu produzieren – eine unabhängige Existenz außerhalb seiner Wirtszellen kann es nicht führen.

Anthraxbazillen produzieren Gifte, die beim Wirtstier zu Atemstillstand führen. Der Milzbrand lässt seinen Wirt also »absichtlich« sterben. Mit Anthrax infizierte Tiere, die äußerlich vollkommen gesund wirken, können blitzartig und buchstäblich auf der Stelle sterben. Vor einigen Jahren fanden

Wissenschaftler in Zimbabwe ein totes Nilpferd, das noch aufrecht auf allen vier Füßen stand: Der Milzbrand hatte es im Stehen dahingerafft. Das Nilpferd wirkte, als hätte es selbst noch nicht bemerkt, dass es tot war.

Die Karkasse des Wirtstieres verwest und bricht dabei auf; bei Luftkontakt bilden die Bazillen Sporen, und eine dunkle, faulige, mit Sporen gesättigte Flüssigkeit ergießt sich auf den Boden, wo die Sporen austrocknen. Die Zeit vergeht, und eines Tages wird wiederum eine Spore von einem Weidetier gefressen, und der Zyklus beginnt von neuem.

GEISBERT DREHTE AN EINEM KNOPF und zoomte heran. Anthraxsporen sind fünfmal größer als Pockenpartikel. Spore um Spore suchte er nach Pockenquadern ab, also sehr kleinen Objekten. Die Aufgabe, zwischen Millionen Milzbrandsporen einige wenige Pockenpartikel zu finden, glich der Suche nach ein paar Edelsteinen an einem kilometerlangen Kiesstrand. Er fand keine Pockenquader. Aber er sah, dass da irgendetwas Merkwürdiges an den Sporen hing. Sie erinnerten ihn an Spiegeleier: Die Sporen waren die Dotter, das andere Zeug das Eiweiß. Irgendein kleiner Pflatschen.

Geisbert drehte an einem anderen Knopf und verstärkte den Elektronenstrahl, um mehr Kontrast zu bekommen. Noch während er das tat, sah er das Zeug aus den Sporen austreten. Diese Sporen schwitzten irgendetwas aus.

An das Mikroskop war eine Polaroidkamera angeschlossen, und Geisbert begann Aufnahmen zu machen. Plötzlich bemerkte er, dass sein Chef ihm über die Schulter blickte. »Pete, mit diesen Sporen passiert etwas Verrücktes.« Er stand ruckartig auf.

Jahrling setzte sich und sah hinein.

»Pass auf«, sagte Geisbert. Er drehte abermals am Verstärkerknopf, es gab ein summendes Geräusch.

Die Sporen begannen zu triefen.

»Oha«, murmelte Jahrling über die Okulare gebeugt. Irgendetwas sonderten die Sporen ab. »Das ist eindeutig ein übles Zeug«, sagte er. Das war nicht der Milzbrand, den sie kannten. Die Sporen enthielten noch etwas, ein Additiv vielleicht. Konnte dieses Material aus einem amerikanischen Biowaffenprogramm stammen? Aus dem Irak? War Al-Qaida fähig, so etwas mit Anthrax anzustellen?

Jahrling stand vom Mikroskop auf. »Das muss ich auf den Dienstweg bringen.«

Mit den Polaroidbildern in der Tasche seines grauen Anzugs ging Jahrling über den Exerzierplatz von Fort Detrick zu den Büros des Army's Medical Research and Materiel Command, dem das USAMRIID untersteht. Den Oberbefehl hatte Major General John S. Parker, ein untersetzter Mann mit ruhiger, jovialer Art, einer Nickelbrille und vollem Silberhaar. General Parker ist Herzchirurg. Ohne anzuklopfen betrat Jahrling sein Büro. »Sie müssen sich das ansehen«, sagte er und legte die Fotos auf den Schreibtisch des Generals.

General Parker hörte zu und stellte dann ein paar Fragen. »Das will ich mir selbst anschauen«, sagte er. Jahrling und der General gingen rasch über den Exerzierplatz zurück. Es war vier Uhr nachmittags, ein heißer, trockener Oktobertag neigte sich seinem Ende entgegen. Die Ostküste der Vereinigten Staaten war von einer Dürreperiode gelähmt. Schläfrig und friedlich sah der Catoctin Mountain in der dunstigen Herbstluft aus. Die Sonne stand tief, und die Fahne in der Mitte des Exerzierplatzes warf einen langen Schatten über das von Hitze versengte Gras gen Osten.

NOTFALLMASSNAHMEN

16. OKTOBER 2001, SPÄTER NACHMITTAG

GENERAL PARKER UND PETER JAHRLING schauten im Büro des USAMRIID-Befehlshabers, Colonel Ed Eitzen, vorbei, dann gingen die drei Männer nach oben in den Mikroskopieraum, wo Tom Geisbert Anthraxsporen anstarrte. Geisbert stand nervös auf, als der General eintrat, und begann zu erklären, was er tat.

»Schon gut, ich habe selbst schon ein Elektronenmikroskoplabor geleitet«, sagte Parker.

Parker setzte sich ans Mikroskop und sah hinein. Reine Sporen.

Mehr brauchte er nicht zu sehen. Er ging zurück auf den Gang und gab Eitzen und Jahrling im Schnellfeuertempo seine Anweisungen: Wir werden am USAMRIID Notfallmaßnahmen einleiten. Wir werden diese Einrichtung rund um die Uhr betreiben. Er unterstrich, dass das FBI das USAMRIID als Referenzlabor für forensische Beweise bioterroristischer Angriffe benutzen würde. Leute vom FBI würden Seite an Seite mit John Ezzell und anderen Armeewissenschaftlern in den Labors arbeiten. Er würde Mikrobiologen aus anderen Bereichen seiner Zuständigkeit abziehen, die die Arbeit bewältigen helfen würden. Parker war klar, dass Washington so viele eindeutige Informationen wie möglich brauchte.

AN DIESEM MORGEN hatte sich ein Postmitarbeiter namens Leroy Richmond, der im Brentwood-Briefverteilzentrum im Nordosten von Washington, D. C., arbeitete, krank gemeldet. Richmond hatte Kopfweh, Fieber und Schmerzen unten in der Brust. Er legte sich ins Bett.

Später am Tag trug der Generalpostmeister der Vereinigten Staaten, John E. »Jack« Potter, seinem Assistenten auf, bei den CDC anzufragen, was mit Postmitarbeitern geschehen solle, die möglicherweise auf dem Transportweg mit dem Daschle-Brief in Berührung gekommen waren. Die Vertreter der CDC antworteten, ihrer Ansicht nach bestünde für die Mitarbeiter der Post keine Gefahr. Sie hatten Grund zu dieser Annahme. Als sie herausgefunden hatten, dass Robert Stevens und Ernesto Blanco in den Büros der American Media in Boca Raton über die Post mit Anthrax in Berührung gekommen waren, hatten Untersuchungsbeamte der CDC in den umliegenden Postfilialen Wischproben genommen und bei Postmitarbeitern in Florida Nasenabstriche vorgenommen. Sie hatten in den Postfilialen in Florida zwar Anthraxsporen gefunden, doch kein Postangehöriger war infiziert. Es gab also keinen Grund zu glauben, dass die Postmitarbeiter in Washington gefährdet wären.

TOM GEISBERT konnte den Blick nicht von dieser Waffe abwenden. Durch die Okulare des Elektronenmikroskops starrte er sie an, bis er merkte, dass es bereits acht Uhr abends war. Den ganzen Tag lang hatte er nichts gegessen oder getrunken. Er hatte das Gefühl, er könne ein Frühstück vertragen. Also fuhr er los, um sich den doppelten Schokoladen-Doughnut und den großen Kaffee zu holen, an die er schon gedacht hatte, als er an diesem Morgen zur Arbeit erschienen war. Er nahm seinen Imbiss mit ins Institut und arbeitete bis Mitternacht weiter. Mit seiner Frau Joan lebt er in Shepherdstown, was eine ziemliche Fahrtstrecke nach Westen ist. Als er endlich heimkam, war es ein Uhr morgens, und Joan schlief bereits.

IN DERSELBEN NACHT hatte ein Mitarbeiter des Brentwood-Briefverteilzentrums namens Joseph P. Curseen jr., der gerade in der Nachtschicht neben den Sortiermaschinen arbeitete, so ein Gefühl, als bekäme er die Grippe. Er hatte Schmerzen in der unteren Brust, und sein Kopf tat ihm weh, also beschloss er heimzugehen. Am selben Abend ging ein Kollege von Curseen, Thomas L. Morris jr., zum Bowling. Er fühlte sich zunehmend unwohl, kehrte nach Hause zurück und legte sich ins Bett.

17. OKTOBER 2001

TOM GEISBERT konnte nicht schlafen. Er warf sich hin und her und sah auf die Uhr: vier Uhr morgens. Er konnte einfach nicht aus dem Kopf bekommen, was er im Mikroskop gesehen hatte: endlose Panoramen von Anthraxsporen, aus denen eine unbekannte Substanz austrat. Er stand auf, ging duschen und fuhr wieder zur Arbeit. Unterwegs kaufte er sich abermals einen doppelten Schokoladen-Doughnut und einen großen Kaffee, dann ging er ins Labor und versuchte, mehr Fotos von den Anthraxsporen zu machen.

AM VORMITTAG UM zehn Uhr dreißig wurde das Repräsentantenhaus geschlossen, nachdem Mitarbeiter der CDC in den Postablagen dort Milzbranderreger gefunden hatten. Ungefähr zweihundert Mitarbeitern des Capitol Hill wurde aufgetragen, das Antibiotikum Ciprofloxacin – Cipro – einzunehmen. Major General John Parker ging zum US-Senat, wo er sich mit dessen Führern und deren Mitarbeitern traf. Er berichtete, er habe sich die Anthraxsporen persönlich im Mikroskop angesehen: Es handele sich um reine Sporen. Später sagte er: »Der Brief war ein Marschflugkörper. Die Adresse stellte seine Zielkoordinaten dar, und die Post hat ihr Möglichstes getan, um sicherzustellen, dass er in Ground Zero einschlug.«

KEINEN KILOMETER VOM SENAT entfernt arbeitete im Hauptquartier des Department of Health and Human Services D. A. Henderson mit Tommy Thompsons Leuten daran, auf die Schnelle einen größeren Vorrat an Pockenvakzin zu produzieren.

Wegen dieses Vorrats hatte es im HHS einige Blitzkonferenzen gegeben. Henderson war überzeugt, die Vereinigten Staaten bräuchten so schnell es irgend ging das Vakzin. Thompson pflichtete ihm bei, und er hatte gerade im Kongress einen Antrag eingereicht, genügend Geld bereitzustellen, um 300 Millionen Dosen Pockenvakzin zu produzieren: eine Dosis für jeden Bürger der USA. Die Regierung beauftragte den britisch-amerikanischen Vakzinhersteller Acambis

PLC, den größten Teil der Dosen herzustellen. Die Hauptfabrik von Acambis steht in Canton, Massachusetts. Sie wurde von Soldaten gesichert, genau wie die amerikanischen Verwaltungsbüros von Acambis in Cambridge. Man fürchtete, ein terroristischer Pockenangriff auf die Vereinigten Staaten könnte zugleich mit einer Attacke auf die Vakzinfabriken des Landes einhergehen oder mit Versuchen, diejenigen Mitarbeiter von Acambis zu ermorden, die sich mit dem Herstellungsprozess des Impfstoffs auskannten. Der Beschluss, die Vakzinfabrik in Massachusetts militärisch zu sichern, wurde schnellstens und unter offensichtlicher Geheimhaltung ausgeführt.

In der Zwischenzeit war Daria Baldovin-Jahrling (sie benutzt neben dem Namen ihres Gatten weiterhin ihren Mädchennamen) von Nachbarn angerufen oder aufgesucht worden. Sie wussten, dass Peter zu den Spitzenwissenschaftlern der Regierung zählte, die mit Pockenabwehr befasst waren, und mehr als ein Nachbar bot Daria heimlich Geld, wenn sie ihm Pockenimpfstoff besorge. »Ich weiß noch nicht einmal, ob ich für uns selbst welchen bekommen kann«, antwortete sie. »Sollte mir das gelingen, kann ich dafür kein Geld nehmen, und zuerst muss ich an meine Familie denken.« Sie hatte große Angst. »Wenn die Pocken in Frederick umgehen«, sagte sie zu Peter, »kannst du dann für die Kinder Vakzin besorgen?«

Er sagte ihr, wenn es zu einem Pockennotstand käme, würden ihre Kinder irgendetwas in die Arme gestochen bekommen, das helfen würde, auch wenn es vielleicht nicht der offizielle Stoff wäre. Wenn es sein musste, würde er das Vakzin in seinem Labor selbst herstellen. Doch er wurde den Gedanken an das Experiment der Australier nicht los, die impfstoffresistente Super-Mäusepocken fabriziert hatten.

Was, wenn das Vakzin nicht funktionierte? Er spürte einen immer größeren Druck auf sich lasten.

WÄHREND GENERAL PARKER dem Senat erklärte, dass die Anthraxsporen rein waren, und die Leute vom HHS Geld für einen Vorrat Pockenvakzin verlangten, beschloss das FBI, wegen des Daschle-Anthrax eine zweite Expertenmeinung einzuholen – was nur vernünftig war. Die HMRU schickte einen Hubschrauber nach Fort Detrick. Die »Hueys« genannten Hubschrauber des FBI weisen nicht selten Einschusslöcher auf. Die Löcher, die natürlich geflickt sind, stammen noch aus Einsätzen im Vietnamkrieg. Das FBI hat seine Hueys gebraucht und sehr billig beim Militär eingekauft.

Der Huey setzte auf dem Hubschrauberlandeplatz jenseits der Straße vor dem USAMRIID auf. Ein Agent betrat das Gebäude und holte einen zylindrischen Behälter für Biogefahrstoffe ab – eine so genannte Hutschachtel. In dieser ruhte im Innern mehrfach ineinander verschachtelter Behältnisse ein kleines Reagenzgläschen voll lebender, nichtsterilisierter Daschle-Anthraxsporen.

Mit der Probe an Bord hob der Huey wieder ab und brummte Richtung Westen über Maryland hinweg. In West Jefferson nahe Columbus in Ohio landete er beim Hazardous Materials Research Center des Batelle Memorial Institute, einer gemeinnützigen wissenschaftlichen Forschungs- und Beratungseinrichtung. Batelle-Wissenschaftler trugen die Hutschachtel in ein Labor. In einem Autoklaven erhitzten sie das Anthraxpulver, um es zu sterilisieren, dann betrachteten sie es unter dem Mikroskop.

Die Sporen waren miteinander zu Bröckchen verklumpt. Es schien von ihnen keine große Gefahr auszugehen, falls sie in die Luft gelangten – die Klümpchen waren zu groß, um problemlos in der Luft zu schweben oder tief in menschliche Lungen zu gelangen. Die Batelle-Analytiker übermittelten ihren Befund der Chefin des FBI-Labors, Allyson Simons: Ihre Untersuchungen hätten ergeben, dass das Anthraxpulver nicht annähernd so weit entwickelt oder wirkungsvoll war, wie die Leute von der Armee glaubten.

18. OKTOBER

AM DONNERSTAGMORGEN UM ZEHN UHR, drei Tage nach dem Öffnen des Daschle-Briefs, leitete Lisa Gordon-Hagerty vom Nationalen Sicherheitsrat eine Telefonkonferenz zwischen verschiedenen Regierungsstellen. In den ersten Wochen der Anthraxkrise gab es jeden Morgen solche Telefonschaltungen, sie waren dazu gedacht, die Bundesbehörden zur Eile anzutreiben. Lisa Gordon-Hagerty hatte alle Hände voll zu tun. Rund 30 Personen waren zugeschaltet, hörten oder redeten zu, ein Stimmengewirr. An diesem Morgen ging sie die beteiligten Stellen der Reihe nach durch: »FBI, was haben Sie zu berichten?«

Für das FBI sprachen leitende Beamte des Strategic Information Operations Center (SIOC). Zu ihnen zählten auch Allyson Simons und James F. Jarboe, der Leiter der Weapons of Mass Destruction Unit. Sie berichteten, sie sammelten Beweise und Erkenntnisse über die Attacken und arbeiteten eng mit der Armee zusammen, um mehr über das Material in Erfahrung zu bringen, das in jenem Brief in das Senatsgebäude gelangt war.

»Armee, was haben Sie zu berichten?«, wollte Lisa Gordon-Hagerty wissen.

Es antwortete Peter Jahrling, der zusammen mit Colonel Ed Eitzen im Chefbüro des USAMRIID saß. Er wählte seine Worte vorsichtig, weil praktisch die gesamte Exekutive der Bundesregierung zuhörte; er sagte, das USAMRIID habe herausgefunden, dass das Anthraxpulver in dem Brief an Senator Daschle »professionell hergestellt« und »höchst aktiv« war. Mit »höchst aktiv« meinte er, dass die Partikel, wenn freigesetzt, die Tendenz zeigten, in die Luft aufzusteigen und mit ihr davonzuschweben. Ein entscheidendes Element bei der Konstruktion von militärischen Biowaffen ist deren Aktivitätspotenzial – die Fähigkeit der Partikel, durch die Luft zu fliegen und eine unsichtbare und auch mit anderen Mitteln kaum aufzuspürende Wolke zu bilden, die große Entfernungen überwinden und Gebäude wie ein Gas ausfüllen kann.

Mehrere CDC-Vertreter nahmen an der Telefonkonferenz teil. Sie saßen an einem Besprechungstisch im Büro der Nummer zwei der Behörde, Dr. James M. Hughes. Jahrlings Stimme kam etwas scheppernd aus dem Tischlautsprecher, und es ist keineswegs klar, dass sie verstanden, was er mit dem »höchst aktiven« Verhalten eines Biowaffenpulvers meinte. Sie hatten es noch nicht erlebt, wie Anthraxsporen von der Spitze eines Spatels einfach so in die Luft davonschwebten – was der Anblick gewesen war, der John Ezzell hatte ausrufen lassen: »Oh, mein Gott!« Und abgesehen davon wussten sie, wenn überhaupt, auch nicht viel darüber, wie man waffentaugliche Milzbranderreger herstellt. Diese Methoden unterlagen der Geheimhaltung. Vielleicht hatte niemand die CDC-Vertreter über die Verfahren aufgeklärt, wie man Anthraxsporen waffentauglich macht. Die CDC-Vertreter waren Ärzte im Dienst der öffentlichen Gesundheit, und bis zu diesem Zeitpunkt hatte keine Veranlassung bestanden, sie in die Geheimnisse der Biowaffenproduktion einzuweihen. Für die CDC-Vertreter klangen Jahrlings Bemerkungen einfach nur nach Technikerjargon – womit sie im Grunde ja Recht hatten.

Ein Epidemiologenteam der CDC ging in Washington hektisch daran, 5000 Menschen, die auf dem Capitol Hill arbeiteten, auf Kontakte mit Anthraxerregern zu testen. Sie machten Abstriche von den Nasenschleimhäuten und konzentrierten sich dabei auf die Personen, die sich im Hart Senate Office Building befunden hatten, als der Brief an Daschle geöffnet wurde. Mehrere Gebäude auf dem Capitol Hill waren geschlossen und wurden auf Anthraxsporen untersucht. Die Mitarbeiter der CDC konnten die Aufgaben kaum noch bewältigen. Viele hatten es schon Tage zuvor aufgegeben, regelmäßig zu schlafen, und sie mussten in einer grotesken Mischung von enormem politischem Druck und persönlicher Erschöpfung Entscheidungen treffen. Die CDC-Vertreter kamen nicht auf die Idee, dass das, was Peter Jahrling hinsichtlich der Anthraxsporen »höchst aktiv« und »professionell« genannt hatte, den Schluss nahe legte, dass die Mitarbeiter der Poststellen, die die Briefe weitergeleitet hatten, gefährdet waren.

»Die Signifikanz der Begriffe ›höchst aktiv‹ und ›professionell‹ ging den CDC-Leuten nicht auf«, erzählte Jahrling mir. »Meiner Ansicht nach ist die Atmosphäre an den CDC von Sozialgesundheitsprofis geprägt, für die biologische Kriegführung eine solche wissenschaftliche Perversion ist, dass sie sie einfach unvorstellbar finden.«

Die an der Telefonkonferenz teilnehmenden CDC-Vertreter fragten Jahrling, ob er die Partikelgröße beschreiben könne. Das war eine wichtige Frage, denn wenn die Anthraxpartikel sehr klein waren, konnten sie in die Lungen von Menschen gelangen, und das Pulver hätte umso tödlichere Wirkung.

Peter Jahrling antwortete, die Daten des USAMRIID deuteten darauf hin, dass die Daschle-Milzbranderreger zehnmal konzentrierter und potenter waren als jede Form von Anthrax, die im Rahmen des alten amerikanischen Biowaffenprogramms in Fort Detrick in den sechziger Jahren hergestellt worden war. Er sagte, das Anthraxpulver bestünde aus fast puren Sporen, und es sei »höchst aerogen«.

Jahrling behauptet heute, dass er versucht habe, die Aufmerksamkeit der CDC-Vertreter zu erregen, dass er sie warnen wollte, dass vielleicht mehr Menschen in Kontakt mit den Sporen gekommen waren, als sie dachten, aber es sei so ähnlich gewesen, wie jemandem quer durch einen überfüllten Saal zuzuwinken. »Die CDC-Leute reagierten kaum«, sagte er. »Ich war wütend, sie gingen nicht darauf ein, als ich sagte, das Anthraxpulver sei höchst aerogen. Ich dachte mir: ›Wann wird die Bombe hochgehen und endlich alle wachrütteln?‹«

Jeffrey Koplan, der Direktor der CDC, hörte bei der Telefonkonferenz zu, sprach aber nicht viel. Monate später sagte er zu mir: »Wenn wir gewusst hätten, dass sich die Anthraxerreger in der Luft wie ein Gas verhalten und durch die Poren von Briefumschlägen dringen, hätte das hilfreich sein können. Aber hätten wir wirklich etwas anders gemacht? Man kann nicht sagen, was man in der Hektik und im Durcheinander einer solchen Untersuchung anders gemacht hätte, wenn dieser Umstand bekannt gewesen wäre.«

Die Anthraxsporen passierten problemlos das Papier des Daschle-Umschlags und anderer mit der Post verschickter Briefe voll ultrafeinem Puder, auch wenn die Umschläge mit Klebeband versiegelt waren. Es sah danach aus, dass der oder die Anthraxterroristen nicht vorhatten, Postmitarbeiter umzubringen. »Sie zählten nicht zu den Zielpersonen«, wie Koplan es ausdrückte.

Papier hat mikroskopisch kleine Löcher, die bis zu fünfzigmal größer sind als eine Anthraxspore. Wäre eine solche Pore im Umschlagpapier das Fenster eines Hauses, dann wäre die Anthraxspore eine Mandarine auf der Fensterbank. Wenn man ein Stück Papier nimmt (eine Seite dieses Buches beispielsweise), es fest vor den Mund hält und dann gegen das Papier bläst, spürt man die Wärme des Atems durch das Papier kommen. Das gibt eine Vorstellung davon, was passierte, als die Umschläge durch die Sortiermaschinen gequetscht wurden.

UM SIEBEN UHR ABENDS begannen im Brentwood-Briefverteilzentrum Techniker in Schutzanzügen und Atemmasken um die Maschinen herumzugehen und Wischproben zu nehmen, um sie auf Anthraxsporen zu testen. Im Zentrum herrschte Hochbetrieb, überall arbeiteten Postangestellte an ihren Plätzen, direkt neben den Maschinen. Einer von ihnen fragte die Techniker: »Warum nehmt ihr eigentlich von den Menschen keine Proben?«

SCHÄDEL UND KNOCHEN

19. OKTOBER 2001

SEIT FAST ZWEI WOCHEN flogen die Vereinigten Staaten in Afghanistan Luftangriffe, und im Landesinneren operierten amerikanische Spezialeinheiten. Präsident George W. Bush und seine Ratgeber hatten angedeutet, dass die USA dem Irak die Unterstützung von Terroristen vorwarfen und Saddam Hussein ein »feindliches Regime« führe, dessen Vernichtung die USA vermutlich als Nächstes angehen würden, wenn sie mit den Taliban fertig wären. Im Weißen Haus war man außerordentlich besorgt, dass die Milzbrandanschläge eine Geheimoperation waren, hinter der Al-Qaida oder der Irak steckte.

FREITAG FRÜH, vier Tage nach der Öffnung des Daschle-Briefs, zog Peter Jahrling noch vor der Morgendämmerung einen Schutzanzug an, ging ins U-Boot und holte eine winzige Probe trockenen Daschle-Anthraxpulvers mit lebenden Sporen heraus. Aus Sicherheitsgründen transportierte er sie in einem doppelwandigen Röhrchen, und dieses steckte er in einen Kobalt-Irradiator, in dessen radioaktiver Strahlung die DNS der Sporen frittiert wurde, womit sie steril waren. Die Probe gab er Tom Geisbert, der sich die trockenen An-

271

thraxsporen unter einem Raster-Elektronenmikroskop ansehen sollte.

Geisbert ging mit dem Anthraxpulverröhrchen in sein Labor, stellte es auf eine Ablage und wandte sich anderen Dingen zu. Eine Minute später sah er zufällig auf das Röhrchen. Das Anthraxpulver war verschwunden.

Doch das Röhrchen war fest verschlossen.

»Was zum Teufel …?«, sagte er laut.

Er hielt das Röhrchen hoch und starrte es an. Leer. Er klopfte mit dem Finger auf die Verschlusskappe: Plötzlich tauchten die Pulverpartikel wieder auf und rieselten im Röhrchen zu Boden – irgendwie hatten sie an der Innenseite der Verschlusskappe geklebt.

Er wandte sich wieder seiner Arbeit zu. Eine Minute später schaute er abermals zu dem Röhrchen hinüber. Wieder war das Anthraxpulver verschwunden. Er klopfte an die Verschlusskappe, und das Pulver rieselte zu Boden. Er starrte die knochenbleichen Partikel an. Jetzt konnte er sehen, wie sie die Innenwand des Röhrchens hochkrochen, auf dem Plastikmaterial tanzten und immer weiter nach oben kamen.

Denise Braun, seine Assistentin, arbeitete in seiner Nähe. »Denise, das glaubst du einfach nicht.«

Die Anthraxsporen verhielten sich wie Springende Bohnen; sie schienen ein Eigenleben zu führen.

Er begann eine Probe für das Mikroskop zu präparieren. Er öffnete das Röhrchen und schüttelte ein kleines bisschen Anthraxpulver auf ein Stück schwarzes Klebeband, das das Pulver festhalten sollte. Doch das Pulver prallte vom Klebeband ab. Es blieb einfach nicht hängen. 80 Prozent der Daschle-Partikel flatterten auf und davon in den Abzug. In diesem Augenblick begriff er, dass das Hart Building gründlich kontaminiert sein musste.

Irgendwie schaffte er es doch, dass ein paar Körnchen auf dem Band kleben blieben. Er eilte mit der Probe in den Mikroskopraum, legte sie unter ein Raster-Elektronenmikroskop und zoomte sie heran. Was er sah, schockierte ihn.

Die Sporen hingen in Klumpen zusammen, die wie Mondgestein aussahen. Sie erinnerten ihn an grinsende Kürbislaternen, an Skelettknochen, Hüftgelenke und Halloween-Fratzen. Die Anthraxkörnchen wirkten erodiert, zernarbt, wie Meteoriten, die auf der Erde eingeschlagen waren. Die meisten Klümpchen waren ganz winzig, manche bestanden nur aus ein oder zwei Sporen, doch es gab auch richtige Brocken. Einer davon erinnerte ihn an einen menschlichen Schädel – mit Augenhöhlen und wie zum Schrei offen stehender Kinnlade. Es war ein Milzbrand-Totenschädel.

Die Totenschädel zerfielen. Er konnte zusehen, wie sie zu winzigen Klümpchen zerkrümelten und dann immer kleiner und kleiner wurden, bis es nur noch individuelle Sporen waren. Dieses Anthraxpulver war so hergestellt worden, dass es an der Luft zerbröselte, sich selbst zerkrümelte, vielleicht bei einer bestimmten Luftfeuchtigkeit oder unter anderen Bedingungen. Auch Geisbert war, was die nationale Sicherheit anging, Geheimnisträger, und er wusste einiges über Milzbrand, aber er konnte sich nicht vorstellen, wie diese Waffe produziert worden war. Sie wirkte extrem bedrohlich. Ihm wurde leicht schwindelig.

Er rief Jahrling an. »Pete, ich bin im Mikroskopieraum. Kannst du herkommen, möglichst sofort?«

Jahrling rannte die Treppe hoch, schloss die Tür und starrte lange Zeit die Milzbrand-Schädel an. Er sagte nicht viel. Die Details des Herstellungsprozesses dieses Materials waren möglicherweise als geheimer klassifiziert, als dass Geisberts Freigabe dafür ausgereicht hätte.

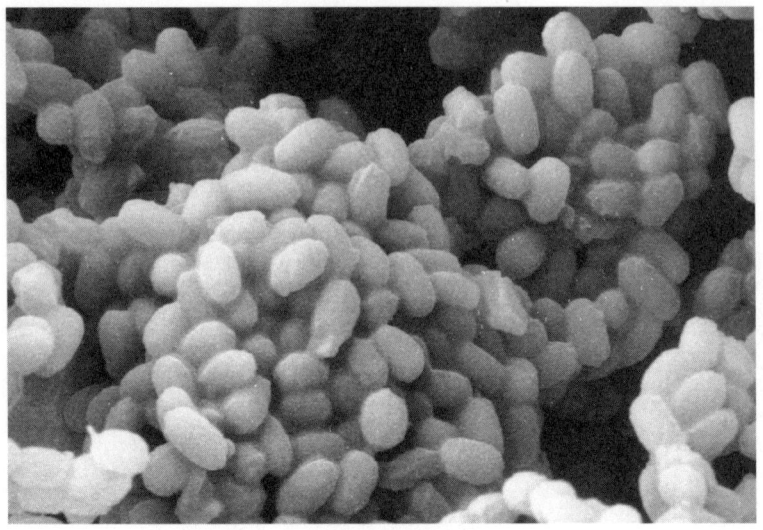

Eine Musterprobe reiner Milzbrandsporen, die ihrer Struktur nach dem waffentauglichen »Totenschädel-Milzbrand« aus dem Daschle-Brief ähneln. Die einzelnen Sporen haben einen Durchmesser von ungefähr 1 Mikron (1 Millionstel Meter); grob geschätzt ergeben 200 aneinander gereihte Sporen die Dicke eines menschlichen Haars. (M. frdl. Gen. Tom Geisbert, U. S. Army Medical Research Institute of Infectious Diseases.)

Wenig später ging Jahrling anscheinend in den Sicherheitsraum und öffnete den Geheimsafe. Er studierte ein Dokument – oder Dokumente – mit rot gestreiften Kanten, auf dem vermutlich die genauen technischen Rezepturen für die verschiedenen Typen von waffentauglichem Anthraxpulver standen. Und diese Papiere enthielten fast mit Sicherheit auch das Geheimnis, wie man den Totenschädel-Milzbrand fabrizierte, den er gerade unter dem Mikroskop gesehen hatte.

Jahrling umschreibt das Geheimnis des Totenschädel-Milzbrands als den »Anthraxtrick«; ausführlicher äußert er sich dazu allerdings nicht. Konnte dieses Material im Irak hergestellt worden sein? Konnte dies ein amerikanischer Trick sein? Wer kannte den Anthraxtrick?

Tom Geisbert kam erst sehr spät abends heim nach Shepherdstown. Tagelang hatte er nur rund drei Stunden Schlaf pro Nacht bekommen, aber jetzt litt er an Schlaflosigkeit. Er befürchtete, dass das, was er über die besondere Qualität des Totenschädel-Milzbrands herausgefunden hatte, darauf hinweisen könnte, dass das Material aus einem militärischen Biowaffenlabor stammte. Schließlich weckte er Joan. »Ich trete vielleicht einen Krieg mit dem Irak los«, sagte er zu ihr. Er schien den Tränen nahe zu sein. Joan erinnerte ihn daran, dass er Wissenschaftler war und nichts weiter tun konnte, als die Wahrheit herauszufinden und darüber zu berichten, wo immer das hinführen mochte. »Wir müssen einfach weiterleiten, was die Daten ergeben, was immer sich dann daraus ergeben mag«, sagte sie. »Auch andere Leute arbeiten mit diesem Anthrax.«

In dieser Nacht schlief er nicht.

Am Sonntagabend, in der Nacht vom 21. auf den 22. Oktober, fühlte sich Joseph P. Curseen jr. – der Brentwood-Postmitarbeiter, der eine Grippe zu haben glaubte – hundeelend. Seit Dienstagnacht war er nicht mehr zur Arbeit gekommen. Er ging in die Notaufnahme des Southern Maryland Hospital Center, wo ihn die Ärzte kurz untersuchten und heimschickten. Er war am Sterben, doch sie erkannten das nicht. Am selben Tag wurde ein weiterer Brentwood-Mitarbeiter, Leroy Richmond, der sich im Lauf der Woche krank gemeldet hatte, im Inova Fairfax Hospital aufgenommen; ein sehr aufmerksamer Notarzt namens Thom Mayer hatte die vorläufige Diagnose gestellt, er habe möglicherweise Lungenmilzbrand. Dank der Ärzte am Fairfax Hospital überlebte Richmond schließlich. In derselben

Nacht wählte gegen 23 Uhr der Brentwood-Mitarbeiter Thomas L. Morris jr., der sich seit dem Bowling ein paar Tage zuvor unwohl fühlte, die Notrufnummer 911. Er glaubte sterben zu müssen und er sagte dem Einsatzleiter, er befürchte, dass er Milzbrand habe. Ein Krankenwagen brachte ihn ins Greater Southeast Community Hospital, wo man kurz vor neun Uhr am nächsten Morgen den Totenschein für ihn ausstellte. Kurz nachdem Morris gestorben war, wurde das Brentwood-Briefverteilzentrum auf Befehl des Generalpostmeisters geschlossen und 2000 Mitarbeiter bekamen Order, Antibiotika zu nehmen. Joseph Curseen kam am Montagmorgen abermals in die Notaufnahme des Southern Maryland Hospital Center; am frühen Nachmittag starb er in dem Krankenhaus.

Im Postverteilzentrum von Hamilton, New Jersey, einem Vorort von Trenton, waren ebenfalls Postmitarbeiter mit Anthraxsporen in Kontakt gekommen, weil alle Milzbrand-Briefe irgendwo in der Nähe von Trenton aufgegeben worden waren. Auch der Daschle-Brief war auf dem Weg nach Brentwood durch das Hamilton-Zentrum geleitet worden. Eine winzige Menge Sporen war im Briefverteilzentrum in Hamilton in die Luft gelangt, und jetzt waren auch hier drei Postmitarbeiter infiziert, zwei litten an Hautmilzbrand und einer an Lungenmilzbrand.

WÄHRENDDESSEN VERSUCHTE IN WASHINGTON das FBI-Labor zu einer Einschätzung des Anthraxpulvers zu kommen. An dem Tag, als die beiden Brentwood-Mitarbeiter starben, fand im FBI-Hauptquartier eine Konferenz statt, an der Vertreter des FBI-Labors, Wissenschaftler des Batelle Memorial Institute und Armeewissenschaftler teilnahmen. Die

Leute vom Batelle und von der Armee taten das, was Wissenschaftler am besten können: Sie vertraten völlig entgegengesetzte Ansichten. Die Armeewissenschaftler erzählten dem FBI, das Pulver sei extrem weit entwickelt und gefährlich, während ein Batelle-Mitarbeiter namens Michael Kuhlman angeblich sagte, das Anthraxpulver sei zehn- bis fünfzigmal weniger wirkungsvoll als die Armee behauptete. Allyson Simons, die Leiterin des FBI-Labors, hatte Probleme damit, sich einen Reim auf diesen Widerspruch zu machen, und anscheinend erzählte sie den Leitern der CDC nicht viel über das Pulver, sondern wartete darauf, mehr Daten zu bekommen. Ein Vertreter der Armee soll bei diesem Treffen Allyson Simons und Kuhlman gegenüber explodiert sein und zu dem Batelle-Mann gesagt haben: »Verdammt noch mal, Sie haben Ihr Anthraxpulver in einen Autoklaven gesteckt und zu Eishockey-Pucks gebacken!« Zu Allyson Simons sagte er, sie solle »die CDC anrufen und wenigstens berichten, dass man hinsichtlich des Anthraxpulvers völlig unterschiedlicher Meinung sei«. Offensichtlich tat sie das nicht.

Auch das Department of Health and Human Services wurde vom FBI nicht zufrieden stellend über das Anthraxpulver informiert. Eine Mitarbeiterin des HHS, die dicht am Geschehen war, aber ihren Namen nicht preisgeben möchte, sagte über die Batelle-Analyse des Daschle-Milzbrands: »Von einer derartig vermasselten Sache habe ich selten gehört. Die Leute vom Batelle nahmen das Anthraxpulver und erhitzten es in einem Autoklaven, und das ließ das Material verklumpen, und anschließend erzählten sie dem FBI, es sähe wie Hundefutter aus. Als würde ein Gebrauchtwagenhändler einen Wagen anbieten, der einen Unfall hatte und ringsum verbeult ist und dann zu behaupten wagt, genauso hätte das Auto ausgesehen, als es neu war.«

Das FBI lieferte bis zu 200 forensische Proben pro Tag ans USAMRIID, häufig mit Hueys. Tag und Nacht landeten die Hubschrauber auf dem Platz neben dem Gebäude. HMRU-Agenten und andere Mitarbeiter des FBI-Labors begannen im Trakt AA3 zu arbeiten, der schließlich vollständig für die forensische Analyse und die Bearbeitung von Proben mit Beschlag belegt wurde. Für die Arbeit war die Diagnostic Systems Division des USAMRIID unter Leitung des Armeemikrobiologen Lieutenant Colonel Erik Henchal zuständig. Untersucht wurden größtenteils Wischproben aus dem Umfeld der Anthraxfunde – aus der Brentwood-Postzentrale, vom Capitol Hill, aus Poststellen in New Jersey und aus New York City. Jede Probe stellte ein Beweisstück der Bundespolizei dar, und auf grünen Laufzettel-Formularen musste genau festgehalten werden, wer, wann, wo damit zu tun gehabt hatte. Die Institutswissenschaftler unterzogen jede Probe zehn verschiedenen Tests, und zum Schluss gab es für jede Probe einen Hefter mit über hundert Seiten, die über den jeweiligen Verbleib des Beweismittels Auskunft gaben. Die Gänge des Instituts waren mit Ablagekartons voller Aktenhefter verstopft. Alles in allem analysierten die USAMRIID-Wissenschaftler im Zusammenhang mit dem Anthraxterrorismus über 30 000 Proben – weit mehr als jedes andere Labor einschließlich der CDC.

Bei einer der zahllosen Proben handelte es sich um ein kleines bisschen Pulver aus dem Brief, der an die *New York Post* geschickt worden war. Das *Post*-Anthraxpulver bestand wie das Daschle-Pulver aus so gut wie reinen Sporen, aber irgendwie waren diese Sporen zu glatten Klumpen verklebt. Die Probe sah wie eine zusammengeleimte Version des Daschle-Milzbrands aus.

WEISSES HAUS

NEUN TAGE NACH ÖFFNUNG des Daschle-Briefs erhielt Major General John Parker früh am Morgen einen Anruf von Gesundheitsminister Tommy Thompson. Thompson hatte läuten hören, dass es sich beim Daschle-Milzbrand um wirklich übles Zeug handele, aber vom FBI-Labor hatte er immer noch nicht viel darüber erfahren. Er fühlte sich nicht auf dem Laufenden und wollte, dass Parker ihn ins Bild setze. Parker willigte ein, nach Washington zu fahren und Thompson persönlich zu informieren. Er bat Peter Jahrling, mit ihm zu kommen.

Parker und Jahrling fuhren in einem grünen Ford Explorer nach Washington; gesteuert wurde er von einem Sergeant in Arbeitsuniform; es war der Dienstwagen des Generals. Sie gingen im Gesundheitsministerium in den fünften Stock, wo sie Thompson, D. A. Henderson und andere altgediente Mitarbeiter des HHS-Stabs in einem großen Konferenzsaal trafen, von dem aus man die Mall überblickte. Sie waren überrascht, dass auch FBI-Vertreter anwesend waren, unter ihnen Direktor Robert S. Mueller III. Des weiteren bevölkerte den Raum eine Anzahl offensichtlich mächtiger Offizieller in dunklen Anzügen, die sich mit gedämpfter Stimme

279

vorstellten. Sie hatten Namen wie John Roberts und sagten, sie kämen von dieser Einrichtung oder von jener. Das bedeutete, sie waren Spitzenleute des CIA. Ihre richtigen Namen waren geheim.

Jahrling hatte Geisberts Fotos von den Anthraxpartikeln mitgebracht und breitete sie auf dem Tisch aus. Dann packte er weiteres, hochinteressantes Anschauungsmaterial aus: eine Plastiktüte mit sechs Röhrchen unterschiedlicher, orangegelber Pulverproben aus der Al-Hakm-Anthraxfabrik im Irak. Ein Freund von Jahrling hatte sie dort gesammelt. Bei dem Pulver handelte es sich um Anthraxsurrogat – eine nachgemachte Biowaffe. Eines Surrogats bedient man sich, um echte Biowaffen zu entwickeln und zu testen. Die irakischen Biowaffenspezialisten hatten das Anthraxsurrogat aus *Bacillus thuringienis* (Bt) hergestellt; diese Bazillen sind eng mit den Milzbranderregern verwandt, für Menschen aber harmlos. (Sie rufen bei Insekten so etwas wie Milzbrand hervor, und Gärtner setzen sie zur biologischen Schädlingsbekämpfung ein. Eine Zeit lang behaupteten die Iraker, sie hätten die Al-Hakm-Fabrik für die Schädlingsbekämpfung im Irak gebaut.)

Jahrling ließ den Plastikbeutel herumgehen und versicherte den Anwesenden, der Inhalt der Röhrchen sei ungefährlich. Jeder konnte sich davon überzeugen, wie sehr sich das irakische »Anthrax«-Pulver von dem des Daschle-Briefs unterschied. Es war schwer und grobkörnig und es enthielt große Mengen Bentonit (ein tonähnliches Mineral, das normalerweise in der Ölindustrie verwendet wird). Es erinnerte eher an Matschbröckchen und sah ganz und gar nicht wie das Daschle-Pulver aus. Zumindest zu der Zeit, als Al-Hakm in Betrieb war, hatten die irakischen Biowaffenproduzenten mit einem anderen Verfahren gearbeitet als dem, mit dem das Daschle-Pulver hergestellt worden war.

Anschließend schlug Parker Jahrling vor, das Pentagon über das Anthraxpulver zu informieren, und so verging der Rest des Tages damit, dass sie in den Assistentenbüros des Verteidigungsministers herumgereicht wurden. Gegen Abend fuhren sie auf dem Interstate 270 nach Fort Detrick zurück. Es war Rushhour, und der Verkehr floss nur zäh wie Leim. Jahrling saß auf dem Beifahrersitz, der General auf der Rückbank. Mittwochs pflegte Jahrling immer seine Tochter Bria von der Tanzschule abzuholen, und er freute sich darauf, ein bisschen freie Zeit mit ihr zu verbringen.

Gerade als der Explorer am Eingang von Fort Detrick ankam, piepste das Mobiltelefon des Generals. Die Person am anderen Ende erteilte in rascher Folge ein paar Instruktionen und fragte dann: »Wo ist dieser Kerl namens Jahrling?«

»Hier bei mir im Auto.« Der General beugte sich zu Jahrling vor. »Wir werden im Weißen Haus verlangt. Auf der Stelle.«

»Äh, General Parker – haben wir Zeit für eine Pinkelpause?«

»Nein.«

Der Sergeant umrundete den Abrams-Panzer vor dem Eingang von Fort Detrick und brauste in Richtung Interstate zurück. Mit Blaulicht und Sirene schlängelte er sich durch den Verkehrsstrom. Auch das brachte Jahrling nicht auf andere Gedanken. Schließlich fiel ihm Bria wieder ein. Er rief Daria an und sagte: »Ich kann Bria nicht abholen.«

»Was heißt das?«, fragte sie.

»Das kann ich dir nicht sagen.«

»Was heißt, du kannst es mir nicht sagen? Wo bist du, Peter?«

»Ich kann dir nicht sagen, wo ich bin.«

Der Wagen bog in die Constitution Avenue ein, und er sagte, er würde sie später wieder anrufen.

»Peter, haben Sie noch immer das Zeug aus dem Irak in der Tasche?«, wollte General Parker wissen. »Sie sollten das vielleicht nicht ins Weiße Haus mitnehmen« – der Geheimdienst könnte etwas überzogen darauf reagieren.

Sie waren bereits in der Auffahrt zum Weißen Haus, und Jahrling wusste nicht wohin mit dem irakischen »Anthrax«. Schließlich stopfte er die Röhrchen zwischen die Polster des Autositzes.

Im Foyer drängten sich Regierungsvertreter, Mitarbeiter des Weißen Hauses, Mitglieder des Nationalen Sicherheitsrats, hochrangige FBI-Leute und Geheimdienstler der ersten Garde. »Wo ist die Toilette?«, brummte Jahrling in die Menge. Jemand zeigte ihm den Weg.

Das Treffen fand im Roosevelt-Saal statt, der sich durch eine hohe, reich verzierte Decke sowie Eichentüren mit Messingbeschlägen auszeichnet. In der Mitte des Raums stand ein langer Tisch mit ledergepolsterten Lehnstühlen. Weitere Sitzgelegenheiten reihten sich an den Wänden. Ein Sicherheitsmitarbeiter informierte alle, dass das Treffen geheim war. (Am nächsten Morgen stand auf der Titelseite der *New York Times*, was sich bei der Konferenz zugetragen hatte. Mitarbeiter des Weißen Hauses kamen später zu dem Schluss, die undichte Stelle müsse beim FBI zu suchen sein.) Justizminister John Ashcroft saß am Tisch, und fast in der Mitte thronte Robert Mueller umringt von einer Schar von FBI-Leuten, zu denen auch Allyson Simons gehörte. Auch Tommy Thompson war am Tisch. Die Konferenz leitete Tom Ridge, der kürzlich zum Chef der inneren Sicherheit ernannt worden war.

Jahrling wollte sich auf einen der Stühle an der Wand setzen, aber jemand nahm ihn am Arm und zeigte ihm einen Stuhl an der Mitte des Tisches direkt gegenüber den Kabinettsmitgliedern in ihren pechschwarzen Anzügen. Jahrling trug seinen grauen Anzug mit einem bonbonfarbenen gestreiften Hemd und einem grellen Schlips. Die Leute vom Geheimdienst schlossen die Türen.

TOM GEISBERT HATTE im Institut nach Jahrling gesucht und ihn nicht gefunden. Er machte sich Sorgen und rief bei Jahrling zu Hause an, wo Daria abhob. »Wo ist Peter?«, fragte sie ihn. »Er hat Bria nicht abgeholt!« Dann ließ sie ihren Ärger an Geisbert aus.

»Sie war wütend wie eine Hornisse«, erinnerte sich Geisbert. Er versuchte sie zu beruhigen, doch wo Jahrling war, wusste auch er nicht.

Daria liebte Peter, sie führten eine gute Ehe, doch sie meinte, dass ihr Gatte es seiner Familie schulde, ihr wenigstens zu sagen, wo er war, selbst wenn die nationale Sicherheit auf dem Spiel stand.

JOHN ASHCROFT ERÖFFNETE die Sitzung. Er nahm kein Blatt vor den Mund. Offensichtlich hapere es an der Kommunikation zwischen der Armee, dem FBI und den CDC, sagte er, und der Zweck dieser Konferenz sei, herauszufinden, warum den Behörden nicht klar geworden sei, dass es sich bei dem Anthraxpulver um waffentaugliches Material handele und warum sie nicht früher im Brentwood-Briefverteilzentrum aktiv geworden waren. Wer immer die Milzbranderreger freigesetzt hatte – man hatte das ungute Gefühl, dass er es wieder tun und das Pulver diesmal in einem großen, bekannten Gebäude oder gar in der Luft über einer Großstadt freisetzen könnte. Die Nation befand sich in ernst zu nehmender Gefahr. An welcher Stelle war die Kommunikation zusammengebrochen? Hatte die Armee die Information ans FBI weitergegeben? Hatte das FBI die CDC über die Gefährlichkeit des Anthraxmaterials informiert? Ashcroft war Robert Muellers Chef, und er schaute dem FBI-Direktor direkt in die Augen. Mueller sah General Parker an. Mueller dankte der Armee, dass sie die Beschaffenheit des Milzbrandpulvers dem FBI zur Kenntnis gebracht hatte. Er sagte, das FBI habe hinsichtlich des Anthraxmaterials widersprüchliche Daten erhalten und versucht, sich Klarheit zu verschaffen. Jetzt aber räumte Mueller ein, dass die Armee Recht gehabt hatte: Das Daschle-Anthraxpulver war eine Waffe.

Plötzlich stritten sich zwanzig Leute rund um den Tisch über die Frage: Was ist eine biologische Waffe?

John Ashcroft schnitt allen das Wort ab. »Okay, okay! Diese ganze Diskussion, was eine biologische Waffe ist, dreht sich um Engel, die auf einer Nadelspitze tanzen. Ich will hören, was der Professor zu sagen hat.« Er zeigte mit seinen Fingern auf jemanden, der anscheinend hinter Jahrling saß.

Jahrling, der kein Professor ist, drehte sich um. Dann erst ging ihm auf, dass der Justizminister ihn meinte. Jahrling räusperte sich und lenkte die Aufmerksamkeit aller Anwesenden auf Geisberts Fotos der Milzbrand-Totenschädel. (Mitarbeiter hatten sie herumgereicht.) Er deutete auf die Spiegeleier-Anhängsel, die auf einigen Fotos aus den Sporen flossen. Das, sagte er, sei wahrscheinlich ein Additiv.

Jemand wollte wissen, ob der Professor glaube, diese Anthraxerreger könnten im Irak produziert worden sein.

Jahrling konnte nichts weiter sagen, als dass dies irakischer Milzbrand sein *könnte*, dass aber alle Proben, die sie bislang aus dem Irak zu Gesicht bekommen hätten, völlig anders gewesen wären. Die irakischen Anthraxsporen waren mit Bentonit vermischt, diese Proben hier enthielten aber keinen Ton. Er sagte, bis morgen hätte die Armee eine genauere Vorstellung davon, worum es sich bei dem Additiv handele.

Dann drehte sich die Diskussion um die Frage, ob ein »staatlicher Akteur« hinter den Milzbrandattacken stecken könnte. Die Stimmung im Saal glich der eines Kriegsrats, bei dem es um die Entscheidung ging, ob man den Irak angreifen sollte oder nicht.

Jahrling erschrak. »Brrr!«, platzte es aus ihm heraus. »Dieses Anthraxpulver ist kein zwingender Grund, einen Krieg anzufangen. Es ist nicht notwendigerweise das Produkt eines staatlichen Akteurs.« Er errötete und hielt inne. Die Kabinettsmitglieder mit einem »Brrr!« zu unterbrechen war ziemlich respektlos. Dann fuhr er fort. Er sagte, ein paar Gramm sehr reiner Milzbranderreger könne man in einem kleinen Labor mit nur wenigen kleinen Geräten herstellen. »Dieses Anthraxpulver könnte aus einem Krankenhauslabor stammen oder aus dem Mikrobiologielabor eines halbwegs ordentlich ausgestatteten Colleges.« Die Leute vom FBI wollten wissen, auf welche »Signaturen« eines kleinen Biowaffenlabors von Terroristen ihre Ermittler achten müssten. Jahrling antwortete, dass ein derartiges Labor zur Milzbrandproduktion völlig unauffällig und als solches kaum auszumachen wäre.

Ashcroft beendete die Konferenz, indem er das FBI, die Armee und die HHS ins Gebet nahm. Er ermahnte sie in einem strengen Ton, ihre Maßnahmen zu koordinieren und effizienter miteinander zu kommunizieren. Wer seine Position dem Präsidenten zu verdanken habe, könne die auch im Handumdrehen wieder loswerden, machte er unmissverständlich klar.

»Nun, Professor, Sie haben sich gut geschlagen«, sagte Parker auf dem Rückweg zum Institut zu Jahrling. Jahrling lehnte sich im Sitz zurück, draußen rauschte die Nacht vorbei. Er dachte gründlicher über das nach, was er bei dem Treffen gesagt hatte – dass das Anthraxpulver aus einem kleinen Labor mit einem Tisch und ein paar Gerätschaften darauf stammen könnte. Was würde man für den Anthraxtrick brauchen? Ein Einzelner könnte ihn vielleicht zuwege bringen oder zwei oder drei Leute. Ein paar Labors fielen ihm ein. Da war eines im Westen … und es gab auch das USAMRIID. Konnte das möglich sein? Konnte dies die Tat eines Insiders sein? Konnte ein terroristischer Angriff aus diesem Institut heraus lanciert worden sein? Der Gedanke, dass hinter den Attacken möglicherweise jemand stand, den er kannte oder von dem er wusste, verursachte ihm Schwindel.

ERST NACH MITTERNACHT kam er nach Hause. Daria hatte Bria von der Tanzschule abgeholt und Kira zu Bett gebracht. Sie saß in der Küche und benotete gerade einen Stapel Englischaufsätze. »Wo bist du gewesen? Ich bin sicher, es war etwas Wichtiges.«

»Ich war im Weißen Haus.«

»Waaas du nicht sagst …«

»Nein, wirklich!«

»Und das konntest du mir nicht sagen?«

»Nein, wirklich, konnte ich nicht.«

Ein paar Tage später kam der Fahrer des Generals mit dem Beutel irakischen »Anthrax« in Jahrlings Büro. Er sagte, er hätte ihn zwischen den Sitzpolstern des Autos gefunden.

TRICKS

KEN ALIBEK IST ein ruhiger Mann mittleren Alters mit jugendlichen Zügen. Er kleidet sich elegant, trägt feine Wolljacketts und Krawatten in gedämpften Farben. Er stammt aus einer alten kasachischen Familie in Zentralasien. Infolge von Ereignissen, in die auch die CIA involviert war, kam Alibek 1992 in die Vereinigten Staaten. Bis dahin war er als Dr. Kanatjan Alibekow erster stellvertretender Forschungs- und Produktionsdirektor des sowjetischen Biowaffenprogramms Biopreparat gewesen. Dr. Alibekow hatte 32 000 Wissenschaftler und sonstige Mitarbeiter unter sich gehabt. Als er in den USA eintraf, war er übergewichtig und depressiv, und er sprach kein Englisch.

Ken Alibek ist Doktor der Naturwissenschaften, Forschungsgebiet Anthrax. Das ist eine Art Ehrentitel, der ihm 1988 im Alter von siebenunddreißig Jahren verliehen wurde, weil er die Forschergruppe geleitet hatte, die das potenteste waffentaugliche Anthraxpulver der Sowjetunion entwickelt hatte. Damals war er Direktor der Stepnagorsk-Biowaffenfabrik im heutigen Kasachstan gewesen; diese Einrichtung galt einmal als weltweit die größte ihrer Art. Alibekows Anthraxpulver war 1989 »voll funktionsfähig«,

287

was bedeutet, dass von da an Bomben und Raketenköpfe damit bestückt wurden.

Bei Alibekow-Anthrax, wie Alibek selbst es mir beschrieb, handelt es sich um ein grau-bernsteinfarbenes Pulver, feiner als Talkumpuder, das aus glatten, weichen, flauschigen Partikeln besteht, die auseinander driften und mit der Luft davontreiben, unsichtbar werden und kilometerweite Entfernungen zurücklegen können. In menschlichen Lungen tendieren die Partikel dazu, wie Leim festzukleben. Alibekow-Anthrax kann tonnenweise fabriziert werden, es gilt als extrem wirkungsvoll.

Eines Tages saßen Alibek und ich in einem Besprechungsraum in seinem Büro in Alexandria, Virginia, und ich fragte ihn, was es für ein Gefühl gewesen sei, eine so gefährliche biologische Waffe entwickelt zu haben. »Es ist sehr schwierig zu sagen, ob ich darüber begeistert war«, berichtete er. Sein Englisch ist mittlerweile perfekt, wenn auch mit deutlichem russischen Akzent. »Es wäre falsch zu behaupten, dass ich das Gefühl hatte, etwas Unrechtes zu tun. Ich hatte das Gefühl, etwas sehr Wichtiges getan zu haben. Das Anthraxpulver war meine wissenschaftliche Leistung. Meine persönliche Leistung.«

Ich fragte ihn, ob er mir die Rezeptur für sein Anthraxpulver verraten würde.

»Das kann ich nicht«, antwortete er.

»Ich werde sie nicht veröffentlichen. Ich bin bloß neugierig«, sagte ich.

»Sie müssen bedenken, dass das eine unglaublich ernste Angelegenheit ist.«

Alibek skizzierte mir in groben Zügen, wie man sein Anthraxpulver herstellt. Das Verfahren scheint ziemlich einfach zu sein und entspricht nicht ganz dem, was man erwarten würde. Zwei Materialien, die sonst nichts miteinander zu tun haben, werden mit reinen, pulverisierten Anthraxsporen gemischt. Wenn man sich ein bisschen in einem Baumarkt umsieht, findet man mindestens das eine Material, möglicherweise auch beide. Den Trick perfekt hinzubekommen bedurfte jedoch jeder Menge Forschungs- und Versuchsarbeit, und Alibek muss seine Forschungsgruppe mit Sachkenntnis und Entschlossenheit vorangetrieben haben.

»Das war mein Beitrag«, sagte er.

ALS KEN ALIBEK ÜBERGELAUFEN WAR, merkten die CIA-Leute, die ihn verhörten, dass sie nicht verstanden, was er berichtete. Seit Beendigung des amerikanischen Biowaffenprogramms im Jahr 1969 ist bei der CIA viel biologisches Fachwissen verloren gegangen. Also bat die CIA William C. Patrick III., bei den Verhören zu helfen. Patrick ist ein großer, eleganter, genialer und jetzt mit über siebzig Jahren, langsam kahl werdender Mann; er war Leiter der Produktentwicklung im Biowaffenprogramm der Armee, ehe dieses 1969 eingestellt wurde. Bill Patrick besitzt ein paar Geheimpatente – so genannte schwarze Patente – auf Mittel und Methoden, wie man ein Biopulver herstellt, das in der Luft unsichtbar wird und kilometerweit fortgetragen wird.

Patrick und Alibek führten in Motelzimmern lange Gespräche unter der ständigen Beobachtung und Bewachung von Sicherheitsleuten. Die beiden Experten zählten in den Biowaffenprogrammen ihrer Länder jeweils zu den Spitzenwissenschaftlern, und sie fanden bald heraus, dass sie wissenschaftlich dieselbe Sprache redeten. Als sie vertrauter miteinander waren, stellten sie fest, dass sie und ihre Forschungsgruppen unabhängig voneinander dieselben Tricks herausgefunden hatten, um Biopulver in die Luft aufsteigen und verschwinden zu lassen. Patrick und Alibek wurden Freunde. Patrick und seine Frau Virginia luden Alibek zu Erntedank und Weihnachten ein, weil sie meinten, er fühle sich sonst wohl sehr einsam.

VOR EIN PAAR JAHREN fuhr ich eines Tages auf einer gewundenen Landstraße die Hänge des Catoctin Mountain hoch. Es war kalt und ungemütlich, nur ab und zu rissen die Winterwolken über dem Berg auf und ließen einzelne Sonnenstrahlen hindurch. Die Patricks leben in einem gemütlichen Haus, das an ein Schweizer Chalet erinnert. Es steht am höchsten Punkt einer kleinen Bergwiese, man blickt auf Fort Detrick hinab. Vom Haus aus kann man Dach und Abzugsrohre des USAMRIID zwischen den Bäumen in der Ferne versteckt erkennen.

»Kommen Sie herein, junger Mann, kommen Sie herein«, sagte Patrick. Er blinzelte zum Himmel hoch. Er ist extrem witterungsempfindlich.

Wir saßen im Wohnzimmer und plauderten. »Verdammt viel trennt uns Fossilien, die sich mit Biowaffen auskennen, von der jüngeren Generation«, sagte er. Nachdem das Offensivprogramm eingestellt worden war, arbeitete Patrick am USAMRIID eine Zeit lang für friedliche Zwecke, doch er war sich ziemlich sicher, dass eines Tages irgendjemand mit den nötigen Kenntnissen Krankheitskeime als Waffe bei einem Terrorangriff einsetzen würde, und er begann eine persönliche Kampagne, um die Regierung vor dieser Gefahr zu warnen. Er diente verschiedenen Institutionen und Regierungen als Berater, unter anderem auch der Stadt New York, und er hielt Vorträge, in denen er beschrieb, welch winzige Mengen unterschiedlicher pulverförmiger Biowaffen in der Luft ausreichen, um eine bestimmte Anzahl von Opfern zu erhalten. Seine Hochrechnung für einen Bioterrorangriff auf New York City wurde zur Verschlusssache erklärt.

Ein paar Minuten nach meiner Ankunft fuhr Ken Alibek in einem silbernen BMW vor. Nach dem Essen saßen wir um den Küchentisch. Patrick kramte eine Flasche Glenmorangie Single-Malt-Whisky hervor, und wir genehmigten uns einen Schluck. Der Whisky strahlte in warmem Gold, und er brachte das Gespräch in Gang.

»Viele Wissenschaftler scheinen zu glauben, dass Biowaffen nicht funktionieren«, sagte ich. »Diese Ansicht wird häufig zitiert.«

Die beiden ehemaligen Biowaffenexperten sahen einander an, und Bill Patrick fing dröhnend an zu lachen, ließ den Kopf sinken und lachte weiter. Ken Alibek wirkte verärgert. »Das ist so dumm«, sagte Alibek. »Mir fehlen die Worte. Man testet diese Waffen, um herauszufinden, was funktioniert. Ich könnte behaupten, dass ich nicht glaube, dass Nuklearwaffen funktionieren. Nuklearwaffen zerstören alles. Biowaffen sind ... sind ... nützlicher. Sie zerstören keine Gebäude, sie zerstören nur die vitale Aktivität.«

»Vitale Aktivität?«

»Menschen«, antwortete er.

Patrick bat uns in sein Büro im Untergeschoss. Wir folgten ihm eine Wendeltreppe hinab in einen Raum mit Glasschiebetüren. Er nahm eine Papiertüte aus einem Aktenschrank und holte eine kleine braune Glasflasche daraus hervor. Die Flasche war mit einem fest verschraubten schwarzen Plastikdeckel verschlossen und zur Hälfte mit einem cremefarbenen, ultrafeinen Pulver gefüllt. »Das ist eine simulierte Anthraxwaffe«, sagte er. »Es ist Bg« – Bacillus globigii, ein harmloser, mit dem Anthraxerreger verwandter Organismus. »Schau dir das an, Ken.«

Alibek nahm die Flasche und schüttelte sie. Das Pulver im Innern verwandelte sich in eine Staubwolke. Sie wirbelte herum, und die Flasche war plötzlich undurchsichtig.

»Na, ist das nicht ein schönes Produkt?«, kommentierte Patrick.

Alibek nickte. »Es hat die Eigenschaften einer Waffe.«

Patrick holte weiter einen Insektizidsprüher aus der Papiertüte. Es war ein altes Modell, bei dem man noch mit der Hand pumpen musste. Er packte den Griff, pumpte – und eine Wolke weißen Puders quoll wie Dampf aus der Düse. »Ist das nicht eine wunderbare Partikelgröße?«

Alibek fing an zu lachen. »Ziel mit dem Ding nicht auf mich, Bill!«

»Ach, das ist nur das Hautpflegetalkum meiner Frau.« Der angenehme Duft von Babypuder erfüllte den Raum.

Der Puder erschwerte jedoch das Atmen ein bisschen, und so gingen wir hinaus auf die Wiese vor dem Haus. Alibek steckte sich eine Zigarette an, und wir bewunderten den herrlichen Ausblick über die Wiese und die Hügel Marylands bis zu einem blauen Streifen hinten in der Ferne, der Kammlinie des Mount Airy. Vor die Sonne hatte sich ein Flickenteppich von Wolken gezogen.

»Windstärke drei, höchstens vier, ein klein bisschen böig«, sagte Patrick. »Woher kommt der Wind, Ken?«

Alibek wandte sich um und blickte nach oben. Er schien die Windrichtung mit dem Gesicht zu erfühlen. »West? Er kommt aus Westen.«

»An einem Tag wie heute würden die Pocken von hier bis Frederick kommen«, bemerkte Patrick.

Alibek nickte zustimmend und zog an seiner Zigarette.

»Wartet hier«, sagte Patrick plötzlich, ging ein Stück über die Wiese bergan und verschwand hinter der Garage. Wir hörten den Elektromotor des Garagentors. Wenige Augenblicke später war er wieder da; in der Hand hielt er ein Mayonnaiseglas mit einem Puder darin. Er schraubte den Metalldeckel ab und zeigte mir den Inhalt. Es war mit einem extrem feinen Pulver von blassrosa gesprenkelter Farbe gefüllt. Er erklärte, auch dies sei eine simulierte Biowaffe, und das sprenklige Rosa des Pulvers rühre vom Blut von Hühnerembryonen her. Es handelte sich um das Surrogat eines waffentauglich gemachten Gehirnvirus namens VEE, das sich leicht auf dem Luftweg ausbreitet – aber das Pulver war sterilisiert und enthielt kein infektiöses Material mehr. Er schüttelte das Glas vor meinem Gesicht, und an Nebelschwaden erinnernde Staubwölkchen zielten in Richtung meiner Nase. Ich musste gegen den plötzlichen Drang ankämpfen, den Kopf in den Nacken zu werfen – das Gehirn weiß vielleicht, dass der Qualm harmlos ist, aber gegen die Instinkte kann man nur schwer an.

Patrick ging mit dem Glas über die Wiese und stellte sich neben eine Eiche. Dann streckte er plötzlich den Arm aus und entleerte in einem Bogen den Inhalt des Glases in die Luft. Das Pulver kochte heraus, bildete eine kleine Pilzwolke, dann quollen Schwaden von simulierten Gehirnviren durch die Zweige eines Hartriegelbaums, hoben über der Wiese ab und zogen in raschem Tempo auf Frederick zu. Binnen Sekunden wurde die Wolke immer durchsichtiger, und dann verschwand sie abrupt. Die Partikel schienen weg zu sein. Wie Wasserdampf aus einem Teekessel.

»Sehen Sie, wie es auf der Stelle unsichtbar wird?«, kommentierte Patrick.

Alibek sah leicht amüsiert zu und zog an seiner Zigarette. »Ja. Jetzt kann man die Wolke schon nicht mehr sehen«, sagte er. »Je nach Höhe der Freisetzung werden ein paar von diesen Partikeln 80 Kilometer weit fliegen.«

»Etliche gelangen bis zur Mount-Airy-Kette. Das sind gut 30 Kilometer«, sagte Patrick. In zwei Stunden würde die simulierte Gehirnwaffe die Bergkette erreicht haben. Und noch einmal zwei Stunden später würde das simulierte Gehirnvirus schon jenseits des Horizonts sein.

Patrick beäugte die Wolken, schien den Wind einzuschätzen. Er wandte sich Alibek zu: »Sag, wenn du heute in Frederick zuschlagen wolltest, Ken, was würdest du nehmen?«

Alibek warf einen raschen Blick in den Himmel, erwog die Witterungsbedingungen und seine Optionen. »Ich würde Milzbrand gemischt mit Pocken nehmen.«

Sicheres Telefon

TOM GEISBERT fuhr mit seinem verbeulten Kombi zum Armed Forces Institute of Pathology im Nordwesten von Washington; in einer Spezialkassette verwahrte er eine Prise sterilisiertes, trockenes Daschle-Anthraxpulver. Er hatte den Tag dafür eingeplant, mit einer Gruppe von Technikern Tests mit einem Röntgengerät durchzuführen, um herauszufinden, ob das Pulver irgendwelche Metalle oder sonstigen Fremdelemente enthielt. Um die Mittagszeit konnte mit der Maschine nachgewiesen werden, dass zwischen den Sporen zwei zusätzliche Elemente waren: Silicium und Sauerstoff.

Siliciumoxid.

Siliciumdioxid ist der Grundstoff von Glas.

Der oder die Anthraxterroristen hatten pulverisiertes Glas – oder Siliciumdioxid – unter die Milzbranderreger gemischt. Es war so fein gemahlen, dass es unter Geisberts Elektronenmikroskop wie Spiegeleier-Schlabber ausgesehen hatte, der aus den Sporen tröpfelte.

Geisbert rief Jahrling über eine normale Telefonleitung an und sagte: »Wir haben eine Signatur von etwas.« Jahrling bat ihn, nicht auf der ungeschützten Leitung weiterzutelefonieren.

Geisbert fragte, ob er ein gesichertes Telefon benutzen könnte, und man brachte ihn in einen Sicherheitsraum. Das Spezialtelefon sah wie ein normaler Apparat aus, nur dass er ein Flüssigkristall-Display und ein Codeschloss hatte. Man gab Geisbert einen Codeschlüssel, und er entsicherte das Telefon.

Mittlerweile war Jahrling in den Sicherheitsraum des USAMRIID gegangen. Er entriegelte sein STU-Telefon und wartete. Geisbert rief an, sie wechselten ein paar Worte im ungeschützten Modus, dann drückte Jahrling einen Knopf an dem Apparat. Das Display leuchtete auf: UMSCHALTEN AUF SICHER.

Die Telefone verstummten. Die beiden Männer warteten eine halbe Minute. Dann stand auf dem Display zu lesen: US-REGIERUNG GEHEIM, und ihre Stimmen kamen wieder über die Leitung, wenn auch verzerrt.

»Al-so – was – habt – ihr – ge-fun-den?«, fragte Jahrling.

»Höwsu Wiet! Wie ou-wouwu-wuuuu, wou.« Geisberts Stimme verwandelte sich in ein lang gezogenes, gurgelndes Robotergeheul.

»Sprich – lang-sam.«

»Wie hou wou-wou fuuu!«

»Brrr! – Du – musst – ab-ge-hackt – spre-chen.«

»Pete! Da – ist – Glas – im – An-thrax.«

MAN KANN INS INTERNET GEHEN und findet dort Händler, bei denen man so etwas wie hochfein pulverisiertes Glas kaufen kann; unter dem Namen Silica-Nanopulver wird es für industrielle Zwecke benötigt. Dieser Stoff ist unglaublich feinkörnig. Wäre eine Milzbrandspore eine Apfelsine, dann wären diese Glaspartikel Sandkörner, die an ihrer Schale haften. Das Glaspulver war glatt, geradezu glitschig und vielleicht derart behandelt, dass es Wasser abstieß. Es war dafür verantwortlich, dass die Sporen sich voneinander lösten, mit Leichtigkeit die feinen Löcher im Umschlag passierten und überall hinflogen, sodass sie sich im Hart Senate Office Building und in den Briefverteilzentren von Brentwood und Hamilton wie ein Gas ausbreiteten.

Niemand weiß, wie viele Anthraxsporen in der Poststelle von Brentwood in die Luft gelangten. Mindestens zwei Briefe mit getrocknetem Totenschädel-Anthrax liefen durch die Maschinen. Die Schädel zerkrümelten und zerfielen, und einzelne Sporen drangen durch die Poren des Papiers und vermutlich auch durch die Ecken der Umschläge. Würde man alle Sporen, die in diesem Gebäude in Brentwood in die Luft gelangten, auf ein Häufchen schütten, würde es wohl kaum den Kopf einer Reißzwecke bedecken. Die Environmental Protection Agency gab geschätzte 30 Millionen Dollar aus, um die Sporen dort wieder wegzubekommen.

DAS FBI

DIE WASHINGTONER AUSSENSTELLE des FBI ist ein neues Gebäude aus Stein und Glas an der Kreuzung Fourth und F Street, nur ein paar Blocks östlich des FBI-Hauptquartiers am Rand von Chinatown. Das Washingtoner Büro bekam die Gesamtleitung der kriminalistischen Untersuchungen der Milzbrandattacken übertragen, die unter dem Namen »Amerithrax« zusammengefasst wurden. Fünf Todesfälle waren im Zusammenhang mit Amerithrax zu beklagen. Robert Stevens in Boca Raton und die beiden Brentwood-Postmitarbeiter Joseph Curseen jr. und Thomas Morris jr. starben als Erste. Dann erkrankte eine einundsechzigjährige Frau namens Kathy Nguyen in New York City und starb schließlich an Lungenmilzbrand; wo sie sich infiziert hatte, wurde nie herausgefunden. Am Tag vor dem Erntedankfest starb eine vierundneunzigjährige Frau namens Ottilie Lundgren in Connecticut ebenfalls an Milzbrand; auch ihre Infektionsquelle wurde nie identifiziert. Doch Ursache waren wahrscheinlich wenige Sporen, die sie von einer Postsendung eingeatmet hatte, welche mit einer anderen Sendung in Berührung gekommen war, die durch die Sortieranlage von Hamilton, New Jersey, gelaufen und dort in engen Kontakt

298

mit einem Anthraxbrief gekommen war. Dieser Fall von Mord und Terrorismus lag quer zu allen gerichtlichen Zuständigkeiten. Das FBI etikettierte ihn als Major Case 184.

Die Washingtoner Außenstelle unterstand dem stellvertretendem FBI-Direktor Van A. Harp. Direkt unter ihm arbeiteten drei Spezialagenten oder SACs (Special Agents in Charge), die das Büro leiteten. Einer dieser SACs war Arthur Eberhart, der zuvor als Abteilungsleiter in Quantico eingesetzt war, wo er der Hazardous Materials Response Unit vorgestanden hatte. Als es Anfang Oktober zu den ersten Milzbrandtoten gekommen war, begann Eberhart Kräfte zusammenzuziehen: Er berief Mitarbeiter in sein Team, die er fallweise von anderen Einheiten abzog, weil das »für die Arbeit des FBI zwingend erforderlich« war. Schnell bildete sich eine Arbeitsgruppe, und schließlich wurden daraus zwei Sondereinheiten, die als Amerithrax 1 und Amerithrax 2 bekannt wurden. Eberhart übertrug die Leitung von Amerithrax 1 John »Jack« Hess und die von Amerithrax 2 David Wilson. Hess' Gruppe kümmerte sich größtenteils um die klassische Detektivarbeit, während Wilsons Einheit die wissenschaftliche Seite der Untersuchung übernahm. Im Grunde trugen Jack Hess und David Wilson die Verantwortung dafür, dass der Amerithrax-Fall gelöst wurde.

David Wilson traf ich erstmals 1996, als ich an der FBI-Akademie in Quantico Nachforschungen anstellte; er war gerade als Agent der HMRU zugewiesen worden: ein stiller Mann, der sich im Hintergrund hielt und wenig sagte, aber wie bei vielen FBI-Leuten blitzte bei ihm gelegentlich eine gewisse Wachsamkeit auf, als würde ein Teil von ihm ständig etwas evaluieren. Damals behaupteten FBI-Wissenschaftler, dass ein bioterroristischer Angriff nur sehr schwer aufzuklären sein dürfte, da die Spuren, die er hinterlasse, aus nichts weiter als Toten mit einem Stamm von Mikroorganismen im Körper und sonst herzlich wenig bestehen würden. Eines Abends trank ich mit einigen FBI-Wissenschaftlern im »Quantico Boardroom«, einer schmucklosen Cafeteria mit Pub, ein paar Bier, und sie begannen alle möglichen Ideen auszuspinnen, wie man ein bioterroristisches Verbrechen aufklären könnte. Das meiste davon waren High-Tech-Lösungen, die auf Maschinen mit Sensoren und exotischen Labortechniken basierten. Nur ein Abteilungsleiter namens Randall Murch, der die Hazardous Materials Response Unit zusammengestellt hatte, sagte, er glaube, dass letzten Endes auch ein Fall von Bioterrorismus durch traditionelle Detektivarbeit aufgeklärt würde. »Schließlich sind es Menschen, und Menschen machen Fehler«, meinte Murch.

DAVID LEE WILSON ist ein großer Mann von Mitte vierzig mit breiten Schultern und großen Händen. Er hat glatte braune Haare, dunkle Augenbrauen und blassgraue Augen. Bei der Arbeit trägt er in der Regel gestärkte weiße Button-down-Hemden. Er wuchs in Tennessee auf, in einem Farmhaus, das sein Großvater aus zurechtgesägten Pappelplanken gebaut hatte, und spricht mit dem typischen Tennessee-Akzent. Wenn er in Fahrt ist, redet er schnell und mit sanfter Stimme über ein ganzes Bündel von Themen. Er hat einen Universitätsabschluss in Botanik mit dem Schwerpunkt Meeresbiologie. Einst verbrachte er viel Zeit auf Forschungsschiffen, wo er die biologische Produktivität des maritimen Phytoplanktons untersuchte. Als er für das FBI zu arbeiten begann, verlagerte er seinen Schwerpunkt auf die forensische Auswertung von Beweisspuren. Zur Entspannung spielt er daheim eine akustische Martin-Gitarre. Er spielt präzise, doch mit viel Gefühl für die Musik. Zu viel Aufmerksamkeit mag er nicht, erzählte er mir. »Ich fühle mich nicht wohl, wenn ich im Brennpunkt des Interesses stehe«, sagte er. Wichtig war ihm, mir zu erklären, dass er nur ein einzelnes Rädchen im Getriebe einer großen FBI-Operation sei. »Teamarbeit ist bei dieser Sache entscheidend«, fügte er hinzu. »So ein großer Fall ist wie ein Organismus. Fast etwas Lebendiges. Er ändert sich ständig infolge der eingehenden Beweise und der wechselseitigen Abhängigkeiten.«

Wilson leitete von 1997 bis 2000 die HMRU, und in diesen Jahren stieg die Zahl der ernst zu nehmenden bioterroristischen Bedrohungen oder Zwischenfälle dramatisch an, bis sie schließlich bei grob 200 pro Jahr lag – mindestens jeden zweiten Tag ein Fall von Biogefährdung. Die meisten davon waren Anthraxfehlalarme. Ständig waren HMRU-Teams mit Hubschraubern oder Flugzeugen unterwegs zu unterschiedlichen Orten in den Vereinigten Staaten, um mögliche Milzbrandfälle zu untersuchen und Spuren zu sichern. Die HMRU zu leiten ähnelte dem Betrieb einer Feuerwache, bei der ständig falscher Alarm einging. Wilson war das alles ein wenig leid geworden, vor allem da er versuchte, ein entsprechendes Programm auf nationaler Ebene zu etablieren, stattdessen sich aber ständig auf dem Notsitz eines Hueys wiederfand, der mit Biogefahr-Ausrüstung beladen zu einem neuen Fall von Biopanik unterwegs war. Wenn er mit seiner Familie in ein Restaurant ging, bat seine kleine Tochter ihn immer, sein Mobiltelefon zu Hause zu lassen, und wenn dann sein Pager piepte, verdrehte sie die Augen und sagte: »Nicht schon wieder, Daddy.« Wilson wollte sich einen Überblick über Vor-Ort-Untersuchungen auf breiter Basis verschaffen und damit die kriminellen Fälle ausfindig machen und verfolgen. Schließlich ließ er sich an die Washingtoner Außenstelle versetzen. Dann wurden die Amerithrax-Einheiten gegründet, und man übertrug ihm die wissenschaftliche Leitung.

Wilsons Strategie für Amerithrax 2 bestand unter anderem darin, das gesamte Spektrum wissenschaftlicher Talente in den Vereinigten Staaten abzuschöpfen und sich Hilfe zu verschaffen, wo immer er sie bekam. Er knüpfte Beziehungen zu den Bundeslabors (die dem Energieministerium unterstehen), zum Verteidigungsministerium, zur CIA und zur National Academy of Sciences sowie zur National Science Foundation. Dutzende von Wissenschaftlern rekrutierte er von außen: Chemiker, Biologen, Genetiker. Er zog den Marine-Anthrax-Experten James Burans hinzu und genauso Dr. Cindy Friedman, eine Epidemiologin von den CDC, die sich Amerithrax 2 als Vollzeitmitglied anschloss.

US-Bundesstaatsanwalt Kenneth C. Kohl begann ebenfalls in Vollzeit für Amerithrax zu arbeiten und bezog ein Büro im Gebäude an der Kreuzung Fourth und F Street. Er beriet die Agenten, wie man Beweismittel so aufarbeitet, dass sie vor Gericht verwendet werden können. Beim FBI erinnerte man sich noch gut an den Fall von Richard Jewell, einem Wachmann, den das FBI in Verdacht hatte, während der Olympischen Sommerspiele 1996 im Centennial Park von Atlanta eine Bombe gelegt zu haben. Jewell wurde freigesprochen, und das war für das FBI eine ungeheure Blamage; Inkompetenz und Voreingenommenheit warf man dem Bureau vor, und der Fall ist noch immer ungelöst. Von all dem Druck, der auf den Amerithrax-Agenten lastete, war am schlimmsten das Wissen, dass letzten Endes alle Wege von Amerithrax vor einem Schwurgericht enden würden.

Wenn jemand wegen der Amerithrax-Verbrechen ange-
klagt würde, dann bestand durchaus die Möglichkeit, dass
Kohl dafür die Todesstrafe forderte. Aber um eine Anklage in
einem Fall von mehrfachem Mord durchzubringen, bei dem
die Mordwaffe aus lebendigen Krankheitserregern bestand,
mussten die Untersuchungsergebnisse klar und eindeutig
sein. Sie mussten die Geschworenen überzeugen, von zwingender Beweiskraft sein – gerichtstauglich, wie das in der
Polizeisprache heißt. Mit Aussagen von Augenzeugen konnten sie nicht unbedingt rechnen. Hinter den Verbrechen
konnte durchaus ein Einzeltäter stecken, sodass sich der
Amerithrax-Fall größtenteils auf forensische Beweismittel
stützen müsste – das war die Aufgabe der wissenschaftlichen
Sondereinheit. »Ich frage mich allerdings, ob sich das, was
Randy Murch seinerzeit sagte, nicht als prophetisch für
Amerithrax erweisen könnte«, bemerkte Wilson, an jenen
Abend im »Quantico Boardroom« erinnernd. »Wir wissen
einfach nicht, wie sich die Dinge entwickeln, und manchmal
hat man einfach Glück. Jemand ruft uns an und sagt: ›Wissen
Sie, ich hab da etwas gesehen.‹ Und dann denkt man sich:
›Jetzt haben wir's.‹«

Amerithrax entwickelte sich zu einem der komplexes-
ten Fälle, die das FBI je untersucht hat. Die beiden Ame-
rithrax-Sondereinheiten belegten die Hälfte des sechsten
Stocks der Washingtoner Außenstelle. Es waren nur kleine
Gruppen mit jeweils rund zehn Mitgliedern, aber ihnen arbeiteten ganze Analyseteams zu, und die Sondereinheiten
waren ermächtigt, praktisch jedem vom FBI zu befehlen,
einer bestimmten Spur nachzugehen oder eine bestimmte
Aufgabe zu erledigen. Das FBI hat 25 000 Mitarbeiter. Die
Amerithrax-Einheiten bedienten sich ihrer, um Tausenden
von Spuren nachzugehen, und sie stützten sich auf die Hilfe

vieler weiterer Menschen aus allen möglichen Bundesbehörden.

Trenton war natürlich der Ort, der einer gründlichen Untersuchung bedurfte, und FBI-Agenten durchkämmten die gesamte Gegend, suchten die Stellen auf, wo die Briefe aufgegeben worden sein konnten, bezogen Beobachtungsposten, überprüften mögliche Verbindungen zu Al-Qaida-Verdächtigen. Doch es bewegte sich bemerkenswert wenig. Wilson und seine Gruppe zerbrachen sich die Köpfe über die wissenschaftliche Seite des Falls. »Nicht dass Dave den Fall nicht zu Ende bringen will«, sagte ein ehemaliger leitender FBI-Mann zu mir, »aber im Grunde sind alle Anhaltspunkte, alles, was man hat, im biologischen Material in den Briefen enthalten, in dem Klebeband, mit dem sie verschlossen waren, und im Inhalt der Briefe selbst.«

Die Quantico-Verhaltensprofiler untersuchten Handschrift und Sprache der Briefe. Die Profiler kamen zu dem Schluss, dass der Anthraxterrorist ein männlicher Weißer sein musste, ein Einzelgänger, vielleicht ziemlich schüchtern, vielleicht mit einer Wut im Bauch und dass er eine wissenschaftliche Ausbildung haben musste; und sie meinten, die Muttersprache des Terroristen müsste Englisch sein, nicht Arabisch. Ein arabischer Muttersprachler hätte – in englischer Übersetzung – eher »God is great« geschrieben als »Allah is great«.

AM 16. NOVEMBER wurde in einem versiegelten Plastiksack voller Postsendungen ein weiterer Anthraxbrief gefunden. Er war an Patrick Leahy, den Senator von Vermont, adressiert. Er gehörte zu den Postsendungen, die im Hart Building beschlagnahmt worden waren. Der Brief an Leahy enthielt ungefähr ein Gramm fein pulverisierter, elfenbeinfarbener Anthraxsporen, die genauso aufbereitet worden waren wie die Sporen im Daschle-Brief. Das FBI schickte den Leahy-Brief ans USAMRIID, wo die Wissenschaftler das Pulver analysierten.

Auch FBI-Experten für Haar- und Faseranalysen untersuchten den Brief, vor allem das Klebeband, mit dem er versiegelt worden war. Klebeband ist für forensische Untersuchungen ein wertvolles Material, weil Staub und auch winzige Stückchen von Haaren, Teppich- und Kleidungsfasern daran kleben bleiben. Forensische Proben von kriminalistischen Beweisstücken werden auch als Q-Proben bezeichnet, weil sie von einer unbekannten oder fraglichen (»questioned«) Quelle stammen, die vielleicht mit dem nicht identifizierten Täter in Verbindung gebracht werden kann. Solche Q-Proben kann man mit identifizierten oder K-Proben (»known«) vergleichen, die als Referenzmaterial dienen. Auf diese Weise kann man Spuren vom Tatort einordnen und mit einer bekannten Quelle wie etwa dem Täter oder seinem Umfeld in Zusammenhang bringen. Ein menschliches Haar beispielsweise enthält unbekannte DNS – eine Q-Probe von DNS –, die man mit der K-Probe der DNS einer bekannten Person abgleichen kann. Die Haar- und Faserexperten des FBI können eine fragliche Faser präzise einer Faserprobe zuordnen, die von einem bestimmten Hersteller kommt und von einer spezifischen Farbe und Machart ist. Die Hersteller arbeiten ständig mit neuen Produktions- und Färbeverfahren, und Fasern gibt es in allen möglichen Größen und Formen – runde, deltaförmige, dreilappige, ovale, knittrige … Der FBI-Topexperte für Haare und Fasern ist ein Abteilungsleiter namens Douglas Deedrick; er arbeitet in einem Labor des FBI-Hauptquartiers. Man sagt, Deedrick hätte ein geradezu fotografisches Gedächtnis für Fasern, die er nur ein einziges Mal in seiner Laufbahn gesehen hat. In seinem Fachjargon rasselt er herunter: »Das habe ich schon gesehen ... Ich kenne diese Faser ... Das ist eine Teppichbodenfaser aus einem stinkenden Bonneville Baujahr '73.« So hört es sich an, wenn er arbeitet. Wenn man eine Q-Probe einer K-Probe zuordnen kann, hat das möglicherweise Beweiskraft – es kann zu einem Verdächtigen führen und letzten Endes zu einer Verurteilung vor Gericht. (Als O. J. Simpson bei seinem Mordprozess Probleme hatte, sich einen gewissen Handschuh anzuziehen, lieferte er den Geschworenen ein dramatisches Schauspiel, welches zeigen sollte, dass die Strafverfolger einen scheinbar stümperhaften Versuch machten, eine Q-Probe einer K-Probe zuzuordnen: den Handschuh seiner Hand.)

Die Forensikspezialisten des FBI hatten offenbar große Schwierigkeiten, von den Anthraxbriefen Q-Proben zu bekommen. Sie reden nicht darüber, doch anscheinend haben sie an dem Klebeband keine aussagekräftigen Haar- oder Faserspuren gefunden. Der oder die Anthraxterroristen waren wohl so umsichtig gewesen, die Briefe in einer Umgebung abzufüllen, die frei von Staub und Haaren war – möglicherweise unter einer Abzugshaube. Die Spezialisten fanden heraus, dass die Abrisskanten der Klebestreifen zueinander passten; der Täter hatte die Umschläge einen nach dem anderen mit derselben Rolle Klebeband versiegelt. Sie untersuchten das Umschlagpapier auf menschliche DNS, wobei sie sich der PCR-Methode (Polymerase-Kettenreaktion) bedienten, mit der man winzige DNS-Reste verstärken kann. Die Methode ist so empfindlich, dass man damit noch die DNS einer Person nachweisen kann, die ein Stück Papier nur angehaucht hat, sodass DNS-Fragmente darauf kamen. Doch offensichtlich wurde weder auf den Umschlägen noch auf den Briefmarken menschliche DNS gefunden. Das ließ den Schluss zu, dass die Täter beim Füllen der Briefe Atemmasken trugen. Es gab auch keine Fingerabdrücke darauf, was wahrscheinlich bedeutete, dass die Täter Gummihandschuhe getragen hatten. Der oder die Anthraxterroristen hatten offensichtlich sorgfältig darauf geachtet, keinerlei Spuren auf den Briefen zu hinterlassen. Was übrig blieb, waren das Pulver im Innern der Umschläge und die Handschrift sowie der Inhalt der Briefe. Das waren offensichtlich die besten Q-Proben, die dem FBI zur Verfügung standen, und das war herzlich wenig.

Im November identifizierte der Mikrobiologe Paul Keim zusammen mit seiner Arbeitsgruppe an der Arizona State University in Flagstaff die Erreger in den Anthraxbriefen: Sie waren alle vom Ames-Stamm. Den hatte man im Jahr 1981 von einer toten Kuh in Texas gewonnen, und schließlich war er in die Labors des USAMRIID gelangt. Wissenschaftler vom USAMRIID verteilten den Ames-Stamm später an eine Reihe anderer Labors rund um die Welt. Indem Paul Keim nachwies, dass es sich bei den Erregern in den Briefen um den Ames-Stamm handelte, lieferte er dem FBI so etwas wie eine unvollständige oder partielle K-Probe: eigentlich keine ganz präzise K-Probe, doch weitere Analysen der Erreger in den Briefen könnten einen genaueren Zusammenhang mit einem bekannten Unterstamm der Ames-Anthrax-Sporen herstellen. Beim Ames-Stamm handelte es sich um natürliche Milzbranderreger. Sie waren nicht in einem Labor »heiß« gemacht worden – waren nicht gentechnisch verändert worden, um gegen Antibiotika resistent zu sein. Heutzutage ist es leicht, einen »heißen« Anthraxstamm herzustellen, der gegen Medikamente resistent ist; Geheimdienstler gehen der Einfachheit halber davon aus, dass alle militärischen Anthraxstämme resistent sind. Die Tatsache, dass der Amerithrax-Stamm nicht militärischer Herkunft war, sprach für einen einheimischen, also amerikanischen Terroristen und weniger für eine ausländische Quelle, für jemanden, der vielleicht nicht gewollt hatte, dass Menschen in großer Zahl sterben. Vielleicht jemand, der einfach nur Aufmerksamkeit erregen wollte.

DIE CIA BETRIEB EIN GEHEIMPROGRAMM namens Bacchus: Eine Gruppe von Wissenschaftlern der Science Applications International Corporation (SAIC) sollte auf dem Dugway Proving Ground, einer Versuchsanlage der US-Armee in Utah, mit preiswerter überall erhältlicher Ausrüstung eine Miniaturanlage zur Bioproduktion von Anthraxpulver aufbauen. Sinn des Experiments war herauszufinden, ob es Terroristen möglich wäre, ganz normale Laborausrüstung zu kaufen, damit Anthraxpulver zu produzieren und bei alldem unbemerkt zu bleiben. Januar/Februar 2001, rund zehn Monate vor den Anthraxattacken, gelang es dem Bacchus-Team, pulverisiertes Anthraxsurrogat, Bt, herzustellen, aber es war grobkörnig. Jetzt richteten die Untersuchungsbeamten des FBI einen Großteil ihrer Aufmerksamkeit auf Wissenschaftler, die Zugang zu Dugway hatten, wo das Militär diverse Biosensorsysteme testet und wo es Vorräte von Anthraxerregern gibt.

Die Amerithrax-Einheiten schienen es mit einem Fall zu tun zu haben, der den Bach hinunterging. Das FBI ließ wissen – ob das nun zutraf oder nicht –, dass die Liste möglicher Verdächtiger zu keinem Zeitpunkt auf weniger als acht Personen reduziert werden konnte und eine Anzahl von zwanzig bis dreißig viel eher zutraf.

Es gab Rätsel und lose Enden, die das FBI anscheinend verwirrten – unter anderem Hinweise, dass die Anthraxattacken Teil einer Al-Qaida-Terroroperation gewesen sein könnten. Mehrere der Männer, die später die vier Flugzeuge für die Angriffe am 11. September entführten, mieteten im Januar 2001 in der Nähe von Boca Raton in Florida Wohnungen. Die Immobilienmaklerin, die die Männer betreute, war die Ehefrau eines Redakteurs von American Media, wo auch Robert Stevens, der erste Milzbrandtote, gearbeitet hatte – aber die Maklerin meinte, die Entführer könnten unmöglich gewusst haben, dass ihr Mann dort beschäftigt war. Mohammed Atta, den man für so etwas wie den Einsatzleiter der Flugzeugentführungen hält, erkundigte sich auf Flugplätzen in Florida nach Möglichkeiten, Schädlingsbekämpfungsflugzeuge zu mieten: Offensichtlich überlegte er, etwas aus der Luft zu versprühen. Ahmed al-Hasnawi und Ziad Jarrah – zwei der Entführer des United-Flugs 93, der in Pennsylvania abstürzte – kamen im Juni 2001 in die Notaufnahme des Holy Cross Hospital in Fort Lauderdale. Al-Hasnawi hatte eine Infektion am Bein, und ein Notarzt namens Christos Tsonas untersuchte ihn. Die Infektionsstelle war eine schwarz verschorfte Wunde, die, wie al-Hasnawi Dr. Tsonas sagte, von einem Stoß gegen einen Koffer herrührte. Der Arzt fand dies unwahrscheinlich. Er verschrieb al-Hasnawi Antibiotika und hörte von dem Mann nie wieder. Im Oktober kontaktierte Tsonas das FBI und erzählte den Agenten, dass der Schorf ins Symptombild von Hautmilzbrand gepasst hätte. Anscheinend filzten Agenten daraufhin die Habe des Entführers und untersuchten sie mit Wischproben auf Anthraxsporen, fanden aber keine. »Inoffiziell wurde in unserem Laden viel darüber diskutiert«, erzählte mir ein FBI-Informant in Quantico. »Alles, was ich darüber hörte, spricht im Grunde dagegen.«

In Trenton interessierten sich die Untersuchungsbeamten des FBI für mehrere Personen, die in einem Apartmentkomplex namens Greenwood Village wohnten. Sie verhafteten einen Mann namens Mohammad Aslam Pervez, der unter dieser Adresse im Telefonbuch stand. Pervez war siebenunddreißig Jahre alt, amerikanischer Staatsbürger, aber gebürtiger Pakistani, und er hatte in letzter Zeit in einem Zeitungskiosk im Bahnhof von Trenton sowie in einem Zeitungskiosk im Bahnhof von Newark zusammen mit Mohammad Jaweed Azmath und Ayub Ali Khan gearbeitet, die am 12. September in einem Amtrak-Zug in Fort Worth, Texas, verhaftet wurden; sie hatten Teppichmesser, 5000 Dollar Bargeld und Haarfärbemittel dabei. Offensichtlich verdächtigte sie das FBI, zu Al-Qaida gehörende Entführer zu sein, denen es nicht gelungen war, in ein Flugzeug zu kommen. Pervez hatte mit ihnen zusammen in einem Apartment in Jersey City gewohnt, während er als Adresse Greenwood Village angegeben hatte, und angeblich war er mit großen Mengen Geld umgegangen. Das FBI warf Pervez vor, die Untersuchungsbeamten hinsichtlich der Herkunft von über 110 000 Dollar in Form von Schecks und Zahlungsanweisungen zu belügen. Die Nachbarn in Greenwood Village erzählten Reportern, ihnen sei aufgefallen, dass sich eine ungewöhnlich große Zahl arabisch sprechender Männer den Sommer über in Pervez' Apartment getroffen hätte – in den Monaten vor dem 11. September. Einem Reporter des *Wall Street Journal* gelang es, in das Apartment in Jersey City einzudringen, wo er Zeitungsausschnitte aus *Time* und *Newsweek* über die Verwendung des Nervengases Sarin und biologische Kriegführung fand. Am 29. Oktober durchsuchten FBI-Agenten eine weitere Wohnung in Greenwood Village. Acht bis zehn Beamte karrten zahlreiche Müllsäcke voller

Beweismittel fort. Die FBI-Sprecherin Sandra Carroll erklärte Reportern, die Untersuchungen zum 11. September und die der Anthraxattacken seien »nicht notwendigerweise voneinander zu trennen«.

Aber bei alldem schien nichts herauszukommen.

Ein paar Monate vor dem ersten Jahrestag der Milzbrandattacken suchte ich die Amerithrax-Einheiten in der Washingtoner Außenstelle auf. Die beiden Leiter, Jack Hess und David Wilson, arbeiteten in nebeneinander liegenden Büros, die an ein Großraumbüro mit abgetrennten Arbeitsplätzen grenzten. Cindy Friedman, die CDC-Ärztin der Einheit, und zwei FBI-Agenten unterhielten sich mit gedämpfter Stimme über irgendetwas. Sie baten mich, außer Hörweite zu bleiben, während man über den Fall diskutierte. Große Schautafeln lehnten so an Aktenschränken, dass sie nicht einzusehen waren.

David Wilson führte mich in sein Büro, wo wir zu Mittag Salat aus der FBI-Kantine aßen. Vom Fenster aus konnte man die Kuppel des Kapitols und die Spitze des Hart Senate Office Building sehen. Wilsons Büro war nahezu leer. Drei schwere Aktentaschen standen auf einem Computer, einen Tisch zierte ein voller Posteingangskorb. »Solange wir niemanden verhaftet haben, dem wir ein Verbrechen vorwerfen können, können wir buchstäblich nichts ausschließen«, sagte er zu mir. Der Amerithrax-Fall wies vielerlei kriminelle Dimensionen auf, im Grundsatz jedoch handelte es sich um Mord. »Ich schere mich einen feuchten Kehricht darum, was sie sich dabei dachten, als sie die Briefe abschickten. Menschen sind gestorben«, erklärte Wilson. »Zerstörte Einrichtungen kann man reparieren oder ersetzen. Das Brentwood-Gebäude kann wieder hergerichtet werden. Aber die Toten kann man nicht wieder lebendig machen.«

IRGENDWANN UNTERHIELT ICH MICH mit einem Wissenschaftler, der Forensikexperte ist, viel von Biologie versteht und bis vor kurzem in einflussreicher Position beim FBI gearbeitet hat. »Es dauerte siebzehn Jahre, bis der Unabomber-Fall gelöst war«, sagte er. »Wir wissen einfach nicht, wer diese Verbrecher sind, und es kann Jahre dauern, bis uns ein Durchbruch gelingt. Ich sage ›diese‹, denn persönlich fällt es mir schwer zu glauben, dass das von nur einer Person getan wurde. Aber das ist nur ein Gefühl. Ich weiß nicht warum, ich habe dafür keine Beweise, aber wenn ich für größtmögliche operationale Sicherheit sorgen wollte, würde ich ein Päckchen mit Anthraxpulver an einen anderen schicken und ihm Instruktionen geben, wie er den Umschlag füllen und versenden soll – so etwas wie ›Leck den Umschlag nicht an, tu dies, tu jenes‹. Ich würde für Opsec sorgen.«

»Opsec?«

»Opsec – operational security – ist ein Standardverfahren, wenn man sich selbst so unsichtbar wie möglich machen will. Ein Anführer organisiert und leitet eine Operation, und eine andere Person führt sie durch.« Die Person, die die Operation durchführt, ist entbehrlich. Die Anschläge vom 11. September wurden mit Opsec durchgeführt, und auch die palästinensischen Selbstmordattentate weisen Merkmale von Opsec auf. Er fuhr fort: »Ich habe das Gefühl, dass die Sache letzten Endes so ausgeht wie viele Fälle von entflohenen Sträflingen: dass eine Freundin den Typ verpfeift oder sonst jemand redet. Ich bin Wissenschaftler, aber unglücklicherweise habe ich das Gefühl, dass dieser Fall irgendwann mit herkömmlichen Untersuchungsmethoden gelöst wird, nicht mit wissenschaftlichen.«

Ebola am Nachmittag

Barbara Hatch Rosenberg, Leiterin des Biowaffen-Kontrollprogramms der Federation of American Scientists und Professorin für Umweltwissenschaften an der State University von New York in Purchase war überzeugt, dass der Anthraxterrorist ein amerikanischer Wissenschaftler ist. Bei Vorträgen und auf einer Website begann sie zu mutmaßen, der Terrorist müsse ein männlicher Weißer sein, der bei einem Geheimprogramm der Regierung mitgearbeitet hat. In aller Öffentlichkeit fragte sie sich, ob der Terrorist einst vielleicht für das USAMRIID oder ein anderes Regierungslabor gearbeitet hätte. Sie hatte das Gefühl, dass es sich bei dem Terroristen um einen freien Mitarbeiter der CIA handeln könnte, der Zugang zu Geheiminformationen über die Beteiligung der Regierung an offensiven Biowaffenprogrammen hatte.

Barbara Hatch Rosenberg ist eine adrette, energische Frau mittleren Alters, und sie hat keine Angst, laut und deutlich ihre Meinung zu sagen. Ihre Website wurde viel besucht, und Ende Juni 2002 baten die Senatoren Tom Daschle und Patrick Leahy um ein Treffen mit ihr. Gern nahm sie diese Einladung an.

Wenige Tage später durchsuchte das FBI die Wohnung von Dr. Steven Hatfill in Frederick. Hatfill war der schillernde Ebolaforscher, der Lisa Hensley in der Arbeit mit dem blauen Schutzanzug unterwiesen hatte und der gern in demselben Schokoriegel aß; er hatte 1999 das USAMRIID verlassen und einen Job bei der Science Applications International Corporation (SAIC) angefangen, dem Verteidigungsunternehmen, das für die CIA das Bacchus-Programm durchführte. Hatfill war geschieden und hatte nach der Kündigung beim USAMRIID seine Wohnung in Frederick behalten. Er lebte allein in einem Apartment im Detrick Plaza, einem Backsteinbau gleich neben dem Tor von Fort Detrick, nur einen Steinwurf vom Abrams-Panzer entfernt. Aus seiner Wohnung konnte er über einen Zaun hinweg die Wiese überblicken, auf der gleich neben dem USAMRIID die Hubschrauber des FBI mit ihrer Fracht von Amerithrax-Beweisstücken landeten und starteten. Die FBI-Agenten fuhren mit einem Ryder-Mietlastwagen vor dem Apartmenthaus vor. (Der Hausverwalter erzählte einem Reporter, Hatfill sei »im Ausland auf Reisen« gewesen, als das FBI kam.) Sie legten Bioschutzanzüge an, durchsuchten die Wohnung, luden ein paar Computersachen und Plastiksäcke voll persönlicher Dinge von Hatfill in den Laster und fuhren wieder davon. Hatfill hatte der Durchsuchung zugestimmt. Ihm gehörte auch noch ein Lagerraum in Ocala, Florida, gut 400 Kilometer von Boca Raton entfernt. Und er besaß den Schlüssel zu einer Hütte in einer abgelegenen Gegend von Maryland. Es wurde berichtet, dass er Besucher aufgefordert hatte, Cipro einzunehmen, bevor sie die Hütte betraten. Vom Lagerraum war es nicht weit zur Mekamy-Oaks-Ranch in Ocala, wo Hatfills Eltern, Norman und Shirley Hatfill, Vollblutpferde züchteten.

Das FBI verlautbarte, Steve Hatfill sei der Tat nicht verdächtig. Er erzählte Journalisten, er kooperiere mit den Behörden, um seinen Namen reinzuwaschen, und er insistierte darauf, dass er absolut nichts mit den Milzbrandattacken zu tun hätte. Im Februar 2002 interessierte sich Scott Shane, ein Reporter der in Baltimore erscheinenden *Sun*, für Hatfill. Shane telefonierte mit ihm und stellte ihm ein paar Fragen, dann sprach er mit einigen Leuten, die Hatfill kannten. Einen Monat später verlor Hatfill seinen Job bei der SAIC. Kurz darauf rief er die *Sun* in Baltimore an und übermittelte deren Beschwerdestelle eine Nachricht:»Ich bin seit einer ganzen Reihe von Jahren in diesem Geschäft, ich habe bis drei Uhr morgens gearbeitet und versucht, etwas gegen diesen Typ von Massenvernichtungswaffen zu unternehmen, und jetzt, Sir, ist meine Karriere beendet«, klagte er. Mehrmals verhörte das FBI Hatfill, aber daran war nichts Ungewöhnliches; die Amerithrax-Agenten befragten eine Reihe von amerikanischen Wissenschaftlern mehr als einmal. Tom Geisbert unterzogen sie sogar einem Lügendetektortest.

Wie dem auch sei, an Hatfill interessierte die Untersuchungsbeamten vor allem sein Werdegang.»Dem Bacchus-Programm fehlte es an ausgefeilter Überwachung«, sagte mir ein Wissenschaftler. (Allerdings wurde dort ohnehin kein Anthraxpulver produziert, das auch nur annähernd so rein wie das an Daschle adressierte war.) Hatfill hatte eine Unbedenklichkeitsbescheinigung als Geheimnisträger, und er kannte sowohl Ken Alibek als auch Bill Patrick. Kurz nachdem Hatfill bei der SAIC die Arbeit aufgenommen hatte, beauftragten er und ein Kollege Patrick damit, einen Bericht über die Auswirkungen von per Brief verschickten Milzbranderregern zu verfassen. Patrick hatte schon viele Modelle dieser Art für die Regierung ausgearbeitet, und er entwickelte ein Szenarium, bei dem ein Brief mit zwei Gramm getrockneten Anthraxsporen im Innern eines Bürogebäudes geöffnet wurde. Bei der Anthraxwaffe in Patricks Modellstudie handelte es sich um reine Sporen. Bill Patrick hatte im Auftrag von SAIC und Steve Hatfill die entscheidenden Elemente der Amerithrax-Attacken ausgearbeitet.

Hatfills Lebenslauf zufolge hatte er bei der rhodesischen Special Air Squadron (SAS) gedient und bei den Selous Scouts, weißen Antiguerrillatruppen. 1979 bis 1980, während und nach dem Bürgerkrieg in Rhodesien, kam es im dortigen Viehbestand zu einem Milzbrandausbruch, bei dem zahllose Tiere ums Leben kamen, 10 000 Menschen sich mit Hautmilzbrand infizierten und 180 Personen starben. Die amerikanische Regierung soll damals den Verdacht gehabt haben – vielleicht auch Beweise –, dass dieser Milzbrandausbruch von Biowaffen herrührte, die von der SAS oder dem Civil Co-operation Board (CCB) eingesetzt worden waren, der verdeckt arbeitenden südafrikanischen Geheimpolizei. In der Tat hatten in jenen Jahren CCB-Agenten bei politischen Attentaten mit biologischen Kampfstoffen gearbeitet. Als Hatfill in Zimbabwe Medizin studierte, lebte er angeblich nur ein paar Kilometer von einem Wohnviertel namens Greendale entfernt. Auf dem Brief an Senator Daschle war als Absender die vierte Klasse der Greendale School angegeben.

Nachdem das FBI Hatfills Wohnung noch einmal gefilzt hatte, diesmal mit einem Durchsuchungsbefehl, schrieb einer seiner Rechtsanwälte, Victor Glasberg, einen scharfen Brief an Kenneth Kohl, den stellvertretenden US-Staatsanwalt bei Amerithrax, in dem er behauptete, »unangemessene Entscheidungen« seien hinsichtlich der Art und Weise gefällt worden, wie das FBI mit Hatfill umging; Hatfill tue doch, was er könne, um voll und ganz mit dem FBI zu kooperieren. Der Anwalt schrieb, er arbeite »mit Dr. Hatfill daran, etwas gegen diesen Hagelschauer von Verleumdungen zu unternehmen, die in Zeitungen, im Fernsehen und im Internet veröffentlicht wurden.« Kurz darauf verlas Steve Hatfill bei einer improvisierten Pressekonferenz vor der Kanzlei seines Rechtsanwalts eine persönliche Erklärung, in der er sich mit allem Nachdruck verteidigte, sagte, er sei ein loyaler Amerikaner, und die »kalkuliert-undichten Stellen« angriff, die seine Person betreffende Informationen »an die Medien« durchsickern ließen. »Bringt uns irgendetwas davon den Anthraxkillern näher?«, fragte er. »Wenn man sich schon für mich interessiert, sollte man sich auch dafür interessieren, dass ich ein Mensch bin, ich habe mein Leben. Ich habe – oder hatte – einen Job. Ich muss meinen Lebensunterhalt verdienen. Ich habe eine Familie, und bis vor kurzem hatte ich einen guten Ruf, eine Karriere und eine glänzende berufliche Zukunft.«

ICH LERNTE DR. STEVEN HATFILL bei einem Interview im Jahre 1999 kennen – ein paar Monate, bevor er das USAMRIID verließ. Er gehörte zur Virologieabteilung und hatte viel mit Peter Jahrlings Forschungsgruppe zu tun. Er arbeitete an Ebola und Affenpocken. Hatfill hatte ein winziges, fensterloses Büro mit weißen Wänden, die so gut wie kahl waren, doch er füllte es mit seiner physischen und intellektuellen Präsenz aus. Er war vital, engagiert, hatte einen scharfen Verstand und Sinn für Humor. Er war fünfundvierzig Jahre alt, hatte ein hübsches Gesicht, dunkelblaue Augen, braunes Haar und einen sauber gestutzten braunen Schnauzer. Trotz seines schweren Körperbaus wirkte er fit. Ich hockte auf einem kleinen Schrank in der Ecke des Büros; Hatfill saß mitten im Raum in seinem Stuhl vor dem Schreibtisch, lehnte sich zurück und sah zu mir hoch, während er mir aus seinem Leben erzählte.

»Zwanzig Jahre war ich in der Armee«, sagte er. Ich war Captain der U. S. Special Forces, und ich war in Rhodesien, in Zimbabwe, aber was ich da gemacht habe, kann ich nicht erzählen. In Rhodesien studierte ich an der Hochschule für Medizin, die ich 1984 abschloss. Ich habe zwei Lebensläufe in den Akten, einen offiziellen und einen geheimen. Ich habe schon viele Krankheiten gesehen. In Rhodesien gab es einen Anthraxausbruch, als ich gerade dort war.« Dann erzählte er weiter, man habe das südafrikanische CCB für diese Milzbrandfälle verantwortlich gemacht, doch er selbst hielte das für unwahrscheinlich. »Das war keine Waffe. Es war ein natürlicher Ausbruch, zu dem es kam, weil da ein brutaler Bürgerkrieg in Gang und die gesamte Veterinärmedizin zusammengebrochen war.«

Die Forschung am USAMRIID machte ihm viel Spaß. »Wo sonst kann man am Vormittag mit Affenpocken arbeiten und mit Ebola am Nachmittag?«, sagte er. Er erklärte mir, er sei mit der Entwicklung antiviraler Pockenmedikamente beschäftigt. Sein Ansatz war dem von Lisa Hensley und Peter Jahrling vergleichbar. Wie sie hielt er Pocken für die größte Gefahr. Er wollte ein Verfahren ausarbeiten, um Medikamente gegen Pocken zu entwickeln und zu testen. Er verfolgte die Idee, dass man mit maschineller Hilfe Pocken direkt auf menschlichem Gewebe züchten und die Arzneimittel daran testen könnte.

In Hatfills Büro standen kleinere Geräte herum, die ich nicht kannte. Hatfill war ein Techniknarr. Er nahm einen Glaszylinder von der Größe einer Limodose, der mit Metalldeckeln versehen war, und reichte ihn mir.»Schauen Sie sich das an.«

Ich nahm das Gerät, hatte aber keine Ahnung, worum es sich handelte.

»Das ist ein Bioreaktor. STLV heißt das Ding. Die NASA hat das entwickelt. Man kann menschliches Gewebe darin wachsen lassen und es dann infizieren.« Er erklärte mir, mit Geräten dieser Art könne man neue Medikamente gegen Pocken und andere exotische Krankheiten testen, mit denen man aus ethischen Gründen nicht an lebenden Menschen experimentieren dürfe. Anders ausgedrückt: Man musste nicht unbedingt neue Pockenmittel an Tieren testen – es könnte auch möglich sein, ihre Auswirkungen auf die Viren mit Hilfe einer Maschine zu überprüfen. Er war optimistisch, dass man Pocken mit Medikamenten heilen könne und meinte, solche Maschinen würden die Entwicklung beschleunigen.»Man kann ein bisschen Tonsillengewebe in das Ding tun und daraus wächst dann tatsächlich eine Tonsille, eine Mandel«, sagte er.

»Der Bioreaktor lässt eine Mandel wachsen?«

Er grinste:»Sie kriegen eine Mandel. Die Architektur des Gewebes wird beibehalten.«

»Können Sie einen Finger wachsen lassen?«

Hatfill musste lachen und meinte, dass man eines Tages vielleicht wirklich in der Lage sein wird, Ersatzteile für den Körper in Bioreaktoren zu züchten. Er erklärte, wie das Verfahren funktioniert.»Man nimmt irgendeine Gewebeprobe vom Körper und hackt sie klein. Das kann Prostata-Gewebe sein, Gewebe von der Lunge, der Leber, Lymphe oder Milz. Die Gewebestückchen tut man in den Reaktor und füllt ihn mit einem Wachstumsmedium. Ein Motor lässt den Bioreaktor rotieren.« Er demonstrierte dies, indem er das Gerät in den Händen drehte.»Aufgrund der Drehung bekommt man eine ausgezeichnete Durchdringung der Gewebe, und überallhin breiten sich Blutgefäße aus. Dann fügt man Ebolaviren hinzu, und dann kann man die Medikamente daran testen. Im Augenblick habe ich in BL-4 vier von diesen Einheiten laufen.« Er fügte hinzu, dass er im »heißen« Labor noch eine andere Maschine hätte, die wie »etwas aus ›Raumschiff Enterprise‹« aussah. Damit machte er Tests an Affenblut, das mit Affenpocken infiziert war.

Hatfill war davon überzeugt, dass es eines Tages zu einem bioterroristischen Vorfall kommen würde, und er fürchtete, dass dieser schlimm ausgehen könnte. Er nahm mich mit durch den Gang, um mir einen Lagerraum für bioterroristische Notfälle zu zeigen. Die Lagerregale waren voller Kisten mit Sicherheitsausrüstung und Gesichtsmasken und mobilen Racal-Schutzanzügen.»Wenn es einen großflächigen Angriff auf eine Stadt gibt«, sagte er,»wird ein Drittel der Bevölkerung zu fliehen versuchen, also wird man nicht über die Straßen in die Stadt gelangen können. Wir können die Notausrüstungen in Eisenbahnzüge umlagern. Wir stellen uns ein System mit 27 Zügen vor, dazu gedacht, 20 000 Opfer versorgen zu können. Wissen Sie, was das ist?« Er zeigte mir einen anderen großen Apparat, eine Art von Motor mit Schläuchen daran, der neben einer biogesicherten Krankenbahre stand.»Das ist eine mobile Einbalsamierungspumpe.« Er erklärte, die Notfallplaner des USAMRIID hielten eine davon immer bereit, um die Leichen der Opfer desinfizieren zu können.»Wenn sie erst einmal mit Formalin voll gepumpt sind, sind sie nicht mehr ansteckend, und dann kann man ihnen zu so etwas wie einem Begräbnis nach jüdischem oder christlichem Ritus verhelfen«, sagte er.

STEVEN HATFILLS ANGABEN zu seinem Werdegang ließen sich in einigen Punkten nicht bestätigen: Die Armee erklärte, er habe nicht bei den U. S. Special Forces gedient. In zumindest einem Lebenslauf hatte er behauptet, einen Doktortitel in Zellbiologie der Rhodes University in Südafrika zu haben; dort beharrte man darauf, dass er niemals einen Doktortitel dieser Institution erworben habe. Er hatte zwar im Jahr 1999 – also zu der Zeit, als er für die SAIC zu arbeiten begann – eine Unbedenklichkeitsbescheinigung als einfacher Geheimnisträger; als er sich aber 2001 um einen höheren Sicherheitsrang bewarb, überprüfte man ihn erneut, und im August 2001, zwei Monate vor den Anthraxbriefen, zog die Regierung plötzlich seine Unbedenklichkeitsbescheinigung zurück.

Mikrobiologen sind Naturforscher und wie alle Naturforscher auf der Welt sammeln auch sie gern Beispiele für besonders interessante Lebewesen. Riesige und artenreiche Sammlungen mikroskopischer Lebensformen legen sie an, und oft haben sie eigene Tiefkühlgeräte sowie ihr eigenes Etikettierungssystem für die Röhrchen darin. Wenn ein Forscher in Rente geht, stirbt oder wegzieht, bleibt sein Gefrierschrank üblicherweise, wo er ist. Solange er am Stromnetz hängt und läuft, lebt das in seinem Innern Gelagerte weiter. Wenn der Besitzer erst einmal fort ist, steht das Gefriergerät vielleicht unbemerkt in einer Ecke herum, ein tiefgefrostetes Mysterium. Eines Tages im August 2002 fiel jemandem ein solcher Tiefkühler im »heißen« Trakt AA5 des USAMRIID auf: im Ebola-Trakt. Dieses Gefriergerät war von Dr. Steven Hatfill benutzt worden. Es enthielt zahlreiche Röhrchen voller Krankheitserreger, mit denen Hatfill gearbeitet hatte. FBI-Mitarbeiter der HMRU legten Schutzanzüge an, gingen in den Trakt AA5, versiegelten

Hatfills Tiefkühler mit Beweismittel-Klebeband, brachten ihn aus der »heißen« Zone heraus und transportierten ihn in einem versiegelten Behälter für Biogefahrstoffe zu den CDC, wo er im Hochsicherheitslabor verschwand.

NACHLESE EINES EXPERIMENTS

WÄHREND DER MILZBRANDFÄLLE blieb Lisa Hensley die ganze Zeit in der Versenkung und arbeitete weiter an ihren Pockendaten. Niemand vom FBI befragte sie, keiner verlangte einen Lügendetektortest von ihr, und darüber verspürte sie eine merkwürdige Form der Enttäuschung. In die Anthraxuntersuchungen des USAMRIID war sie nicht einbezogen. Inzwischen hatte in Wissenschaftlerkreisen die Nachricht die Runde gemacht, dass Peter Jahrling und sein Team Affen mit Humanpocken infiziert hatten und dass er einen Bericht darüber schreiben wollte. D. A. Henderson, der jetzt im inneren Regierungszirkel arbeitete, war mit diesen Affenexperimenten ganz und gar nicht glücklich, aber öffentlich konnte er sich dazu nicht äußern, weil die offizielle Regierungspolitik darin bestand, Alternativen zu den traditionellen Impfungen zu entwickeln.

Nach Hendersons Ansicht war ein Vorrat an traditionellem Impfstoff eindeutig das Mittel der Wahl. In Zusammenarbeit mit Vertretern der CDC arbeitete er einen Plan für einen nationalen Pockennotstand aus. CDC-Mitarbeiter sollten in der betroffenen Bevölkerung Ringimpfungen vornehmen, und wenn diese erfolglos blieben, sollten alle, die das Vakzin vertrugen, geimpft werden. Gleichzeitig sollte der U. S. Public Health Service (die den CDC übergeordnete Institution) betroffene Städte unter Quarantäne stellen. Dazu würde mit aller Wahrscheinlichkeit die Nationalgarde herangezogen werden müssen, sodass der Plan durchaus Elemente eines Ausnahmezustands einschloss.

NACHDEM HENDERSON ALS DEKAN der Johns Hopkins School of Public Health emeritiert war, übernahm der Epidemiologe Dr. Alfred Sommer diesen Posten; Sommer hatte in den Jahren des Eradikationsprogramms für den epidemiologischen Nachrichtendienst der CDC gearbeitet. Als 1970 die Insel Bhola von dem Wirbelsturm getroffen wurde, der Larry Brilliant und Wavy Gravy dazu brachte, dorthin zu gehen, um zu helfen, war Al Sommer bereits da. Er war zufällig für die CDC in Bangladesch stationiert gewesen, und schlussendlich organisierte er die medizinische Hilfe in jenem Sunderbunds genannten Gewirr von Dschungelinseln im Gangesdelta, zu dem auch Bhola gehört. Als Erster entwickelte er Techniken zur epidemiologischen Einschätzung von Naturkatastrophen – Methoden, mit denen heutzutage überall auf der Welt Krankheitsverläufe in Bevölkerungen überwacht werden, über die eine Naturkatastrophe hereingebrochen ist.

Bald darauf erlangte Bangladesch die Unabhängigkeit von Pakistan. Während des Bürgerkriegs hatten sich zehn Millionen Menschen in Lager gleich hinter der indischen Grenze geflüchtet, wo eine Pockenepidemie ausbrach. Sommer kämpfte zwei Monate lang in den Flüchtlingslagern gegen die Pocken, und oft war er der einzige Arzt vor Ort. »Da gab es nur mich und ein paar tausend Pockenfälle, was 500 bis 800 Tote bedeutete«, berichtete er. Er fand heraus, dass die lokalen Friedhöfe einen guten Ansatzpunkt boten, um die Ausbreitungswege des Virus zurückzuverfolgen. »In Bangladesch beerdigten die Menschen ihre Toten und verbrannten sie nicht wie in Indien«, sagte er, »und sie wussten stets, wenn ein Mensch an Pocken gestorben war.« Er studierte die Beisetzungslisten und konnte darin das Auf und Ab der Virengenerationen wiedererkennen. Mit Hilfe dieser Informationen legte er fest, wo die Menschen einer Ringimpfung unterzogen werden sollten. Noch heute hängt in Sommers Büro an der Wand eine Urkunde der WHO, die seine Leistungen im Rahmen des Eradikationsprogramms würdigt. Darauf ist er genauso stolz wie auf seinen Lasker Award, die angesehenste medizinische Auszeichnung überhaupt. Den Lasker Award bekam er für seine Forschungen über Vitamin-A-Mangel und Blindheit.

Eines Tages im Januar 2002 aß Sommer im »Hamilton Street Club« in Baltimore zu Mittag; dort verkehren Journalisten und Literaten. Ein Redakteur der *Sun*, die in Baltimore erscheint, zeigte ihm den Leitartikel vom Vortag über Peter Jahrling und seine Pockenexperimente an den CDC und sagte: »Die USAMRIID-Leute bringen Affen mit Humanpocken um und sind stolz darauf. Was halten Sie davon, Al?«

Sommer erzählte, seine Reaktion darauf sei gewesen: »Wie bitte? *Was* machen die?« Er starrte die Zeitung an und konnte nicht glauben, was er da las. »Im Innersten meiner Eingeweide begann ich zu beben«, sagte er. »Wir hätten die Pocken vollständig auslöschen können, wenn wir ein paar Jahre nach der Eradikation einfach auch die Laborvorräte vernichtet hätten. Und jetzt bejubelte Peter Jahrling die Tatsache, dass er diese Affen mit Menschenpocken umbringen konnte. Das war zum Verrücktwerden.« Sommer hatte für den nächsten Morgen einen Flug nach Thailand gebucht, aber trotzdem hieb er noch schnell einen Kommentar für die Zeitung in die Tasten.

Der Text begann:»Man muss kein Maschinenstürmer sein, um einen Idioten zu erkennen – und die Regierungswissenschaftler, die sich … über ihre Fähigkeit, Affen mit Humanpocken zu infizieren, diebisch freuen, sind Idioten der schlimmsten Sorte.« Da die Redakteure seinen Ton etwas mäßigen wollten, so Sommer, nahmen sie den folgenden Satz heraus:»Ich bin nur nicht sicher, ob sie mörderische Idioten oder selbstmörderische Idioten sind.«

Seiner Ansicht nach lag die größte Gefahr von Jahrlings Forschung darin, dass sie anderen Nationen verdächtig vorkommen und diese ermutigen musste, selbst Experimente anzustellen.»Wir könnten einen Rüstungswettlauf in Sachen Pocken lostreten und die Rechtfertigung dafür würde lauten: ›Ihr könnt Pocken biotechnisch produzieren, also werde auch ich meine Pocken biotechnisch produzieren.‹ Ich glaube nicht, dass es schwer ist, biotechnisch Pocken herzustellen«, fuhr er fort.»Meine Virologenfreunde basteln ständig biotechnisch an Viren herum. Ich kann mir vorstellen, wie ein biotechnischer Pockenstamm in die Hände von Terroristen gelangt, und davor habe ich Angst. Und dann, wenn wir einen Terrorangriff mit Pocken haben und die Pocken nicht auf das Vakzin ansprechen, dann stecken wir in Schwierigkeiten.« Er verlangte, dass die Vereinigten Staaten und Russland sich zusammentäten und ihre Vorräte vernichteten, dass sie gemeinsam die Welt von verstreuten Pockenstämmen säuberten und jede Anstrengung unternähmen, um andere Nationen davon zu überzeugen, die ihren zu zerstören. Er wollte, dass jede Nation weltweit geächtet würde, die sich noch Pockenstämme hielt. Er wollte den Dämon ausrotten.»Es macht mich immer noch rasend, dass wir mit Humanpocken Tiere infizieren, die diese natürlicherweise gar nicht bekommen können, um Menschen zu schützen, wo doch zum letzten Mal 1978 ein Mensch Humanpocken hatte und Menschen sie heutzutage ebenfalls natürlicherweise gar nicht mehr kriegen. Ein Teufelskreis, den ich empörend finde.«

ETWAS MEHR ALS ZWEI MONATE nach den Milzbrandattacken besuchte ich D. A. Henderson zu Hause in Baltimore. Am späten Nachmittag kam ich an; ich hatte Räucherlachs und eine Flasche Linkwood-Malt-Whisky dabei. Nana Henderson garnierte den Lachs mit Zitrone und Zwiebeln und stellte ihn auf den Tisch im Wohnzimmer. Ihr Sohn Doug, mittlerweile Komponist, war ebenfalls zu Besuch. Als Teenager hatte Doug seinen Vater oft auf Reisen begleitet und selbst zahlreiche Menschen geimpft. Im kalten, trockenen Licht eines Winternachmittags schenkten die Hendersons und ich uns Linkwood ein und naschten vom Lachs. D. A. erzählte, warum die Menschen sich dem Eradikationsprogramm angeschlossen hatten:»Einige von ihnen waren auf der Suche nach sich selbst, und andere stießen zu uns, weil sie das Gefühl hatten, dass man etwas verändern könnte, indem man diese Krankheit ausrottete.« Der Himmel wurde langsam dunkel. Auf der Terrasse standen Töpfe mit vertrocknetem Thymian, silbern und dürr.»Soweit wir wissen, waren die Pocken die einzige Krankheit, für die es Gottheiten gab«, sagte er.»Es war die schlimmste Seuche der Menschheit. Ich weiß keine andere, die ihr halbwegs nahe käme.«

Als es später um Peter Jahrlings Versuche ging, Affen mit Variola zu infizieren, sagte Henderson, er sei nicht optimistisch, dass dies zu neuen Heilmitteln oder Impfstoffen führe. »Brauchen wir diese Forschung? Es gibt ein paar Wissenschaftler, die sie für wichtig halten und meinen, dass man damit weitermachen solle. Aber wird das wirklich funktionieren? Peter Jahrling hat den Affen gigantische Dosen von Viren verabreicht, aber um einen neuen Impfstoff zu testen, wird das nicht sehr hilfreich sein, denn was wir wirklich brauchen, um ein Vakzin zu erproben, ist ein Affe, der eine kleine Dosis Variolaerreger inhaliert hat, denn so holen sich Menschen die Krankheit.« Er klang entmutigt, emotional ausgebrannt von seinem Kampf, die öffentlich bekannten Pockenvorräte zu vernichten. Er arbeitete für die Regierung, und die Regierungspolitik besagte, nach neuen Heilmethoden für Pocken zu suchen, und das hieß, mit Variola zu experimentieren. Er erklärte, er habe darauf geachtet, seine Emotionen hinsichtlich der bekannten Pockenvorräte im Zaum zu halten. »Im Moment ist alles im Leerlauf«, sagte er. »Es hat keinen Zweck, dass ich in eine Schlacht ziehe, wenn die Karten schon verteilt sind. Ich mache bei ihrem Spiel mit. Ich fordere sie auf, die Forschung voranzutreiben.« Henderson war sogar so weit gegangen, Peter Jahrling vorzuschlagen, einen afrikanischen Variolastamm, Congo 8, an Affen auszuprobieren, weil das Krankheitsbild möglicherweise dem von Menschen ähnlicher sein könnte. »Wenn das funktioniert, Peter, dann schreib mich in die Danksagung!«, hatte er zu Jahrling gesagt.

»Wenn die Variolaforschung bis zu einem vernünftigen Punkt vorangetrieben ist, dann will ich die Frage der Vernichtung neu bewertet sehen«, schloss er mir gegenüber. »Das Thema muss wieder auf den Tisch.«

Er dankte mir für den Räucherlachs. »Er ist wirklich riesig«, bemerkte er. »Ich frage mich: Ist das einer von den neuen, genetisch veränderten Lachsen? Es ist ziemlich einfach, in einen Lachs ein zusätzliches Gen einzubauen. Oder in einen sonstigen Organismus. Werden Menschen im Labor Organismen verändern, um sie gefährlicher zu machen? Kann das gemacht werden? Ja. Wird es gemacht werden? Ja, es wird gemacht werden. Und das wird völlig unerwartete Krisen heraufbeschwören.«

AM 30. APRIL 2002 trafen sich sechs Experten für die Ausbreitung von Infektionskrankheiten unter Geheimhaltungsbedingungen in einem Konferenzsaal des John E. Fogarty International Center an den National Institutes of Health (NIH) in Bethesda, Maryland. Jeder dieser Experten war aufgefordert worden, ein Modell für die Ausbreitung von Pocken über die USA auszuarbeiten; Ausgangspunkt sollte eine kleine Zahl infizierter Menschen sein. Einer der Experten – Dr. Martin Meltzer von den CDC – kam zu dem Ergebnis, dass sich die Pocken leicht durch Ringimpfungen mit dem herkömmlichen Vakzin in Schach halten ließen. Er meinte, die Viren seien bei Menschen nicht sehr infektiös und würden sich wahrscheinlich nicht schnell oder nicht weit ausbreiten. Die anderen fünf Experten hatten zwar ihre Differenzen – manchmal erhebliche –, doch insgesamt waren sie der Überzeugung, dass die Pocken sich rapide und über große Entfernungen ausbreiten würden. Sie debattierten heftig (wie es Wissenschaftler zu tun pflegen), doch am Ende konnte keiner der Experten vorhersagen, wie die Pocken sich verhalten würden – jedenfalls nicht zur Zufriedenheit der anderen Experten. »Unsere generelle Schlussfolgerung lautet, dass die Pocken für eine nicht immunisierte menschliche Population eine verheerende biologische Waffe darstellen«, sagte einer der Teilnehmer. »Wenn man sich die empirischen Daten des realen Pockenausbruchs von 1972 in Jugoslawien ansieht, stellt man fest, dass der Multiplikator des Virus bei zehn lag: Die ersten Infizierten gaben die Krankheit im Durchschnitt an zehn andere weiter. Im Grunde genommen heißt das: Wenn man sich den ersten Kerl mit Pocken nicht schnappt, bevor er seine Frau küsst, gerät alles außer Kontrolle. Wir könnten es mit Hunderttausenden von Toten zu tun bekommen. Der Welthandel wird vollständig zum Erliegen kommen, und der 11. September wird sich dagegen wie ein Partyspielchen ausnehmen. Die Pocken können die Welt in die Knie zwingen.«

Vertreter der NIH befahlen den Experten, ihre Ergebnisse nicht zu veröffentlichen.

SUPERPOX

DR. CHENS VIREN

OB RINGIMPFUNGEN im Fall eines Terrorangriffs mit Pocken etwas nützen würden, war nicht die einzige offene Frage, die Variola aufwarf. Weit besorgniserregender war, wie sich die Molekularbiologie auf die Zukunft der Humanpocken auswirken würde. Die vielen Arten von Pockenviren finden in Laboratorien auf der ganzen Welt Verwendung, eben weil sie sich so leicht manipulieren lassen. Regelrechte Bausätze werden dafür kommerziell vermarktet, und sie kosten nicht viel. Man sollte nicht vergessen, dass der Direktor des irakischen Viruswaffenprogramms, Dr. Hazem Ali, ein in England ausgebildeter Pockenvirologe war, und man kann davon ausgehen, dass er nicht der einzige professionelle Biowaffenexperte auf der Welt ist, der in Biologie allerbeste Noten hat.

Das australische Wissenschaftlerteam unter Führung von Ronald Jackson und Ian Ramshaw hatte das IL-4-Mäusegen in Mäusepockenviren eingebaut und dadurch Super-Mäusepocken erschaffen, die offensichtlich das Immunsystem der Mäuse lahm legten. Für Menschen war das Jackson-Ramshaw-Virus harmlos, bei immunisierten Mäusen hingegen zeigte es verheerende Wirkung.

Bioterrorexperten stellten sich die Frage: Wenn man das menschliche IL-4-Gen in Humanpockenviren einbaute, würde das Variola major in »Superpox«-Viren verwandeln, die unter immunisierten Menschen ihrerseits verheerende Wirkung zeigen würden? Das Jackson-Ramshaw-Virus war wie ein schmaler Lichtstrahl gewesen, der einen winzig kleinen Ausschnitt der im Dunkeln liegenden Zukunftslandschaft erhellte: Die düsteren Umrisse künftiger Viruswaffen waren zu erkennen.

Wenn ein Experiment zu einem Ergebnis führt, versuchen Wissenschaftler als Erstes, das Experiment zu wiederholen, um festzustellen, ob sie zu demselben Ergebnis kommen. Die Wiederholbarkeit von Ergebnissen ist der Kern der wissenschaftlichen Methode: Wenn man ein Experiment auf genau dieselbe Weise durchführt, wird die Natur in genau derselben Weise reagieren. Das ist die Basis des wissenschaftlichen Denkens und ein sicheres Zeichen, dass ein empirisch überprüfbares Naturphänomen gefunden wurde. Würden sich die Ergebnisse des Jackson-Ramshaw-Experiments bestätigen lassen? Ließen sich biotechnisch Pockenviren erzeugen, die die Vakzinverteidigung durchbrechen konnten?

ANFANG DES JAHRES 2002 parkte ich eines Tages mein Auto in einem Innenstadtviertel von St. Louis und schlenderte einen unebenen Gehweg entlang zur St. Louis University School of Medicine. Das Viertel ist bescheiden, aber adrett und wird hauptsächlich von Afroamerikanern bewohnt. Reihenhäuser mit überdachten Veranden säumen die Straßen. An vielen Vordächern und in mehreren Fenstern hing die amerikanische Flagge. Die medizinische Hochschule ist ein stattlicher neogotischer Backsteinbau, der mit dem rosa Sandstein des mittleren Westens abgesetzt ist, und an jenem Tag schien er im Winterlicht warm zu leuchten. Dahinter tauchte ein festungsähnlicher, fünfstöckiger Betonbau mit winzigen Fenstern auf, in dem die Forschungslabors untergebracht sind. In einer Reihe von Arbeitsräumen im dritten Stock leitet der Pockenvirologe Mark Buller ein Wissenschaftlerteam, das mit Pockenviren und Vakzin experimentiert. Sie arbeiten hauptsächlich mit Mäusen – die Maus ist das Standardversuchstier der biomedizinischen Forschung. Die meisten wichtigen Erkenntnisse über unser Immunsystem wurden ursprünglich durch Experimente mit Mäusen gewonnen.

Mark Buller ist ein großer, schlaksiger, zurückhaltender Mann von Mitte fünfzig, der sowohl die kanadische Staatsbürgerschaft als auch die der Vereinigten Staaten besitzt. Er hat schwarz gelocktes Haar, einen schwarzen Bart, intelligente braune Augen hinter runden Brillengläsern und eine sanfte Stimme mit einem attraktiven kanadischen Akzent – er wuchs in Victoria in British Columbia auf. Bei der Arbeit trägt er meist Windtex-Sporthosen, T-Shirt und Joggingschuhe. An der Wand seines Büros hängen für den Fall, dass überraschend eine wichtige Besprechung einberufen wird, Jackett und Krawatte. Buller ist unter Pockenvirologen bekannt und angesehen, allerdings scheint er absichtlich das Rampenlicht zu meiden. »Mein Lebensziel ist, mich prominent im Hintergrund zu halten«, sagte er mir.

Buller hatte zuerst durch Peter Jahrling und Richard Moyer von dem Jackson-Ramshaw-Experiment erfahren. Kurz nach dessen Veröffentlichung gab vor allem Moyer Alarm – und im Stillen schlug er Buller vor, dass entweder er oder Buller das Experiment wiederholen sollte. Der australische Pockenexperte Frank Fenner hatte Jackson und Ramshaw geraten, ihre Arbeit zu veröffentlichen, und das unter anderem damit begründet, dass niemand wirklich versuchen würde, IL-4-Humanpocken herzustellen, da sie zu verheerend und vielleicht selbstmörderisch sein könnten. Doch nach dem 11. September erschien die Freisetzung gentechnisch veränderter Humanpocken in den Vereinigten Staaten nicht mehr ganz so unwahrscheinlich.

Mark Buller beschloss, IL-4-Mäusepocken zu produzieren und auszuprobieren, ob sie die Vakzinverteidigung durchbrechen konnten. Er wollte ein Gefühl dafür bekommen, ob IL-4-Humanpocken sich zu Superviren entwickeln würden, und wenn ja, welche Impfstrategie bei Menschen dagegen helfen könnte. Als ich in Bullers Labor kam, war das Experiment in vollem Gang. Ich wollte biotechnische »Superpox« in den Händen halten und ein Gefühl dafür bekommen, wohin die Strömungen der modernen Biologie uns trieben.

MARK BULLER LEHNTE SICH, die Hände hinter dem Kopf verschränkt, an seinem Schreibtisch zurück. Sein Büro war mit Büchern und Papieren voll gestopft; auf dem Boden lag eine Gymnastikmatte. Auf einer weißen Tafel an der Wand hatte seine Tochter Meghan ihn als schusseligen Wissenschaftler mit Colaflaschen als Brille, Bartgestrüpp und einem ganzen Bündel Stifte in der Hemdtasche karikiert.

»Wenn es zu einer bioterroristischen Freisetzung von Humanpocken kommt, ist gegenwärtig die Ringimpfung die wichtigste Strategie«, sagte er. »Damit eine Ringimpfung funktioniert, muss das Vakzin schwere Pockenfälle bei Menschen verhindern. Aber was, wenn Pocken mit einem IL-4-Gen die Immunreaktionen der Menschen blockieren?«

Buller erklärte, seine Gruppe wolle vier verschiedene Stämme von biotechnischen Mäusepockenviren herstellen. Alle sollten das IL-4-Gen haben, aber sie würden sich jeweils auch ein wenig voneinander unterscheiden. Einer von ihnen solle nahezu identisch mit den australischen Biotechnikpocken werden. »Wir wollen ein Gefühl dafür bekommen, was das IL-4-Gen in Mäusepocken tut«, sagte Buller. »Immer wenn ich versucht habe, Mutter Naturs Reaktionen vorherzusagen, habe ich falsch gelegen.«

Bullers Labor bestand aus einer Flucht von Arbeitsräumen mit weißen Fußböden und einem Wirrwarr von schwarzen Arbeitsbänken und Regalen. Vier oder fünf Leute arbeiteten nebeneinander an verschiedenen Projekten, es herrschte qualvolle Enge. In einer Ecke unter einem Fenster arbeitete ein Wissenschaftler namens Nanhai Chen gerade an der Konstruktion des Virus. Sein Arbeitsplatz war nur einen Meter breit und einen knappen halben Meter tief. Für die biotechnische Virenproduktion braucht man keine großen Liegenschaften. Mäusepockenviren, auch gentechnisch veränderte, sind für Menschen unschädlich, weil die Viren im Innern des menschlichen Körpers einfach nicht gedeihen und sich nicht vermehren können, also bestand für die Menschen im Labor keinerlei Gefahr.

Nanhai Chen ist ein stiller Mann von Ende dreißig. Er wuchs im landwirtschaftlichen Kollektiv »Roter Stern« in der Nähe von Shanghai auf, wo sein Vater als Bauer arbeitete und einige seiner Schwestern noch heute leben. Auf der Oberschule entdeckte Chen seine Leidenschaft für die Biologie, und rasch machte er am Institut für Virologie der chinesischen Akademie für Präventivmedizin in Peking Karriere – am führenden Virologiezentrum Chinas. Sein

Spezialgebiet wurde die DNS des Vacciniavirus. Mark Buller hatte ihn direkt aus China in sein Team geholt.

Nanhai Chen trägt einen struppigen Bürstenhaarschnitt und eine Nickelbrille, seine Hände arbeiten rasch, er hat eine bescheidene Art. Seine Frau Hongdong Bai, ebenfalls Molekularbiologin, und er haben ihren Kindern amerikanische Vornamen gegeben: Kevin und Steven. Er besitzt nur zwei Sätze Oberbekleidung, den einen für den Sommer, den anderen für den Winter. Der für den Winter besteht aus einem blauen Baumwollpullover, blauen Freizeithosen und weißen Joggingschuhen. Tage verbrachte ich mit Chen, während er an dem Supervirus für Mäuse arbeitete. »Es ist nicht schwierig, dieses Virus herzustellen«, sagte er irgendwann zu mir. »Auch Sie können lernen, wie man das macht.«

GENTECHNISCH IM LABOR veränderte Viren nennt man auch Rekombinanten, weil ihr genetisches Material – DNS oder RNS – Gene enthält, die von anderen Lebensformen stammen, und diese Fremdgene werden durch den Prozess der Rekombination in das genetische Material des Virus eingebracht. Gelegentlich wird ein solches Virus auch als Konstrukt bezeichnet, da es aus Stücken und Teilen genetischen Codes konstruiert ist: ein Designer-Virus für einen ganz bestimmten Zweck.

Das DNS-Molekül erinnert seiner Gestalt nach an eine in sich gedrehte Leiter, und die Leitersprossen – die Nukleotide – können Unmengen von Informationen speichern: den Code des Lebens. Bei jedem Gen handelt es sich um ein kurzes Stück DNS, im Regelfall rund 1000 »Buchstaben« lang, das die Rezeptur für ein Protein oder für eine Gruppe verwandter Proteine enthält. Die Gesamtheit des genetischen Codes eines Organismus – die vollständige DNS mit sämtlichen Genen – nennt man das Genom des Organismus. Pockenviren haben lange Genome, jedenfalls für Viren. Ein Pockengenom umfasst üblicherweise zwischen 150 000 und 200 000 Codebuchstaben; der an ein Spaghettiknäuel erinnernde DNS-Klumpen ist in eine hantelförmige Struktur in der Mitte des Pockenpartikels gezwängt. Das Genom eines Pockenvirus besteht aus rund 200 Genen, was bedeutet, dass das Virus aus rund 200 verschiedenen Proteinen aufgebaut ist. Einige von ihnen sind zusammen in dem maulbeerförmigen Partikel eingesperrt, andere werden von den Pockenviren freigesetzt, um das Immunsystem des Wirts zu täuschen oder zu unterlaufen, damit das Virus sich leichter vermehren kann. Pockenviren sind darauf spezialisiert, Signalproteine freizusetzen, die die Steuersysteme des Wirts durcheinanderbringen. Insektenpocken beispielsweise setzen Botenstoffe frei, die die infizierte Raupe zwingen, ihre Weiterentwicklung abzubrechen und zu einem unförmigen Sack voller Viren heranzuwachsen.

Das menschliche Genom, das in den Chromosomen jeder Körperzelle eines Menschen aufgewickelt ist, besteht aus rund drei Milliarden DNS-Buchstaben oder vielleicht 40 000 aktiven Genen. (Niemand weiß sicher, wie viele aktive Gene die menschliche DNS wirklich hat.) Die Buchstaben des menschlichen Genoms würden rund 10 000 Bände von »Moby Dick« füllen: Ein Mensch ist komplizierter als ein Pockenvirus.

Im IL-4-Gen ist die Rezeptur für eine weit verbreitete Komponente des Immunsystems codiert, die Interleukin-4 heißt: ein Zytokin, das in den richtigen Mengen normalerweise einem Menschen oder einer Maus hilft, eine Infektion abzuwehren, indem es die Produktion von Antikörpern stimuliert. Wenn man das Gen für IL-4 in ein Pockenvirus einbaut, bringt man das Virus dazu, IL-4 zu produzieren. Es schickt also Signale an das Immunsystem des Wirts, das dadurch in die Irre geführt wird und immer mehr Antikörper herzustellen beginnt. Wenn jedoch zu viele Antikörper produziert werden, bricht eine andere Art von Immunität zusammen: die Zellimmunität. Für die Zellimmunität sorgen zahlreiche Varianten von weißen Blutkörperchen. Wenn ein Mensch an Aids stirbt, liegt das daran, dass ein entscheidender Teil seiner Zellimmunität (die Population von CD4-Zellen) durch die HIV-Infektion zerstört worden ist. Die biotechnisch veränderten Mäusepocken scheinen bei einer Maus so etwas wie eine sofortige, Aids-ähnliche Immunsuppression genau in dem Moment zu bewirken, wenn die Maus diesen Immunitätstyp am meisten benötigen würde, um eine explodierende Pockeninfektion abzuwehren. Biotechnisch veränderte Humanpocken, die eine Aids-ähnliche Immunsuppression bei Menschen auslösen, wären alles andere als spaßig.

UM EIN KONSTRUIERTES VIRUS herzustellen, braucht man ein Kochbuch und ein paar Standardzutaten. Das wichtigste Rohmaterial für Chens Experiment waren natürliche, gefrorene Mäusepockenviren in einem Röhrchen, das in einem Tiefkühlgerät in der Nähe seines Arbeitsplatzes lagerte. Die andere Grundzutat war das IL-4-Mäusegen. Chens »Rezept« besagte, das Gen in die DNS des Pockenvirus einzuspleißen und dann sicherzustellen, dass das daraus resultierende Konstrukt so funktioniert, wie es soll.

Das IL-4-Gen bekam Chen über das Internet. Es kostete 65 Dollar und traf mit regulärer Post im November 2001 in

Mark Bullers Labor ein; Absender war die American Type Culture Collection, eine gemeinnützige Institution in Manassas, Virginia, die Stämme von Mikroorganismen und von Genen, die mehreren Spezies gemeinsam sind, im Archiv hat. Das Gen wurde in einer kleinen, braunen Glasflasche mit Schraubverschluss geliefert. Darin befand sich eine Prise hellbrauner getrockneter Bakterien – E. coli –, die im menschlichen Gedärm leben. Die Bakterienzellen enthielten zusätzliche Ringe von DNS, so genannte Plasmide, und diese Plasmide enthielten das IL-4-Gen. Beim IL-4-Gen handelt es sich um ein kurzes, nur rund 400 Buchstaben langes Stück DNS; in der medizinischen Forschung ist es eines der am weitesten verbreiteten Gene. Bis heute wurden über 16 000 wissenschaftliche Aufsätze über das IL-4-Gen geschrieben.

Das Standardkochbuch der Virentechnologie ist ein vierbändiges Sammelwerk in Ringheftern mit hellroten Umschlägen und dem Titel »Current Protocols in Molecular Biology«, erschienen bei John Wiley and Sons. Nanhai Chen führte mich an ein Regal im Labor, zog Band 3 der »Current Protocols« heraus und schlug Section 4, Protocol 16.15 auf, wo genau beschrieben ist, wie man ein Gen in ein Pockenvirus einbaut. Wenn jemand Humanpocken mit einem IL-4-Gen aufrüsten will, muss er einfach nur nach dem Buch vorgehen. »Das kann nicht unter Verschluss gehalten werden«, sagte Chen und strich mit dem Finger über das Rezept. »Niemand hat je daran gedacht, dass man das gebrauchen könnte, um eine Waffe herzustellen. Die einzige Schwierigkeit ist, an Humanpocken heranzukommen. Wenn jemand Pocken hat, sind alle anderen biotechnischen Informationen frei zugänglich.«

»Machen Sie sich wegen biotechnisch veränderter Humanpocken persönlich Sorgen?«

»Ja, das tue ich«, antwortete er und hielt das Kochbuch beim Reden weiter aufgeschlagen. »Letzte Woche sprach ich mit meinem Mentor in China. Es ist Dr. Hou, er ist in China ein sehr berühmter Virologe. Er erzählte mir, dass die Russen genetisch modifizierte, waffentaugliche Humanpocken hätten. Mein Mentor sagte nicht, woher er das weiß, aber ich denke, er hat ziemlich guten Zugang zu solchen Informationen, und ich gehe davon aus, dass das vermutlich wahr ist. Vor 30 Jahren gab es noch auf der ganzen Welt Humanpocken. Sie könnten heute überall sein. Es ist nicht schwer, ein bisschen Pockenmaterial in einem Gefriergerät zurückzuhalten.«

Im Interesse der nichtwissenschaftlichen Leser lasse ich die Feinheiten von Chens Arbeit außer Acht, aber hier auf diesen Seiten steht in Grundzügen das Rezept, wie man das biologische Äquivalent einer Atombombe baut. Ich würde zögern, dies zu veröffentlichen, wenn es den Biologen nicht bereits bekannt wäre; nur alle anderen kennen es noch nicht. Man braucht kein Raumfahrtingenieur zu sein, um Superpocken zu produzieren. Man braucht zwar ein bisschen Übung, denn zur Biotechnologie der Viren gehören ein paar subtile Tricks, aber mit wachsender Erfahrung wird man besser. Auch braucht man geschickte Hände, aber im Lauf der Zeit wird man schneller. Chen meinte, mit ein bisschen Glück könne er jeden gängigen Typ von gentechnisch veränderten Pockenviren in rund vier Wochen herstellen.

Chen entnahm der kleinen braunen Glasflasche getrocknete Bakterien, die das IL-4-Gen enthielten, und kultivierte sie in Röhrchen. Dann fügte er ein Lösungsmittel hinzu, das die Bakterien zersetzte, und zentrifugierte das Material. Der Zellabfall fiel auf den Boden der Röhrchen, aber die DNS-

Plasmide schwebten weiterhin in der Flüssigkeit. Diese goss er dann durch einen hauchfeinen Filter, der die DNS mit dem IL-4-Gen zurückhielt. Am Ende hatte er ein paar Tropfen einer klaren Flüssigkeit.

Als Nächstes spleißte Chen kurze DNS-Stückchen – so genannte Promotoren und flankierende Sequenzen – in die Plasmideringe ein. Dieser Schritt bestand im Grunde darin, ein paar Tropfen Flüssigkeit hinzuzufügen. Promotoren signalisieren einem Gen, mit der Produktion eines Proteins zu beginnen. Die diversen Promotoren würden die gentechnisch veränderten Mäusepockenstämme dazu bringen, in unterschiedlichen Mengen und zu unterschiedlichen Zeitpunkten im Lebenszyklus des Virus in seiner Wirtszelle das IL-4-Protein herzustellen.

Dann musste die gentechnische DNS in die des Virus eingebracht werden; das geschah mit einem biotechnischen Hilfsmittel namens Transfektionskit. Unter Transfektion versteht man nichts anderes als das Einbauen fremder DNS in lebende Zellen. Ein Transfektionskit besteht im Prinzip aus einem kleinen Fläschchen mit einer biochemischen Mischung, einem Reagens; das Fläschchen kostet weniger als 200 Dollar. Transfektionskits kann man sich per Post von diversen Firmen kommen lassen. Nanhai Chen verwendete das Lipofectamine-2000-Kit von Invitrogen.

Chen züchtete in einer Wellplatte Affenzellen, die er dann mit natürlichen Mäusepockenviren infizierte. Er wartete eine Stunde, um den Viren genügend Zeit zu lassen, sich an die Zellen zu heften. Dann fügte er die IL-4-DNS hinzu, die er bereits mit dem Transfektions-Reagens gemischt hatte. Er wartete sechs Stunden. Während dieser Zeit wurde die IL-4-DNS von den Affenzellen aufgenommen, die gleichzeitig mit natürlichen Mäusepocken infiziert waren. Irgendwie drang die IL-4-DNS in einige der Mäusepockenpartikel ein, und schließlich war das IL-4-Gen Teil der DNS des Mäusepockenvirus geworden.

Vor Chen lagen noch lange Tage mit viel Arbeit, denn er musste noch die Virusstämme reinigen. Diese so genannte Purifikation ist eine Schlüsseltechnik der Virenkonstruktion.

VIREN SIND ETWAS SEHR KLEINES, und die einzige Möglichkeit, sie in den Griff zu bekommen, besteht darin, Zellen umzuschichten, die mit ihnen infiziert sind. Pockenviren, die in den Zellschichten einer Wellplatte wachsen, bringen diese Zellen um, sodass sich in den Vertiefungen der Platte »tote« Stellen bilden. Sie sind wie die Löcher in einer Scheibe Emmentaler, und man nennt sie Plaques. Mit einer Pipette kann man die toten oder absterbenden Zellen entnehmen. Sie enthalten einen reinen Virenstamm.

»Hätten Sie Lust, ein paar Plaques zu ernten?«, fragte mich Chen eines Tages. Er führte mich in einen kleinen Raum hinter seinem Arbeitsplatz, wo es ein paar Abzugshauben und eine Reihe von Inkubatoren gab (temperierte Behälter zur Züchtung von Zellkulturen). In eine Ecke war ein Binokularmikroskop gezwängt.

Chen zog ein Paar Latexhandschuhe an, öffnete einen Inkubator und holte eine Wellplatte heraus. Sie hatte sechs Vertiefungen, in denen rotes Zellkulturmedium schimmerte und ein Teppich lebender Zellen den Boden bedeckte. Er trug die Platte quer durch den Raum und legte sie auf den Objektträger des Mikroskops. Mit bloßem Auge konnte man die Plaque-Löcher in den Zellschichten erkennen. Die Zellen waren mit einem Stamm gentechnisch veränderter IL-4-Mäusepocken infiziert.

Ich setzte mich ans Mikroskop, und Chen gab mir eine Pipette mit kegelförmiger Plastikspitze und einem Loch darin – etwa wie ein ganz feiner Strohhalm. Man legt den Daumen auf einen Knopf an der Pipette, und wenn man diesen drückt, kann man eine kleine Menge Flüssigkeit aufnehmen und an eine andere Stelle transferieren.

Ich fühlte mich ein bisschen seltsam. Wir hantierten mit gentechnisch veränderten Viren, trugen aber lediglich Gummihandschuhe. »Sind Sie sicher, dass die nicht ansteckend sind?«

»Ja, das ist vollkommen ungefährlich.«

Durch das Mikroskop erblickte ich einen Teppich von Affenzellen am Grund einer Vertiefung. Jede Zelle erinnerte an ein Spiegelei: Der Zellkern war das Eigelb. Ich suchte nach Flecken in dem Teppich, wo möglicherweise Viren wuchsen.

»Ich kann keine Plaques finden«, sagte ich. Ich begann die Platte zu verschieben. Plötzlich erschien ein riesiges Loch vor meinen Augen. Es war eine infizierte Zone voller gentechnisch veränderter Viren. Die Zellen starben ab und hatten sich zu ekelerregenden Haufen zusammengeklumpt. Die Zellen litten an gentechnisch veränderten Pocken.

In der rechten Hand hielt ich die Pipette und fuchtelte damit über die Platte. »Ich kann die Spitze nicht sehen«, sagte ich und stocherte in der Vertiefung herum.

Ich war dabei, Chens mühevolle Arbeit zu ruinieren, aber er gab keinen Kommentar ab. Dann schob sich plötzlich die Spitze der Pipette in mein Blickfeld. Riesig wie die Einfahrt zu einem U-Bahntunnel sah sie aus.

»Sie müssen die Zellen abkratzen«, sagte Chen.

Ich bewegte die Spitze hin und her und löste ein paar kranke Zellen. Ich ließ den Knopf los, und ein paar Zellen wurden in die Pipette geschlürft. Chen reichte mir ein Röhrchen, und ich deponierte das bisschen Plaque mit gentechnisch veränderten Pockenviren darin. »Ich glaube nicht, dass ich einen guten Virologen abgebe.«

»Sie machen das prima.«

Vier Stämme gentechnisch veränderter Mäusepocken herzustellen brauchte fünf Monate – es war ein mühsamer Prozess, und Chen musste jeden einzelnen Schritt prüfen und gegenprüfen. Er schätzt, dass sich die Gesamtkosten an Laborbedarf pro Stamm auf rund 1000 Dollar summieren. Viren zu produzieren kostet weniger als ein Gebrauchtwagen, aber man kann damit eine Waffe an die Hand bekommen, die so furchterregend wie eine Atombombe ist.

Es war an der Zeit, ein paar Mäuse mit dem konstruierten Virus zu infizieren und abzuwarten, was geschehen würde. Die Mäusekolonie wurde in einem Labor der Biosicherheitsstufe 3 im obersten Stock der medizinischen Hochschule gehalten. Mark Buller und ich legten Chirurgenkleidung, leichte Stiefel, Kopfhauben und Latexhandschuhe an. Durch eine Stahltür betraten wir einen kleinen Raum mit Hohlblockwänden, in dem Hunderte von Mäusen in durchsichtigen Plastikkästen, in Regalen hinter Glastüren gestapelt, lebten. Die Mäuse hatten schwarzes Fell. Es handelte sich um reinrassige Labormäuse des Typs Black 6, die von Natur aus gegen Mäusepocken resistent sind.

Buller öffnete ein paar Behälter, nahm einige Mäuse heraus und setzte sie in ein Glasgefäß mit einem Betäubungsmittel. Die Mäuse schliefen ein. Eine nach der anderen nahm er sie in die Hand, stach ihnen mit einer Spritzennadel in den Fuß und injizierte ihnen einen Tropfen klarer Flüssig-

346

keit. Der Tropfen enthielt etwa zehn Partikel von biotechnisch veränderten IL-4-Mäusepockenviren – eine überaus geringe Dosis.

Sieben Tage später klingelte frühmorgens mein Telefon. Mark Buller war dran. Einer der Labortechniker hatte gerade nach den Mäusen gesehen, berichtete er, und ein paar von ihnen lägen zusammengekrümmt mit gesträubten Nackenhaaren da. »Es scheint schnell mit ihnen bergab zu gehen«, sagte er.

Am folgenden Morgen zogen Buller, Chen und ich Schutzkleidung an und gingen in den Raum mit den Mäusen. Da standen zwei Behälter mit toten Mäusen. Zwei der IL-4-Mäusepockenstämme hatten die von Natur aus resistenten Mäuse umgebracht. Bei beiden Gruppen betrug die Sterberate 100 Prozent.

Buller stellte einen Behälter unter eine Abzugshaube und öffnete ihn. In der Tat waren die Mäuse stark verkrümmt, die Nackenhaare gesträubt, die Augen zusammengekniffen. Bei natürlichen Mäusepocken zeigt eine Black-6-Maus nicht die leisesten Anzeichen einer Erkrankung.

»Donnerwetter«, sagte Chen. »Alle total zusammengekrümmt. Dieses IL-4 hat wirklich eine irre Wirkung. Das ist ein wirklich starkes Virus. Ich bin wirklich überrascht.« Er hatte nicht erwartet, dass sein Virus alle Mäuse umbringen würde. Es irritierte ihn, dass er so effiziente Viren produzieren konnte, und gleichzeitig war er ganz aufgeregt.

»Es ist überaus beeindruckend, wie schnell dieses Virus bei einer so geringen Dosis die Mäuse tötet«, sagte Buller.

Ich saß auf einem Stuhl vor der Abzugshaube und spähte an Buller vorbei hinein. Er nahm eine tote Maus aus einem Behälter und hielt die Kreatur in seiner behandschuhten Hand. Ohne solche Mäuse würde es für viele Krankheiten keine Heilmittel geben, und tote Mäuse haben letztlich unzählige Menschenleben gerettet, aber was er jetzt in der Hand hielt, war alles andere als beruhigend.

Buller zeigte mir das Standardverfahren, um eine Maus zu sezieren: Man schneidet den Bauch mit einer Schere auf. Er spreizte das Abdomen mit den Scherenspitzen und sah nach, was die Pocken angerichtet hatten.

Das Virus hatte die inneren Organe der Maus förmlich hochgehen lassen. Die Milz hatte sich zu einer aufgeblähten Blutwurst von riesigen Ausmaßen (für eine Mäusemilz) verwandelt und füllte einen Großteil der Bauchhöhle aus. Sie war mit blassen, weißgrauen Flecken gesprenkelt, was für mit Pocken infizierte Mäuseorgane typisch ist, wie Buller erklärte. Ärzte, die an hämorrhagischen Pocken verstorbene Menschen sezierten, fanden an deren Organen ganz ähnliche Flecken. Mit der Scherenspitze entnahm Buller die Leber der Maus. Sie hatte die Farbe von Sägemehl: das Zerstörungswerk des künstlichen Virus. Gegen bloß zehn Partikel des konstruierten Virenstamms in ihrem Blut hatte die pockenresistente Maus nie eine Chance gehabt.

Es gibt zwei Möglichkeiten, Mäuse gegen Mäusepocken zu impfen. Das eine Verfahren besteht darin, sie mit natürlichen Mäusepocken zu infizieren. Wenn die Maus sich erholt hat (und bei einem resistenten Mäusestamm wird sie sich erholen), ist sie immun. Die andere Möglichkeit ist, die Maus mit Pockenvakzin zu impfen – man infiziert die Maus mit Vakzinviren, und ihre Immunität gegenüber Mäusepocken nimmt auf genau dieselbe Weise zu, wie durch eine Vakzinimpfung die Widerstandskraft eines Menschen gegen Humanpocken steigt.

Mark Buller und seine Gruppe testeten IL-4-Mäusepocken an geimpften Mäusen und bekamen merkwürdige Ergebnisse. Sie konnten das Jackson-Ramshaw-Experiment nicht voll und ganz bestätigen. Sie fanden heraus, dass mit natürlichen Mäusepocken immunisierte Mäuse gegen IL-4-Mäusepocken vollständig immun waren – die IL-4-Viren konnten das Immunsystem nicht unterlaufen. Das war sehr ermutigend. Es widersprach einem Teil des Jackson-Ramshaw-Experiments. Doch bei ersten Tests mit der Vakzinimmunisierung entdeckten sie eher Beunruhigendes (die Experimente waren noch im Gang, und Buller konnte noch keine fertigen Ergebnisse vorlegen). Es sah danach aus, dass die IL-4-Mäusepocken die Immunisierung mit Pockenvakzin durchbrechen konnten – und die Mäuse töten –, wenn die Impfungen eine gewisse Zeit zurücklagen. Wenn die Immunisierung mit Vakzin jedoch frisch war, waren die Mäuse gegen die gentechnisch veränderten Pocken geschützt. Das legte den Schluss nahe, dass gentechnisch veränderte IL-4-Humanpocken die Immunabwehr von Menschen überwinden könnten, nicht jedoch, wenn diese erst kürzlich, vielleicht vor wenigen Wochen, geimpft worden wären.

Buller klang nicht, als glaube er, das Ende der Welt sei nahe. »Wir haben gezeigt, dass man eine Methode entwickeln *könnte*, um Mäuse erfolgreich gegen gentechnisch veränderte Mäusepocken zu impfen«, sagte er zu mir. »Selbst wenn IL-4-Variola die Vakzinimmunisierung durchbricht, glaube ich, dass wir Arzneimittel entwickeln können, die den Vorteil, den sich Terroristen vielleicht durch IL-4-Variola verschaffen, wieder zunichte machen. Wir brauchen unbedingt ein antivirales Medikament«, erklärte er. Er argumentierte, ein Heilmittel gegen Pocken würde nicht nur als Abwehr gegen gentechnisch veränderte Superpocken gebraucht, sondern auch um den Menschen zu helfen, die bei Massenimpfungen nach einem Pocken-Terrorangriff durch das Vakzin erkrankten.

Jeder Staat und jede Forschergruppe, die »Superpox« herstellen wollten, müssten die Viren an geimpften Menschen testen, um herauszufinden, ob sie funktionieren. »Wenn wir über ein Land wie den Irak reden«, sagte Buller, »kann man sich Menschenversuche mit Humanpocken vorstellen. Wenn man einen Kerl wie Saddam Hussein hat, und seine Wissenschaftler sagen zu ihm, sie bräuchten ein paar Menschen, damit sie biotechnisch veränderte Pocken ausprobieren könnten, dann sagt der nur: ›Wie viel braucht ihr?‹ Solche Menschen hat es zu allen Zeiten gegeben.«

Nanhai Chen wirkte ein bisschen weniger optimistisch. »Weil die IL-4-Mäusepocken die Vakzinimpfung unterlaufen können, bedeutet das, dass die IL-4-Humanpocken sehr gefährlich sein könnten«, sagte er. »Diese Versuchsanordnung ist der Relation zwischen Menschen und Pockenvakzin sehr ähnlich. Ich glaube, IL-4-Humanpocken sind gefährlich. Ich halte sie für sehr gefährlich.«

DIE HAUPTBARRIERE ZWISCHEN der menschlichen Spezies und der Erschaffung von Superviren ist das Verantwortungsgefühl individueller Biologen. Aber angesichts der menschlichen Natur und der Lehren aus der Geschichte erscheint es durchaus möglich, dass jetzt in diesem Moment irgendjemand an den Genen von Humanpocken herumbastelt. Und was wäre, wenn ein Feuerchen im Heuschober aufflackerte und wir gössen ein Glas Wasser darauf, aber das Wasser könnte die Flammen nicht löschen? Kein Land, das Atomwaffen besitzen wollte, hatte Probleme damit, Physiker zu finden, die sie zu bauen bereit waren. Die internationale Physikergemeinde verlor ihre Unschuld in dem Ausbruch eines Lichtblitzes über dem Wüstensand von Trinity in New Mexico. Die Biologen müssen ihr Trinity erst noch erleben.

EIN KIND

IN DER ZEIT vor dem Eradikationsprogramm starben jährlich zwei Millionen Menschen an Pocken. Die Ärzte, die der Krankheit in ihrer natürlichen Form den Garaus machten, haben effektiv 50 bis 60 Millionen Menschenleben gerettet. Das ist der Everest-Gipfel in der Geschichte der Medizin, und dennoch haben sie für ihre Großtat nie den Nobelpreis erhalten. Heute reist Dr. Stanley O. Foster mehrmals jährlich zu Orten, an denen er einst arbeitete.

Im Jahr 2000 entschloss er sich zu einer Fahrt mit der »Rocket«. Nur mit einem kleinen Rucksack ging er in Dhaka zum Hafen, und da lag der alte Raddampfer völlig unverändert am Pier, er sah noch genauso aus wie 1975, war voller Rost und voller Menschen. Foster verbrachte die Nacht an Bord, lehnte an der Reling und sah den vorüberziehenden Inseln zu; er konnte den Fluss riechen und mehr und mehr auch die See, und kurz nach Sonnenaufgang ging er in Berisal an Land, wo er sich ein Motorboot mietete und über die Bucht nach Bhola fuhr. Mit einem Landrover fuhr er, sich seinen Weg durch die Menschenmengen bahnend, ins Innere der Insel, bis er vor dem Haus von Rahima stand.

Die junge Frau war nach ihrer Heirat in ein anderes Dorf gezogen. Sie war jetzt fünfundzwanzig Jahre alt und überglücklich, ihn zu sehen, auch wenn sie noch genauso schüchtern war wie an jenem Tag, als sie sich in dem Jutesack versteckt hatte. Rahima hatte zwei Töchter, erwartete ein drittes Kind und hoffte, dass es ein Sohn würde. Sie überreichte Dr. Foster ein kleines Geschenk, er gab ihren Kindern ein paar Buntstifte.

EINES TAGES IM NOVEMBER 2001, einen Monat nach den Milzbrandattacken, fuhr ich bei Sonnenaufgang am Schlachtfeld von Gettysburg vorbei nach Süden. Ich kam durch weites, hügeliges Ackerland, das nicht viel anders aussieht als zurzeit des amerikanischen Bürgerkriegs. Die Erde war von sattem Braun und mit Krähen übersät, die sich in einen gelbgrauen Himmel erhoben. Ich kam am Little Round Top vorbei, dem Hügel, wo Joshua Chamberlain und seine Männer aus Maine die Wende herbeiführten. Nur ein weiterer Buckel mit kahlen Bäumen. Die Straße führte nach Frederick, und ich ging mit Peter Jahrling, Lisa Hensley und Mark Martinez die Flure des USAMRIID entlang. Das Licht war von einem kränklichen Grün, die Luft roch brenzlig – in gigantischen Autoklaven wurden Dinge gebacken, um sie zu sterilisieren. Nach links und rechts zweigten Gänge ab. Martinez trug Arbeitsuniform, sein schwarzes Barett hatte er in den Gürtel gestopft. Er zog seine Sicherheitskarte über einen Sensor und drückte eine Tür auf, dann betraten wir die Pathologie – einen »kalten« Trakt ohne gefährliche Krankheitserreger. Martinez führte uns in einen kleinen, fensterlosen Raum mit grünen Wänden. Bis auf ein paar Arbeitstische und Aktenschränke sowie eine Abzugshaube war er leer.

»Ich bin gleich zurück«, sagte Martinez und ging.

Wir lehnten uns an die Schränke und warteten. Er ging in ein Lager, wo es offensichtlich ein Geheimnis gab.

»Was Sie sehen werden, ist ein Schatz«, bemerkte Jahrling.

»Ich habe es auch noch nicht gesehen«, kommentierte Lisa Hensley.

Martinez kam mit einem weißen Plastikbehälter zurück. Er ließ den Deckel aufschnappen und nahm etwas heraus, das in ein gelbes OP-Einmaltuch gewickelt war und in einem Plastikbeutel steckte. Er legte den Beutel unter den Abzug, öffnete ihn und ließ das in das Tuch gewickelte Etwas herausgleiten. Sehr langsam und vorsichtig wickelte er das Bündel auf.

Es war der Arm eines Kindes – mit Pockenpusteln übersät. Er war bei einer Autopsie übrig geblieben.

Es war ein amerikanisches Kind gewesen, von weißer Hautfarbe, drei bis vier Jahre alt, das an *Variola major* gestorben war. Mehr hatten die Armeewissenschaftler nicht mehr herausfinden können.

Im Frühjahr 1999 hatte an der Indiana University ein Professor einen dunklen Kellergang der zahnmedizinischen Hochschule durchstöbert und war auf eine Sammlung von Glasbehältern gestoßen, die einst William Schaffer gehört hatte, einem schon lang verstorbenen Pathologen. In einem der Gläser lag der Arm, etikettiert mit »M 243 Humanpocken«. Niemand wusste, woher Schaffer den Arm gehabt hatte. Der Professor hatte Vertreter der CDC angerufen und sie gefragt, ob sie den Arm wollten. Die CDC hatten an dem konservierten, pockenbedeckten Arm kein Interesse, also schenkte ihn der Professor einem Pharmazieunternehmen, das an Heilmitteln gegen Pocken arbeitete. Eines Tages war Jahrling bei dem Unternehmen vorstellig geworden, um über Pockenmittel zu diskutieren, und Wissenschaftler der Firma erwähnten, dass sie einen Pocken-Arm hätten, ob er ihn wolle?

»Verdammt noch mal, ja«, hatte Jahrling zu ihnen gesagt.

Es gab keine Menschen mit dieser Krankheit mehr, und ein Arm voller Variolapusteln war ein hervorragendes klinisches Anschauungsmaterial. Er wollte den Arm in Plastikfolie wickeln und im Bordgepäck mitnehmen, fragte sich aber dann, was die Sicherheitsleute des Flughafens wohl unternehmen würden, wenn sie ihn entdeckten, also ließ er sich den Arm per Express ans USAMRIID schicken.

Die WHO verbietet allen Labors außer den CDC und Vector, mehr als zehn Prozent der Pockenvirus-DNS zu haben. Die Chemikalien in dem Glasgefäß hatten die Pocken-DNS in winzige Fragmente zerfallen lassen, und so war der Besitz des Pocken-Arms legal.

DER ARM LAG mit der Handfläche nach unten. Mark Martinez drehte ihn langsam und mit großer Vorsicht, bis die Handfläche sichtbar wurde. Er nahm den Zeigefinger und streckte ihn ein klein wenig, sodass die Handfläche sich öffnete und das typische zentrifugale Stadium des Ausbruchs erkennen ließ. Der Arm war mit dunkelbraunen Pusteln bedeckt. Das Kind war in dem Moment gestorben, als die Pusteln zu verkrusten begannen. Der Schorf war sehr dunkel.

Lisa Hensley starrte durch das Schutzglas den Arm an. »Ich hatte überhaupt keine Vorstellung, wie schlimm Pocken sind, bis ich die Läsionen bei den Affen sah. Dieselben Läsionen sieht man hier.«

Martinez stand auf und ließ den Arm unter der Abzugshaube liegen. Ich zog ein Paar Latexhandschuhe an, setzte mich auf den Hocker und nahm den Arm hoch. Ich konnte schwach den süßlichen Geruch konservierten menschlichen Fleisches wahrnehmen. Einen Moment lang fragte ich mich, ob das der Pockenfötor sein könnte. Ich drehte den Arm um, und Grinde fielen mir in die Hände. Die Variola-Rettungsboote legten ab.

DER ANBLICK EINES mit Pockenpusteln bedeckten Kinderarms war unseren Vorfahren wohl vertraut, aber jetzt war dieser Arm ein historisches Dokument und ein uns fremdes Schreckensobjekt. Dass wir noch nie in unserem Leben einen solchen Arm gesehen hatten, war etwas ganz Außerordentliches, ein unerwartetes Geschenk, um das niemand zu bitten gewagt hatte und das jetzt niemand mehr zur Kenntnis nahm. Eine Hand voll Ärzte zusammen mit Tausenden von Helfern in den Dörfern hatten es der Menschheit gemacht. Sie hatten sich zu einer Friedensarmee zusammengeschlossen. Mit der Waffe in der Hand, einer Nadel mit zwei Spitzen, hatten sie alle Weltenden nach dem Virus durchforstet, hatten jede Tür geöffnet und jeden Lumpen angehoben. Sie wollten keine Ruhe geben, sie wollten nicht wegsehen, und sie gaben alles, bis Variola vernichtet war. Etwas Größeres war in der Medizin noch nie vollbracht worden, und etwas Besseres hatte Mitmenschlichkeit noch nie zuvor geleistet.

Während ich über die Ausrottung der Pocken nachdachte, gingen mir auch Gedanken an unsere Zukunft durch den Kopf. Immer mehr Menschen leben in Städten. Bald wird die Hälfte der Weltbevölkerung aus Stadtbewohnern bestehen. Hochrechnungen der Vereinten Nationen zufolge wird es im Jahr 2015 auf der Erde sechsundzwanzig extrem große

Städte geben. Zweiundzwanzig davon in Entwicklungsländern. Vielleicht nur vier in Industrienationen. New York und Los Angeles werden nur noch mittlere Großstädte sein. Die Riesenstädte werden in den Tropen liegen. Bis zum Jahr 2015 wird Bombay 26 Millionen Einwohner haben, Lagos 24 Millionen. Die Gesamtbevölkerung Kaliforniens beläuft sich gegenwärtig auf 35 Millionen. Man nehme zwei Drittel aller Menschen in Kalifornien und quetsche sie in eine einzige Stadt mit mangelhafter Hygiene, unzureichender medizinischer Versorgung und unfähiger Verwaltung. 25 Millionen Menschen, die allesamt ein oder zwei Stunden voneinander entfernt leben – ein unvorstellbarer Quantensprung gegenüber allen Menschenballungen, die das Virus einst im alten Ägypten vorfand. Wenn es nicht genügend Vakzin gibt, um einen Pockenausbruch in einer Riesenstadt einzudämmen, oder wenn die Viren die Vakzinblockade durchbrechen, weil Menschen an Variolagenen herumgefummelt haben, dann werden sich die Pocken schnell ausbreiten. Die Städte dieser Welt sind durch ein Netz von Fluglinien miteinander verknüpft. Ein Virus, das in Bangladesch auftaucht, wird bald in Beverly Hills sein. Ein genmanipuliertes Virus würde unsichtbare, schlimme Nachrichten für jede Gemeinde auf der Welt bedeuten.

ICH ÖFFNETE DIE KINDERHAND und breitete die Finger auf meinem Handteller aus. Die Handfläche des Kindes war eine einzige Pustel. An den Fingern waren die Verschorfungen so miteinander verschmolzen, dass kaum noch Haut zu sehen war. Die Linienwirbel an den Fingerkuppen konnte ich noch erkennen, auch den Schicksals- und den Zukunftsberg. Die Lebens- und die Liebeslinie waren unterbrochen.

Nicht länger gegenwärtig waren in dieser Hand die Leiden, die das Kind aushalten musste. Ich dachte daran, wie ich Minuten nach der Geburt meines Sohnes dessen winzige Hand in der meinen hielt und von ihrer Perfektion beeindruckt war. Ich erinnerte mich an die vielen Male, wenn meine Kinder krank gewesen waren oder sonst Trost gebraucht hatten und ich ihnen die Hand gehalten hatte. Ich dachte daran, wie ihre wachsenden Hände, die meine Hand immer mehr ausfüllten, mir das Gefühl gegeben hatten, die Zeit würde rasen. Eines Tages werden sie vielleicht meine Hand halten, wenn das Leben aus ihr entschwunden sein wird.

Wir werden niemals eine Erklärung finden für das Leid, das diese Kinderhand zeichnete, oder für all das Schreckliche, das Menschen anderen Menschen antun, oder für die Liebe, die Ärzte dazu trieb, den Pocken ein Ende zu bereiten. Doch nach alldem, was diese Ärzte geleistet hatten, hielten wir noch immer Pocken in unseren Händen, mit dem Griff des Todes, der niemals loslässt. Ich wusste nur, dass der Traum von der vollständigen Ausrottung fehlgeschlagen war. Die letzte Überlebensstrategie des Virus bestand darin, seinen Wirt zu behexen und sich ihm als Machtmittel an die Hand zu geben. In der Natur konnten wir die Pocken ausrotten, aber wir werden nie das Virus aus dem menschlichen Herzen herausreißen können.

Glossar

Ad Hoc Committee on Orthopoxvirus Infections: Beratungskommission der → **WHO** für Pockenfragen.

Alastrim → **Variola minor.**

Anthrax: international gebräuchliche Bezeichnung für → **Milzbrand.**

Antivirale Medikamente: Arzneimittel, die die Viren im Körper des befallenen Wirts direkt bekämpfen (im Gegensatz zur Prophylaxe durch Impfung).

Armed Forces Institute of Pathology: Institut für Pathologie der US-Streitkräfte in Washington.

Batelle Memorial Institute: gemeinnützige wissenschaftliche Forschungs- und Beratungseinrichtung in West Jefferson, Ohio.

BWC, Biological Weapons and Toxin Convention: internationales Abkommen (von über 140 Staaten unterzeichnet), das Entwicklung, Besitz und Einsatz von Biowaffen verbietet.

CCB, Civil Co-operation Board: südafrikanische Geheimpolizei zur Zeit des Apartheidregimes.

CDC, Centers for Disease Control and Prevention: US-Bundesbehörde zur Bekämpfung und Prävention von Seuchen in Atlanta, Georgia.

Co-operative Research Centre for the Biological Control of Pest Animals: Forschungszentrum für biologische Schädlingsbekämpfung in Canberra, Australien.

DNS (engl. DNA), **Desoxyribonukleinsäure:** Träger der Erbinformationen und Hauptbestandteil der Chromosomen, die biochemische Substanz der → **Gene**.

Environmental Protection Agency: US-Umweltschutzbehörde.

Epidemiologie: Wissenschaft von den Ursachen, der Ausbreitung und der Prophylaxe bzw. Bekämpfung epidemischer Krankheiten.

Eradikation: Ausrottung, → **SEP**.

FDA, Food and Drug Administration: US-Behörde, die unter anderem für die Arzneimittelzulassung zuständig ist.

Federation of American Scientists: Bundesverband von US-Wissenschaftlern.

Gen: ein Stück des DNS-Makromoleküls, das eine bestimmte Erbinformation codiert; die Gesamtheit aller Gene eines Lebewesens, sein komplettes Erbgut, heißt Genom.

Hämorrhagie: wissenschaftliche Bezeichnung für Blutung, im engeren Sinn für Blutaustritt aus Gefäßen an die Körperoberfläche, in Körperhöhlen oder in umliegendes Gewebe.

Hämorrhagische Pocken: schwere, meist tödliche Verlaufsform der Humanpocken; wegen der flächigen Unterblutungen der Haut im Deutschen traditionell auch schwarze Blattern genannt.

Hazardous Materials Research Center: Forschungszentrum für Biogefahrstoffe des → **Batelle Memorial Institute**.

HHS, Department of Health and Human Services: oberste US-Behörde für Gesundheit und Soziales, dem deutschen Bundesgesundheitsministerium gleichzusetzen.

HMRU, Hazardous Materials Response Unit: schnelle Eingreiftruppe des FBI für Zwischenfälle mit chemischen oder biologischen Waffen, an der FBI Academy in Quantico, Virginia, stationiert.

IL-4-Gen: das Gen, auf dem die Produktion von Interleukin-4 codiert ist.

Interleukin-4: körpereigenes Protein im Immunsystem zahlreicher Spezies, das für die Regulierung von Abwehrzellen wichtig ist.

Konstrukt: in diesem Zusammenhang ein im Labor gentechnisch manipuliertes Virus, ein → **Rekombinant**.

Kuhpocken: mit den Humanpocken eng verwandte Infektionskrankheit der Rinder, die bei Menschen nur leichte Symptome hervorruft, einst bei Melkern und Melkerinnen weit verbreitet; → **Vakzin**.

MCL, Maximum Containment Lab: Hochsicherheitslabor.

Medical Research and Materiel Command: Stabsstelle der US-Armee, der unter anderem das → **USAMRIID** untersteht.

MI6 → **SIS**.

Milzbrand: Infektionskrankheit, die durch *Bacillus anthracis* hervorgerufen wird, den Milzbrand- oder Anthraxbazillen, die gewebeschädigende Enzyme und spezifische Gifte bilden, welche zu Blutungen, Ödemen, Fieber, Atemnot und Tod führen. Hauptwirte sind Wiederkäuer. Befallen werden aber auch andere Säugetiere, etwa der Mensch, sowie bestimmte Vögel und einige Amphibien. Die Übertragung erfolgt durch → **Sporen**. Je nach Infektionsort unterscheidet man Haut-, Darm- und Lungenmilzbrand; die inneren Formen sind meist tödlich. Der deutsche Begriff rührt von der typischerweise blutig geschwollenen Milz her.

MIRV, Multiple Independent Reentry Vehicle: ein Mehrfachgefechtskopf, der sich gegen Ende seiner ballistischen Flugbahn in mehrere einzelne Gefechtsköpfe aufteilt, die unterschiedliche Ziele ansteuern.

National Academy of Sciences: Akademie der Wissenschaften der USA.

NIH, National Institutes of Health: US-Bundesinstitut für medizinische Grundlagenforschung in Bethesda, Maryland.

NSC, National Security Council: Nationaler Sicherheitsrat der USA.

Plasmide: ringförmige, selbstreplizierende Stücke von → **DNS**, auf denen bestimmte Erbeigenschaften von Bakterien codiert sind und die von Zelle zu Zelle übertragen werden können.

Pocken: von Viren hervorgerufene Infektionskrankheit zahlloser Spezies, im Deutschen auch synonym für Humanpocken. Es gibt ein breites Spektrum von Verlaufsformen, das von einzelnen, spärlichen Pockenpusteln bis zu großflächigen Unterblutungen von Haut- und Schleimhaut reicht. Im letzteren Fall, den hämorrhagischen Pocken oder schwarzen Blattern, liegt die Sterblichkeit bei 100 Prozent.

Pockenimpfung: von dem englischen Arzt Edward Jenner im Jahr 1796 entwickelte Methode der Immunisierung gegen Humanpocken mittels → **Vakzin.**

Rekombinant: ein Virus, dessen Erbgut Fremdgene von anderen Lebensformen enthält, die durch den Prozess der Rekombination in das genetische Material des Virus eingebracht werden.

Replikation: natürliche Vermehrungsweise der Viren durch Herstellung von Kopien mit Hilfe der Wirtszellen.

Ringimpfung: Methode zur Eindämmung von epidemischen Krankheiten; um den Ausbruchsherd der Ersterkrankten wird ein »Ring« aus mittels Impfung immunisierten Menschen gebildet, womit die weiteren Übertragungswege der Krankheit unterbrochen werden.

RNS (engl. RNA), Ribonukleinsäure: Transfermoleküle, die zur Bildung von spezifischen Proteinen in lebenden Zellen nötig sind; die so genannten RNS-Viren haben statt → **DNS** die Ribonukleinsäure als Träger der Erbinformationen.

SAC, Special Agent in Charge: Spezialagent des FBI mit leitender Funktion.

SAS, Special Air Squadron: Spezialeinheit, die während des Bürgerkriegs in Rhodesien das weiße Regime verteidigte.

SCI-Freigabe: Zugangsberechtigung von Geheimnisträgern zu unter Verschluss gehaltenen, sicherheitsrelevanten Informationen (Sensitive Compartmentalized Information).

Selous Scouts: berüchtigte weiße Elitetruppe, die zahllose Gegner des weißen Regimes in Rhodesien tötete.

SEP, Smallpox Eradication Program: Programm der Weltgesundheitsorganisation zur Ausrottung (Eradikation) der Pocken in den Jahren 1966–1977.

SIOC, Strategic Information Operations Center: strategische Einsatzzentrale des FBI für Notfälle.

SIS, Secret Intelligence Service, auch als MI6 bekannt: britischer Geheimdienst.

Sporen: Form, in der Bazillen sich von einem Wirt zum anderen ausbreiten und jahre- oder jahrzehntelang überdauern können. Die normalerweise anaerob lebenden Milzbrandbazillen bilden bei Luftzutritt Sporen, die das Erbgut weitertragen und gegen Trockenheit und sogar Desinfektionsmittel äußerst resistent sind.

STU, Secure Telephonic Unit: durch elektronische Verschlüsselung abhörsicher gemachte Telefonverbindung, ebenso die entsprechenden Telefonapparate.

U. S. Public Health Service: Bundesbehörde für Sozialmedizin, die den → **CDC** übergeordnete Institution.

USAMRIID, United States Army Medical Research Institute of Infectious Diseases: Forschungslabor der US-Armee für biologische Kampfstoffe und Bioverteidigung in Fort Detrick bei Frederick, Maryland; kurz auch das »Institut« genannt.

Vacciniavirus: der Erreger der → **Kuhpocken**.

Vakzin: aus Kuhpocken gewonnener Impfstoff, der zur Immunisierung gegen Humanpocken verwendet wird.

Variola major: wissenschaftliche Bezeichnung für die Pocken des Menschen.

Variola minor, auch **Alastrim:** die so genannten weißen Pocken oder Milchpocken – eine leichte, vom Alastrimvirus hervorgerufene pockenähnliche Erkrankung ohne Narbenbildung.

Variolaviren: Erreger der Humanpocken.

Vector: russisches staatliches Forschungszentrum für Virologie und Biotechnologie bei Nowosibirsk, Sibirien.

Viren: kleinste Mikroorganismen ohne eigenen Stoffwechsel, die zur Energieversorgung und zur Vermehrung auf lebende Wirtszellen angewiesen sind.

Virion → **Viruspartikel.**

Virulenz: pathogene Aktivität eines Erregers; im engeren Sinn die Minimaldosis, die ausreicht, um die Krankheit zum Ausbruch kommen zu lassen.

Viruspartikel: der »Kern« eines Virus mit der darin enthaltenen Erbinformation – die Form, in der sich Viren von Wirt zu Wirt ausbreiten und ohne Wirtszelle lange Zeit überdauern können.

Wellplatte: Glas- oder Kunststoffplatte mit Reihen von runden, flachen Vertiefungen, in denen Zellkulturen angelegt und gezüchtet werden.

WHO, World Health Organization: Weltgesundheitsorganisation mit Sitz in Genf.

Zytokine: von immunologisch aktiven Zellen erzeugte Botenstoffe, die die körpereigene Abwehr von Krankheitserregern koordinieren; beim so genannten Zytokinensturm kommt es zu einer plötzlichen, übermäßigen Ausschüttung von Zytokinen, die das gesamte Immunsystem zusammenbrechen lässt.

DANKSAGUNGEN

Am herzlichsten bedanke ich mich für die enthusiastische Unterstützung und die tatkräftige Mithilfe vieler Menschen bei Random House: Ann Godoff, Joy de Menil, Carol Schneider, Liz Fogarty, Daniel Rembert, Carole Lowenstein, Sybil Pincus, Laura Wilson, Allison Heilborn, Timothy Mennel, Robin Rolewicz, Evan Camfield, Lynn Anderson, Laura Goldin und Laura Wilson (Random House Audio Books).

Bei Janklow & Nesbit Associates haben mich Lynn Nesbit, Cullen Stanley, Tina Bennett, Bennett Ashley, Amy Howell und Kyrra Rowley mit unglaublicher Effizienz unterstützt.

Die Alfred P. Sloan Foundation und Doron Weber, dort zuständig für die Vergabe, gewährten mir ein ausgesprochen nützliches Stipendium.

Oliver Eickhoff von der *Westfalenpost* in Meschede half mir, den Pockenausbruch von Meschede im Jahr 1970 zu recherchieren. Professor Werner Slenczka gab wertvolle Hinweise, Magdalena Drinhaus (Geise) ließ mich an ihren Erinnerungen teilhaben, und Dr. Beate Smith übersetzte Dokumente und Interviews.

Andy Young half mit wertvoller, professioneller Faktenrecherche.

Zahlreiche Menschen leisteten wichtigen Beistand und teilten während der Nachforschungen und des Schreibens ihre Gedanken mit mir. Nicht alle sind im Text erwähnt, aber alle haben zu diesem Buch beigetragen: Ken Alibek, Charles Bailey, Daria Baldovin-Jahrling, Dr. Ruth Berkelman, Dr. Michael Bray, Dr. Joel Breman, Dr. Larry Brilliant, Dr. Mitchell Cohen, Richard J. Danzig, Dr. Christopher J. Davis OBE, Louise Davis, Annabelle Duncan, Joseph Esposito, Dr. David Fleming, Dr. Stanley O. Foster, Dr. Mary Frederick, Tom Geisbert, Celia (Sands) Hatfield, Doug Henderson, Dr. D. A. Henderson, Leigh Henderson, Nana Henderson, Dr. Michael Hensley, Lisa Hensley, John W. Huggins, Dr. James M. Hughes, Martin Hugh-Jones, Dr. Thomas Inglesby, Peter B. Jahrling, David Kelly, Dr. Jeffrey Koplan, Dr. Thomas G. Ksiazek, Dr. James LeDuc, Dr. Frank J. Malinoski, Richard W. Moyer, Randall S. Murch, Frederick A. Murphy, Margaret Nakano, Dr. Tara O'Toole, Michael Osterholm, Dr. John S. Parker, Virginia Patrick, William C. Patrick III., Dr. Brad Perkins, Dr. C. J. Peters, Edward M. Phillips, Tanja Popovic, Rosemary Ramsey, Drew C. Richardson, Dr. Philip K. Russell, Dr. Alfred Sommer, Richard Spertzel, Lisa Swenarski, Shirley Tilghman, Wavy Gravy, Dr. Paul F. Wehrle, John Wickett, Tom Wilbur, Shieh Wun-Ju, Dr. Sherif Zaki und Dr. Alan Zelicoff.

Vom FBI: R. Scott Decker, Arthur Eberhart, Philip Edney, Peter Christopher Murray, Rex Tomb und David Wilson.

Von der St. Louis University School of Medicine: Hongdong Bai, Cliff Bellone, Mark Buller, Nanhai Chen, David Esteban, Joe Muehlenkamp, Gelita Owens und Jill Schriewer.

Sharon DeLano, die schon meine Lektorin bei »The Hot Zone« und »The Cobra Event« war, betreute auch dieses Buch. Sie ist damit die Lektorin dessen, was ich als Trilogie über die dunkle Seite der Biologie betrachte.